计算机技术开发与应用丛书

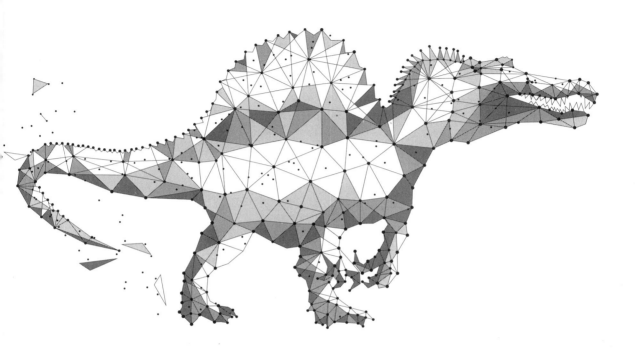

深入浅出Power Query M语言

黄福星 ◎ 编著

清华大学出版社

北京

内 容 简 介

本书系统阐述 Power Query M 语言从基础到进阶的应用。本书通过一种易于理解的方式,让读者快速、系统、全面地掌握 Power Query M 语言。

全书共分为五篇:第一篇为入门篇(第 1 章和第 2 章),第二篇为基础篇(第 3～5 章),第三篇为强化篇(第 6～8 章),第四篇为进阶篇(第 9～11 章),第五篇为案例篇(第 12 章)。全书主要内容包括 Power BI 简介、Power Query 基础、M 语言基础、文本处理、时间智能、数据转换、数据处理、数据分组、数据获取、综合应用等。

本书适用于零基础或有一定 Power Query M 语言基础的读者,包括财务、人事行政、电商客服、质量统计等与数据分析密切相关的从业人员,也可作为高等院校、IT 培训机构或编程爱好者的参考用书或教材。

图书在版编目(CIP)数据

深入浅出 Power Query M 语言/黄福星编著. —北京:清华大学出版社,2022.6
(计算机技术开发与应用丛书)
ISBN 978-7-302-60282-8

Ⅰ. ①深… Ⅱ. ①黄… Ⅲ. ①表处理软件 Ⅳ. ①TP391.13

中国版本图书馆 CIP 数据核字(2022)第 039199 号

责任编辑: 赵佳霓
封面设计: 吴 刚
责任校对: 李建庄
责任印制: 刘海龙

出版发行: 清华大学出版社
　　　　　 网　　　址:http://www.tup.com.cn,http://www.wqbook.com
　　　　　 地　　　址:北京清华大学学研大厦 A 座　　　 邮　　编:100084
　　　　　 社 总 机:010-83470000　　　　　　　　　 邮　　购:010-62786544
　　　　　 投稿与读者服务:010-62776969,c-service@tup.tsinghua.edu.cn
　　　　　 质量反馈:010-62772015,zhiliang@tup.tsinghua.edu.cn
　　　　　 课件下载:http://www.tup.com.cn,010-83470236
印 装 者: 三河市东方印刷有限公司
经　 销: 全国新华书店
开　 本: 186mm×240mm　　　　 **印　张:** 26.5　　　　 **字　数:** 594 千字
版　 次: 2022 年 7 月第 1 版　　　　　　　　　　　**印　次:** 2022 年 7 月第 1 次印刷
印　 数: 1～2000
定　 价: 100.00 元

产品编号:095120-01

序
FOREWORD

  首先感谢本书的作者黄福星的邀请,黄老师是一个对待技术精益求精的人,当我拿到这本书细细品读其中的内容时,看到黄老师对每个技术点的钻研和讲述,他的精神让我敬佩。作为一个常年与 Power BI 用户打交代的人,我常常会跟来自各行各业的用户介绍微软 Power BI 中的 Power Query 编辑器,很多用户就是通过先使用 Power Query 编辑器,解决工作中的自动化问题,才开始逐渐上手使用 Power BI 的。可以说 Power Query 是数据从业者非常喜欢的数据整理分析工具之一,不过要想学好 Power Query,背后的 M 语言是不得不学习的,当你有复杂的数据获取整理需求时,M 语言可以帮助用户很好地解决这个问题。

  本书细致地讲解了日常工作中常见的使用场景,让用户能够通过系统学习,在 M 语言的运用上更进一步。微软的 Power BI 系列组件,是一种上手容易、精通很难的工具。大多数用户在十几小时甚至几小时的学习后,就已经能够进行一些图形化操作,例如数据的清洗、可视化展现等,但当遇到复杂的逻辑和复杂的业务场景时,很多用户就无法进行下去了。虽然目前在互联网能够找到各种各样的学习素材,但要解决真实的业务问题,往往不是那么简单,需要通过系统的学习,甚至在一些有经验的人的指导下,才可以顺利进行。这本《深入浅出 Power Query M 语言》就是一个既能够系统学习,又可以通过案例了解到一些经验和技巧的最佳选择。

  希望各位读者能够通过学习本书,找到技术精进的捷径,学习愉快,最后祝本书大卖!

赵文超

微软 Power BI MVP

Power Pivot 工坊创始人

北京敏捷艾科数据技术有限公司总经理

前言
PREFACE

在日常的工作与生活中,Excel因灵活、高效、易获取而拥有庞大的用户群,并成为众多数据分析师的首选。然而,随着越来越多的企业开始拥抱数据化,几百万行乃至上千万行的数据需要重复机械地处理且需对结果进行实时与直观的呈现,这一切已变为常有之事。幸好微软前瞻性地推出了Excel BI(内置于Excel,含Power Query、Power Pivot等4个套件)及Power BI(一款在Excel BI基础上快速迭代、独立的数据智能化产品),让这一切轻松地变为可能。在BI(商业智能)领域,微软再次成为领跑者。

本书重点介绍的是内置于Excel及Power BI中的Power Query组件及其M脚本语言。Power Query的主要优势在于:在"查询编辑器"中,通过简单的图形化界面操作,即使没有任何编程基础甚至没有Excel函数操作基础的读者,利用一周的时间稍加学习,也完全可以通过简单的单击或拖曳动作,完成原本需要一系列烦琐的VBA编程才能完成的工作,而且每个简单的单击或拖曳动作都被记录在Power Query的"应用的步骤"中。当数据源发生变化或更新时,只须单击"刷新"按钮,所有关联数据便可全部随之刷新,轻松实现了Excel报表的自动化、智能化、快捷化。

当然,Power Query也存在一个尴尬的事实:任何Excel零基础学者都有办法在一周内熟练地掌握Power Query的图形化操作界面,但大多数学习者无法在半年内有效地窥探到Power Query的数据结构、数据类型与数据转换,无法将Power Query更为彪悍的数据清洗与转换功能发挥到极致。这是因为纷繁复杂的类别、数量繁多的函数、难于理解的报错提示、生涩的官方语法说明等一些常见原因让初学者望而止步。

此外,Power Query中没有for与while循环语句,但它可以通过List. Transform()、List. TransformMany()、List. Accumulate()、List. Generate()等函数进行循环操作。这几个函数的功能十分强大却也十分晦涩且难以理解,属于M语言函数中的高阶函数;众多的M函数语言使使用者也因其难于理解而止步于此。另外,由于Power Query的函数仍在不断新增中,这无形中又增加了学习的难度,以致众多的Power Query学习者止步于Power Query的图形化界面,这是一个不争的事实。

本书要探索的重点是,如何利用最简单的办法,让读者在一个月之内轻松、系统、全面地掌握Power Query M语言。

本书以M语言中高频使用的函数为依托,通过一组简单、易于理解的数据源并且方便读者动手实践的方式,进行循序渐进地讲解,以此来演绎几百个实用案例,从而有效地实现本书的写作目标："让所有的读者一个月内对 M 语言函数有一个直观、清晰的了解,并能轻松上手"。

本书主要内容

全书共分为五篇:第一篇为入门篇(第 1 章和第 2 章),第二篇为基础篇(第 3～5 章),第三篇为强化篇(第 6～8 章),第四篇为进阶篇(第 9～11 章),第五篇为案例篇(第 12 章)。全书主要内容包括 Power BI 简介、Power Query 基础、M 语言基础、文本处理、时间智能、数据转换、数据处理、数据分组、数据获取、综合应用等。

本书配套的几百个案例的返回值均没有加载到工作表,所有的案例返回值均采用"仅创建链接"的方式。读者可以在 Excel 或 Power BI 通过单击"数据"→"显示查询",在显式的"工作簿查询"中双击对应的查询,进入"Power Query 编辑器",然后通过"主页"→"高级编辑器"获取各查询的完整代码。

本书适用于零基础或有一定 Power Query M 语言基础的读者,包括财务、人事行政、电商客服、质量统计等与数据分析密切相关的从业人员,也可作为高等院校、IT 培训机构或编程爱好者的参考用书。

本书源代码

扫描下方二维码,可获取本书源代码:

本书源代码

致谢

首先要深深地感谢清华大学出版社赵佳霓编辑从策划到落地过程中的全面指导,她细致、专业的指导让笔者受益良多。本书是笔者在完成《Pandas 通关实战》之后一气呵成的,这中间的勇气与灵感来源于对《Pandas 通关实战》创作过程中所积累的写作经验及本书创作过程中赵老师的及时点评。

还要感谢笔者的妻子。本书是笔者利用业余时间完成的,写作的过程中占据了大量的个人时间及家庭时间,她的理解与支持是笔者最大的动力。

感谢笔者的父母,是你们的谆谆教诲才使笔者一步一个脚印地走到今天。

由于时间仓促,书稿虽然经笔者全面检查,但恐疏漏之处在所难免,敬请读者批评指正,你们的反馈是笔者进步的动力。

黄福星

2022 年 4 月

目 录
CONTENTS

第一篇 入 门 篇

第二篇 基 础 篇

第三篇　强　化　篇

第四篇　进　阶　篇

第五篇　案　例　篇

第一篇 入 门 篇

▶▶▶

第1章

Power Query 简介

1.1 微软 Power 系列

Power Query 与 Power Pivot 是微软近年来推出的 Excel 数据处理与分析的"神器"。在早期的 Excel 2010 及 Excel 2013 版本中,如果打算使用 Power Query,则需下载对应的加载项;从 Excel 2016 版本开始,微软已将 Power Query 这款"神器"直接内置,并与 COM 加载项中的 Power Pivot、Power View、Power Map 有机地结合,形成了后来 Power BI Desktop 的原型,如图 1-1 所示。

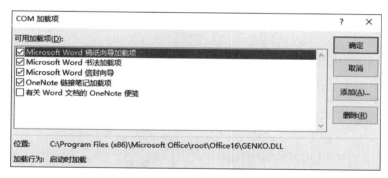

图 1-1　Excel COM 加载项

在后续推出的 Power BI Desktop 中,微软更是将 Power Query、Power Pivot、Power Map 等无缝、高效地连接到一起,并且以每月一次的速度迭代,如图 1-2 所示。

在近几年 Gartner(高德纳公司)发布的 BI 平台魔力象限中,微软一直以领跑者的姿态出现,如图 1-3 所示。

在 Power BI Desktop 中,各功能板块的分工是相当清晰的。Power Query 定位:数据的查询与清洗;Power Pivot 定位:数据的透视与分析;Power Map 定位:与位置相关数据的地图化呈现。值得一提的是,在 Power BI Desktop 的"报表"操作环节,使用者可以通过海量"可视化"图形的选择及图形化呈现与交互,实现数据的洞察。由于 Power BI Desktop

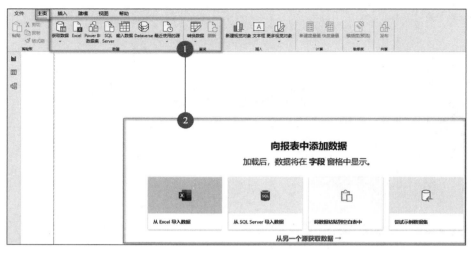

图 1-2　Power BI Desktop 中与 Power Query 相关的图形化界面

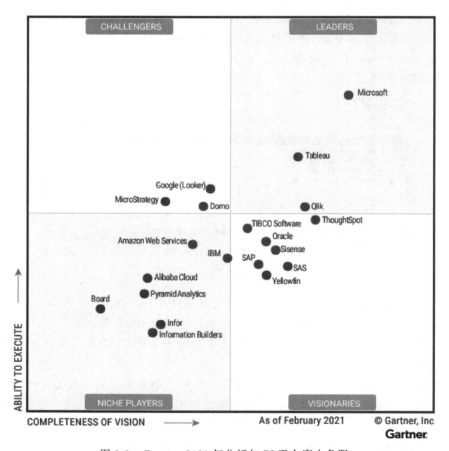

图 1-3　Gartner 2021 年分析与 BI 平台魔力象限

（以下简称 PBI）中强大的可视化功能已涵盖 Power View 原有的一切功能，因此 Power View 已逐渐淡出了 Power 系列，如图 1-4 所示。

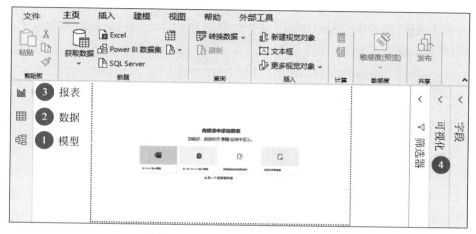

图 1-4　Power BI Desktop 主界面

1.1.1　图解数据合并

Power Query 的主要优势在于：在"查询编辑器"中，即使没有编程基础的人也可以执行复杂的数据转换操作，而且每个转换的过程都被记录在"应用的步骤"中。当数据源发生变化或更新时，数据的结果也会随之更新，省时省力。Power Query 可以帮助用户将 Excel 与其他数据源（如外部数据库、txt 文件、csv 文件或者 Web 页面等）集成、加载并保存到 Excel 中。

举例说明，在 E:\PQ_M语\2_数据\第 1 章_数据\yd 文件夹中，有 8 个 Excel 工作簿，每个工作簿中有几个到几十个数量不等的工作表，每个工作表的表名及字段名的命名完全一致。现打算从文件夹内把各工作簿中工作表名称为 2020_9 的数据全部汇总到一张表，如图 1-5 所示。

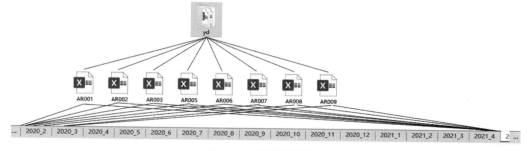

图 1-5　案例数据说明

由于 Power Query(以下简称 PQ)图形化操作简单、易学,在不懂 VBA 的前提下,对于初次接触 PQ 的入门者来讲,稍加学习,便可轻松地完成此项工作。相关演示步骤如下。

单击 PBI 图标,进入对应操作界面。从"主页"菜单栏进入,选择"获取数据"→"全部"→"文件夹",单击"连接"按钮,如图 1-6 所示。

图 1-6　PQ 操作步骤

单击"连接"按钮,窗口会出现跳转。选择对应的文件夹路径后,单击"确定"按钮,如图 1-7 所示。

图 1-7　选择文件夹

单击"组合"按钮后选择"合并并转换数据"选项,或者单击"转换数据"按钮,如图 1-8 所示。

选择图 1-9 左上角的"参数 1[31]",即"一次性选择下面这 31 个电子表格",单击"确定"按钮。

图 1-8 合并并转换数据

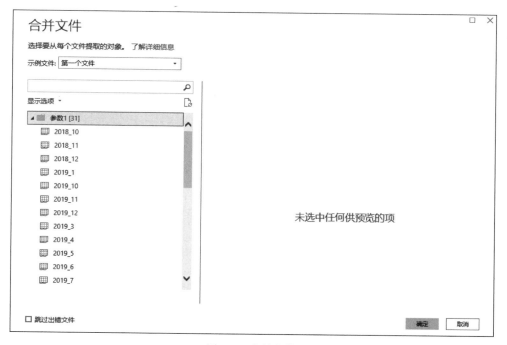

图 1-9 合并文件

单击"应用更改"按钮,如图 1-10 所示。

从菜单栏"主页"进入,选择"查询"组中的"转换数据",单击"转换数据"选项,如图 1-11 所示。

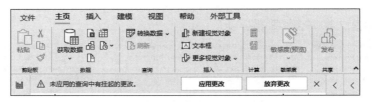

图 1-10　应用更改

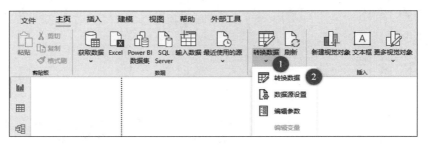

图 1-11　转换数据

进入"Power Query 编辑器"界面，选择左下角的 yd 后会显示数据；首先单击数据中的 Name 列，然后单击 Name 列右侧的倒三角，最后勾选 2020_9，如图 1-12 所示。

图 1-12　针对性选择数据源

首先单击数据中的 Data 列，右击后会弹出菜单栏，然后选择"删除其他列"，如图 1-13 所示。

双击 Data 列右边的扩展表符号，如图 1-14 所示。

为了让生成的 M 语言简洁，取消勾选左下角的"使用原始列名作为前缀"，然后单击"确定"按钮，对表列进行全部扩展，如图 1-15 所示。

图 1-13 选择 Data 列

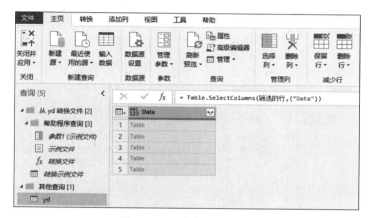

图 1-14 双击扩展表符号

图 1-15 扩展 Data 列为表

双击"将第一行用作标题",如图 1-16 所示。

图 1-16　将第一行提升为标题

选择"索引号"右边的倒三角,将弹出的"索引号"数据拉到最下边,取消勾选"索引号",单击"确定"按钮,如图 1-17 所示。

图 1-17　数据筛选

单击"关闭并应用",完成数据的合并,如图 1-18 所示。

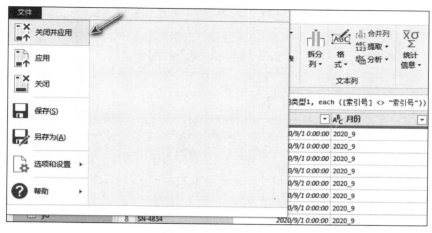

图 1-18 关闭并应用

1.1.2 高级编辑器

1. 应用的步骤

与 VBA 的宏录制类似,Power Query 对每个操作步骤都会记录在"应用的步骤"中。以 1.1.1 节中图 1-7~图 1-17 的步骤为例,其对应的记录如图 1-19 所示。

图 1-19 应用的步骤

在"Power Query 编辑器"打开的情况下,单击菜单栏"主页"中"查询"组内的"高级编辑器",或者单击菜单栏"视图"中"高级"组内的"高级编辑器",均可以进入"高级编辑器"界面。

需要说明的是,在"Power Query 编辑器"中,有很多功能具备两个或更多个实现窗口。

进入"高级编辑器"窗口,可以看到所有"应用的步骤"的代码如下:

```
let
    源 = Folder.Files("E:\PQ_M语\2_数据\第1章_数据\yd"),
    筛选的隐藏文件1 = Table.SelectRows(源, each [Attributes]?[Hidden]? <> true),
    调用自定义函数1 = Table.AddColumn(筛选的隐藏文件1, "转换文件", each 转换文件
([Content])),
    重命名的列1 = Table.RenameColumns(调用自定义函数1, {"Name", "Source.Name"}),
    删除的其他列1 = Table.SelectColumns(重命名的列1, {"Source.Name", "转换文件"}),
    扩展的表格列1 = Table.ExpandTableColumn(删除的其他列1, "转换文件", Table.
ColumnNames(转换文件(示例文件))),
    更改的类型 = Table.TransformColumnTypes(扩展的表格列1,{{"Source.Name", type text},
{"Name", type text}, {"Data", type any}, {"Item", type text}, {"Kind", type text}, {"Hidden",
type logical}}),
    筛选的行 = Table.SelectRows(更改的类型, each ([Name] = "2020_9")),
    删除的其他列 = Table.SelectColumns(筛选的行,{"Data"}),
    #"展开的"Data"" = Table.ExpandTableColumn(删除的其他列, "Data", {"Column1", "Column2",
"Column3", "Column4", "Column5", "Column6", "Column7", "Column8", "Column9", "Column10",
"Column11", "Column12", "Column13", "Column14", "Column15", "Column16", "Column17", "Column18",
"Column19", "Column20", "Column21", "Column22", "Column23", "Column24", "Column25", "Column26",
"Column27"}, {"Column1", "Column2", "Column3", "Column4", "Column5", "Column6", "Column7",
"Column8", "Column9", "Column10", "Column11", "Column12", "Column13", "Column14", "Column15",
"Column16", "Column17", "Column18", "Column19", "Column20", "Column21", "Column22", "Column23",
"Column24", "Column25", "Column26", "Column27"}),
    提升的标题 = Table.PromoteHeaders(#"展开的"Data"", [PromoteAllScalars = true]),
    更改的类型1 = Table.TransformColumnTypes(提升的标题,{{"索引号", type text}, {"提货日
期", type datetime}, {"月份", type text}, {"到货日期", type datetime}, {"发货地", type text},
{"目的地", type text}, {"件数", type number}, {"质量/吨", type number}, {"司机单价", Int64.
Type}, {"倒运单价", Int64.Type}, {"倒运费", type number}, {"卸车费", type number}, {"司机运
费", type number}, {"到付运费", type number}, {"厂家结算总金额", type number}, {"回单付",
Int64.Type}, {"请款总金额", type number}, {"厂家结算报价", Int64.Type}, {"付款日期", type
datetime}, {"车牌号", type text}, {"司机", type text}, {"收货人", type text}, {"收货人详细地
址", type text}, {"二地距离", Int64.Type}, {"银行名称", type text}, {"银行账号", type any},
{"备注", type any}}),
    筛选的行1 = Table.SelectRows(更改的类型1, each ([索引号] <> "索引号"))
in
    筛选的行1
```

以上代码是 Power Query 的函数编程语言,也称 Power Query 的 M 语言。它是本书所要讲解的内容。在以上代码中,"源、筛选的隐藏文件1、重命名的列1"等这些等号(=)左边的内容,对应的是图 1-19 中"应用的步骤"中每一步的名称。等号(=)右边的内容,对应的是 Power Query 的 M 语言。

在轻量级 ETL 工具中,M 语言以简洁、高效、智能而著称。以上代码是由系统自动生

成的,智能但不简洁。由此可以推断,以上代码是可以进行优化的。

2.高级编辑器

在"Power Query 编辑器"的左下角空白处右击,在弹出的"新建查询"中选择"空查询",如图 1-20 所示。

图 1-20　新建空查询

单击菜单栏"主页"中"查询"组内的"高级编辑器",便可进入"高级编辑器"对话框。输入的代码如下:

```
let
    源 = Table.Combine(
            Table.Combine(
            List.Transform(
                Folder.Files("E:\PQ_M语\2_数据\第1章_数据\yd")[Content],
                    each Table.SelectRows(
                        Excel.Workbook(_,true),
                        each [Name] = "2020_9"
                    )
                )
            )
        )[Data]
    )
in
    源
```

单击"完成"按钮,如图 1-21 所示。

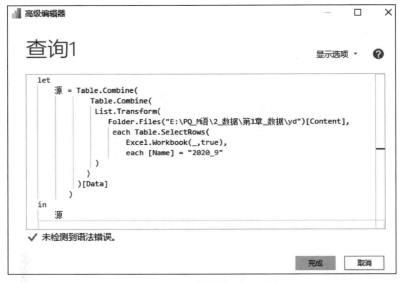

图 1-21　高级编辑器与 M 语言

　　对比输出的结果后不难发现,图 1-21 中的代码所生成的结果与图 1-19 中的代码所生成的结果完全一致,这就是掌握 M 语言的魅力所在。

1.2　Power Query M 语言

　　Power Query 一直存在一个尴尬的事实,即任何初学者都有办法在一周内熟练地掌握 Power Query 的图形化操作界面,但大多数学习者却无法在半年内有效地窥探到 Power Query 的数据结构、数据类型与数据转换。这是因为纷繁复杂的类别、数量繁多的函数、难于理解的报错提示、生涩的官方语法说明等一些常见原因让初学者望而止步。

1.2.1　繁多的 M 语言函数

　　Power Query 中函数的数量十分庞大。运行代码,便可查看 M 语言函数的数量,代码如下:

```
Table.RowCount(Table.Skip(Record.ToTable(#shared)))
```

　　如果在 Excel 中运行,得到的结果为 808;如果在 Power BI 中运行,得到的结果则为 1015。

　　这么多的 M 语言函数,微软到底是怎么分类的呢? 在"高级编辑器"中输入以下代码:

```
//Power Query 中的各类函数汇总

let
    源 = Table.PromoteHeaders(
            Table.SelectColumns(
                Record.ToTable(#shared),
                "Name")
        ),

    //pdsc 是 per delimiter split column 的简写,按分隔符拆分列
    pdsc = Table.Sort(
            Table.Distinct(
                Table.SelectColumns(
                    Table.SplitColumn(
                        源,
                        "查询1",              //在新版的 PBI 中是"参数1"
                        Splitter.SplitTextByDelimiter(
                            ".",
                            QuoteStyle.Csv
                        ),
                    {"Name", "查询1.2"}),
                    "Name")
                ),
            {"Name", Order.Ascending}),

    //tntb 是 transform table 的简写
    tntb = Table.Combine(
            List.Transform(
                {1..Number.RoundUp(Table.RowCount(pdsc)/4,0)},
                each Table.Transpose(
                    Table.Range(pdsc, _ * 4 - 4,4)
                )
            )
        ),

    //rnam 是 rename columns 的简写
    rnam = Table.RenameColumns(
            tntb,{
                {"Column1", "函数"},
                {"Column2", "函数2"},
                {"Column3", "函数3"},
                {"Column4", "函数4"}
            }
        )

in
    rnam
```

单击"完成"按钮,输出的结果如表 1-1 所示。

表 1-1　M 语言函数分类

函　数	函数 2	函数 3	函数 4
Access	AccessControlEntry	AccessControlKind	ActiveDirectory
AdoDotNet	AdobeAnalytics	AnalysisServices	Any
AzureDataExplorer	AzureStorage	Binary	BinaryEncoding
BinaryFormat	BinaryOccurrence	Byte	ByteOrder
Character	Combiner	Comparer	Compression
Csv	CsvStyle	Cube	Culture
Currency	DB2	DataLake	Date
DateTime	DateTimeZone	Day	Decimal
Diagnostics	DirectQueryCapabilities	Double	Duration
Embedded	Error	Excel	Exchange
Expression	ExtraValues	File	Folder
Function	Geography	GeographyPoint	Geometry
GeometryPoint	Graph	GroupKind	Guid
HdInsight	Hdfs	Identity	IdentityProvider
Informix	Int16	Int32	Int64
Int8	ItemExpression	JoinAlgorithm	JoinKind
JoinSide	Json	Kusto	LimitClauseKind
Lines	List	Logical	MissingField
MySQL	None	Null	Number
OData	ODataOmitValues	Occurrence	Odbc
OleDb	Oracle	Order	Password
Pdf	Percentage	PercentileMode	PostgreSQL
Precision	QuoteStyle	RData	Record
RelativePosition	Replacer	Resource	RoundingMode
RowExpression	Salesforce	SapBusinessWarehouse	SapBusinessWarehouseExecutionMode
SapHana	SapHanaDistribution	SapHanaRangeOperator	SharePoint
Single	Soda	Splitter	Sql
SqlExpression	Sybase	Table	Tables
Teradata	Text	TextEncoding	Time
TraceLevel	Type	Uri	Value
Variable	Web	WebAction	WebMethod
Xml			

　　表 1-1 中共有 125 个类别(含参数值的类别);如果在 Power BI 运行上述代码,输出的类别则为 248 个。对比表 1-1 中的 125 个类别后会发现,用到类别仅为 Table、Record、List、Splitter 这 4 个类别。其实,在这 125 个类别中,高频使用的类别一般在 10 个左右,但这 10 个类别所涉及的函数极为繁多。

以 Table 为例,在上面的代码中,用到的 Table 类函数有 Table.PromoteHeaders()、Table.SelectColumns()、Table.Sort()、Table.Distinct()、Table.SelectColumns()、Table.SplitColumn()、Table.Combine()、Table.Transpose()、Table.Range()、Table.RenameColumns()等。

由于 Power Query 的函数数量繁多、不易理解且仍在不断新增中。这无形中又增加了学习的难度,以致众多的 Power Query 学习者止步于 Power Query 的图形化界面,这是一个不争的事实,所以本书要探索的重点是,如何利用最简单的办法,让读者在一个月之内轻松地掌握 Power Query M 语言。

1.2.2 统计函数中的高频单词

1. M 语言代码

任何语言在创建之初一定会设置其规则。在未知其规则之前,只能尝试性地去挖掘其中的规律,并转换成学习的诀窍。在空白的"高级编辑器"中,输入的代码如下:

```
//找出函数中所有的关键词

let
    源 = #shared,
    转换 = Table.FromList(
                Table.Skip(
                    Record.ToTable(源),2
                )[Name]
    ),
    拆列 = Table.SplitColumn(转换, "Column1",
            Splitter.SplitTextByDelimiter(
                ".", QuoteStyle.Csv
            ),
            {"Column1.1", "Column1.2"}),
    二拆 = Table.SplitColumn(拆列, "Column1.2",
            Splitter.SplitTextByCharacterTransition(
                {"a".."z"}, {"A".."Z"}
            ),
            {"Column1.2.1", "Column1.2.2", "Column1.2.3", "Column1.2.4"}
    ),
    三拆 = Table.SplitColumn(二拆, "Column1.1",
            Splitter.SplitTextByCharacterTransition(
                {"a".."z"}, {"A".."Z"}
            ),
            {"Column1.1.1", "Column1.1.2", "Column1.1.3", "Column1.1.4"}
    ),
    逆透 = Table.UnpivotOtherColumns(
                三拆,
                {},
                "属性",
```

```
            "值"
    ),
    删除 = Table.RemoveColumns(逆透,{"属性"}),
    分组 = Table.Group(
            删除,"值",
            {"计数", each Table.RowCount(_)}
    )
in
    分组
```

以上"转换、拆列、二拆、三拆等"为应用步骤的名称,也可称为"标识符"。单击"完成"按钮,然后单击左上角的"关闭并应用",便可完成数据的加载。

2. 添加可视化对象

采用流行的 Word Cloud 进行可视化呈现高频单词。由于文字云由微软的第三方提供,所以必须先将 Word Cloud 导入。单击 Power BI 右边"可视化"下边的"…",选择"获取更多的视觉对象",然后在"Power BI 视觉对象"的搜索栏中输入 word 并找到"Word Cloud",最后单击"添加"按钮,如图 1-22 所示。

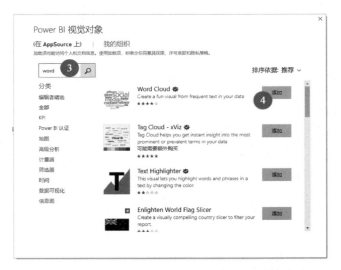

图 1-22　添加文字云

Word Cloud 添加成功后,单击"确定"按钮,然后在 Power BI"可视化"图标下方会出现新添加的文字云图标,如图 1-23 所示。

3. Power BI 可视化

单击 🔳(Word Cloud)图标,选择"字段"所在的表。将相关字段拖入"类别"和"值"数值框,如图 1-24 所示。

输出的结果如图 1-25 所示。

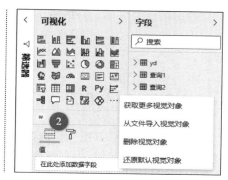

图 1-23 成功添加文字云

图 1-24 可视化操作

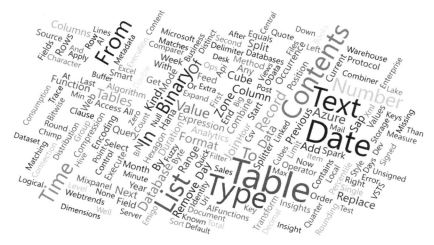

图 1-25 文字云效果

从输出的结果来看,在 Power Query 的 M 语言函数中,Table、List、Date、Text、From 等单词出现的频率较高,但这些单词所涉及的函数所使用的频率是否真的很高,需要后期去求证。

1.3　Power Query M 语言函数的学习

本书将采用"围点打援"的方式进行 M 语言函数的应用讲解。以高频使用的函数为依托,依据简单实用的案例,进行循序渐进的讲解,让所有的读者一个月之内对 M 语言函数有一个直观、清晰的了解,从而突破 M 语言的鄙视链,即会写 M 语言函数的鄙视会改 M 语言函数的,会改 M 语言函数的鄙视只会界面操作的。

第 2 章

Power Query 基础

2.1　数据获取

本章案例数据 Memo.xlsx 的存放路径为"E:\PQ_M 语\2_数据",在此工作簿中有"运单明细、包装方式、运费报价、装货规格、托运总量"5 个工作表,其中前 4 个工作表之间存在关联关系,关系视图如图 2-1 所示。

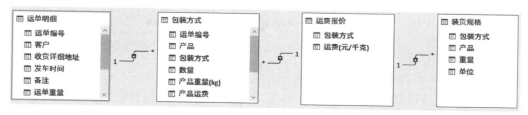

图 2-1　表间关联关系

对于 Excel 工作簿,在 Power BI 中可采用以下几种方式进行数据获取,其中方式 1～3 的效果是完全一致的,使用方式 4 的前提是该数据源之前已被使用过,如图 2-2 所示。

本章主要采用 Excel 2016 进行数据获取讲解。选择"数据"→"新建查询"→"从文件"→"从工作簿",如图 2-3 所示。

页面发生跳转后,在"导入数据"对话框中,选择需导入的数据,单击"导入"按钮,如图 2-4 所示。

页面发生跳转后,会出现"导航器"对话框,工作簿中所有的工作表会全部显示出来,如图 2-5 所示。

在"导航器"中选中所需导入的表格"运单明细",此时"导航器"会出现预览数据。如果只是导入数据,则单击"加载"按钮即可;如果需后续加工,则单击"转换数据"按钮,如图 2-6 所示。

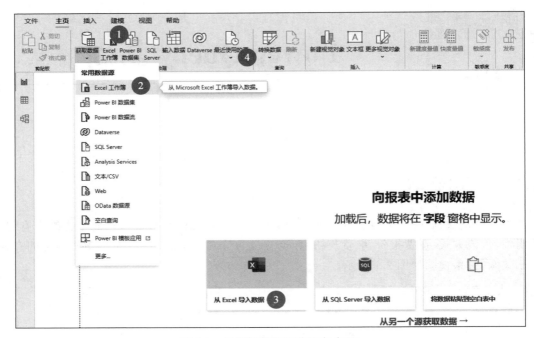

图 2-2　工作簿数据的获取方式(1)

图 2-3　工作簿数据的获取方式(2)

图 2-4　导入数据

图 2-5　"导航器"对话框

在"导航器"中单击"转换数据"按钮,进入"Power Query 编辑器"界面,如图 2-7 所示。

在 Power Query 的功能区中,设有"文件、主页、转换、添加列、视图"5 个工具栏。其中,与功能相关、使用频率最高的为"主页、转换、添加列"这 3 个工具栏,其对应的主要功能如图 2-8 所示。

图 2-6 选择"转换数据"

图 2-7 Power Query 编辑器

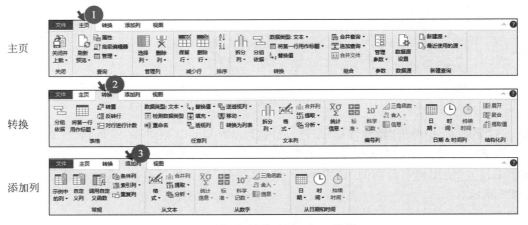

图 2-8 "主页、转换、添加列"工具栏

2.2 编辑器

2.2.1 功能区

在 Power Query 工具栏中，很多相同的功能可以通过不同的工具栏进行访问，例如，读者可以通过"主页"或"转换"功能区进行访问与操作"分组、拆分列"等。所有与转换相关的函数中一般会带有 Transform 这个单词，例如，Table.TransformColumns()、Table.TransformColumnTypes()。

另外，在"转换"与"添加列"中有很多完全相同的功能，其区别在于："转换"是在当前数据的基础上完成的（不会产生新列），而"添加列"是在新增的列基础上完成的，例如，"文本的格式、日期/时间、数据统计"等。所有与添加相关的函数中一般会带有 Add 这个单词，例如，Table.AddColumn()、Table.AddIndexColumn()。

以上相关对比的说明如图 2-9 所示。

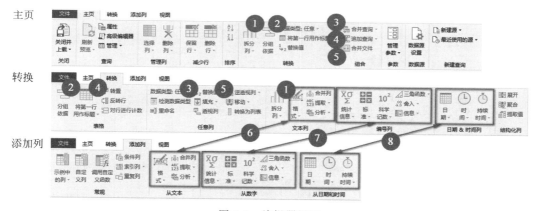

图 2-9 编辑器界面

在"视图"工具栏中，单击"查询设置"可用于开启或关闭右侧的"查询设置"界面；勾选或取消勾选"编辑栏"，可用于开启或关闭编辑区上面的"编辑栏"；如果单击"高级编辑器"，则可进入"高级编辑器"代码界面，如图 2-10 所示。

当通过"关闭并上载"或"放弃并关闭"进行操作时，可通过"文件"工具栏进行操作；操作过程中"选项和设置"也可通过它来操作，如图 2-11 所示。

在查询编辑的过程中，当右侧的"应用的步骤"中经常会出现"更改的类型"时，如果不想让系统识别并自动更改数据的类型，则可选择"文件"→"选项和设置"→"查询选项"，在弹出的"查询选项"窗口中，取消勾选"检测未结构化源的列类型和标题"，如图 2-12 所示。

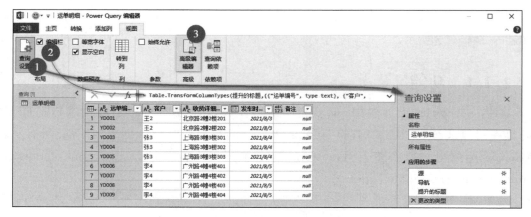

图 2-10 "视图"工具栏

图 2-11 "文件"工具栏

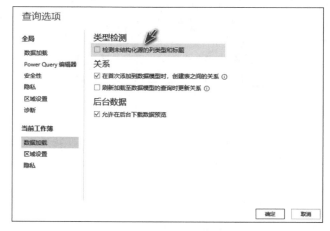

图 2-12 取消"类型检测"

2.2.2 查询区

在当前编辑器中需要"新建查询"或"新建组"时,可将光标移到"查询区"任意空白处,右击,然后在对话框中进行选择与操作。其好处与便利性在于:在当前查询编辑状态下,不必返回 Excel 的主界面即可进行新的数据源添加、新的查询添加(含添加新的空查询等)、组的创建等,如图 2-13 所示。

图 2-13　新建查询

以创建"空白查询"为例。将光标移到"查询区"任意空白处,右击,依次选择"新建查询"→"其他源"→"空查询",如图 2-14 所示。

图 2-14　创建空查询

系统会自动生成一个名为"查询 1"的查询(此名称可以手动更改)。在编辑栏输入"=1+2",返回的值为 3,如图 2-15 所示。

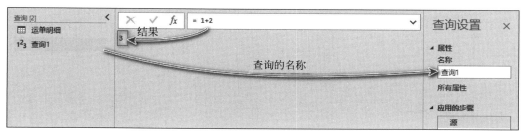

图 2-15　查询返回的值

2.2.3 编辑栏

在 Power Query 中,可以通过"编辑栏、自定义列、高级编辑器"来书写代码。先单击左侧的"运单明细"查询,然后选择"添加列"→"自定义列",如图 2-16 所示。

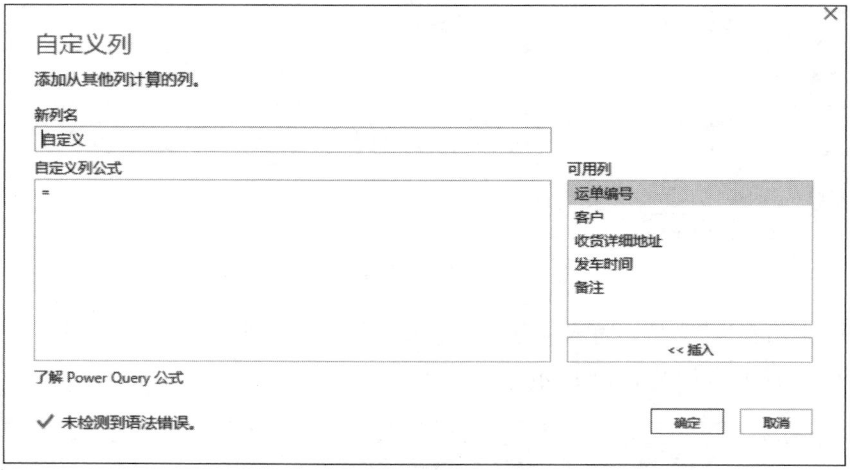

图 2-16 自定义列

在"自定义列"对话框中,将新列名定义为"大小",自定义列的代码如下:

```
if Number.From(Text.Remove([客户],{"一".."龟"}))>3 then "大" else "小"
```

单击"确定"按钮,如图 2-17 所示。

图 2-17 新增自定义列

这时,在编辑栏显示的代码如下:

```
= Table.AddColumn(更改的类型, "大小", each if Number.From(Text.Remove([客户],{"一".."龟"}))>3 then "大" else "小")
```

相比"自定义列"对话框中的代码,编辑栏中会多显示出以下部分:

```
Table.AddColumn(更改的类型, "大小", each … )
```

Table.AddColumn()函数是"添加列"函数,"更改的类型"是上一个"应用的步骤"的名称。新增的列见 2.2.4 节。

2.2.4　编辑区

新增的列"大小"如图 2-18 所示。

	ABC 运单编…	ABC 客户	ABC 收货详细…	发车时…	ABC 123 备注	ABC 123 大小
1	YD001	王2	北京路2幢2楼201	2021/8/3	null	小
2	YD002	王2	北京路2幢2楼202	2021/8/3	null	小
3	YD003	张3	上海路3幢3楼301	2021/8/4	null	小
4	YD004	张3	上海路3幢3楼302	2021/8/4	null	小
5	YD005	张3	上海路3幢3楼303	2021/8/4	null	小
6	YD006	李4	广州路4幢4楼401	2021/8/5	null	大
7	YD007	李4	广州路4幢4楼402	2021/8/5	null	大
8	YD008	李4	广州路4幢4楼403	2021/8/5	null	大
9	YD009	李4	广州路4幢4楼404	2021/8/5	null	大

图 2-18　新增列"大小"

2.2.5　查询设置

在"Power Query 编辑器"右侧的"查询设置"中,查询的名称为"运单明细","应用的步骤"共有 5 个步骤,如图 2-19 所示。

在图 2-19 中,图左边的查询"运单明细"与图右边的名称"运单明细"是相连的,如果修改其中的一个,则另外一个也会发生相应变更,并且二者的名称永远相同。

图 2-19 右边"应用的步骤"是可以进行"插入、删除、上移、下移"等操作的。若步骤的右边有齿轮的标志,则可以单击齿轮进入相应的对话框进行新的选择或代码的修改。在Power Query 中,每个操作都会被记录在"应用的步骤"中。需要注意的是,当某一步骤被删除后,是无法用快捷键 Ctrl+Z 进行恢复的。读者可以选择某"应用的步骤",然后在"编辑栏"中查看其代码,如果想查看整个查询的完整代码,则需进入"高级编辑器"中。

图 2-19　查询设置

2.2.6　高级编辑器

单击"主页"→"查询"→"高级编辑器"或"视图"→"查询"→"高级编辑器",便可进入"高级编辑器",完整的代码如下:

```
let
    源 = Excel.Workbook(File.Contents("E:\PQ_M语\2_数据\第2章_数据\Memo.xlsx"), null, true),
    运单明细_Sheet = 源{[Item = "运单明细",Kind = "Sheet"]}[Data],
    提升的标题 = Table.PromoteHeaders(运单明细_Sheet, [PromoteAllScalars = true]),
    更改的类型 = Table.TransformColumnTypes(提升的标题,{{"运单编号", type text}, {"客户", type text},{"收货详细地址", type text},{"发车时间", type date},{"备注", type any}}),
    已添加自定义 = Table.AddColumn(更改的类型, "大小", each if Number.From(Text.Remove([客户],{"一".."龟"}))>3 then "大" else "小")
in
    已添加自定义
```

在"源"的应用步骤中,Excel.Workbook()函数的第2、第3参数可省略,其中第2参数为是否提升标题。读者在后续章节经常会看到 Excel.Workbook(…, true)函数,第2参数将首行设置为标题,第3参数省略。

在"已添加自定义"的步骤中,读者可以找到前面编辑栏所显示的代码,代码如下:

```
= Table.AddColumn(更改的类型, "大小", each if Number.From(Text.Remove([客户],{"一".."龟"}))>3 then "大" else "小")
```

在"高级编辑器"中"let 开头,in 结尾"是 M 语言的标准语法结构。

2.3　合并查询

2.3.1　新建查询

在 Excel 中,VLOOKUP()是"大众情人"函数,INDEX()＋MATCH()是"瑞士军刀"

函数；二者因为灵活、易匹配而深受使用者的喜爱。但是，在面对几十万行或上百万行的数据、以多列为匹配条件或有很多的列要一一进行匹配时，这二者就显得相形见绌了，而读者此时的困惑，只要用Power Query的"合并查询"，相关困惑就完全可以秒解了。

1. 复制查询表

选中"Power Query编辑器"中的"运单明细"查询，右击，然后选择"复制"选项（注意是下面的那个），如图2-20所示。

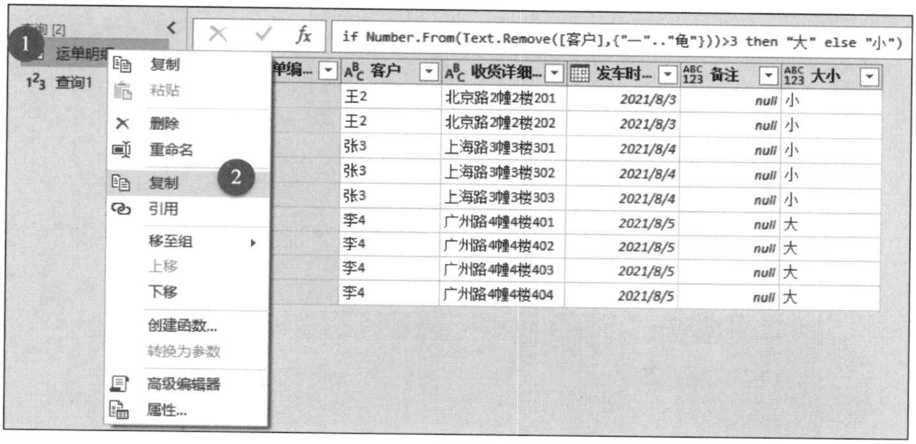

图 2-20　复制查询

将新生成的"运单明细（2）"更改为"包装方式"，然后选择右侧"应用的步骤"中"导航"步骤右侧的齿轮标志，在弹出的"导航"对话框中，选择表单"包装方式"，单击"确定"按钮，如图2-21所示。

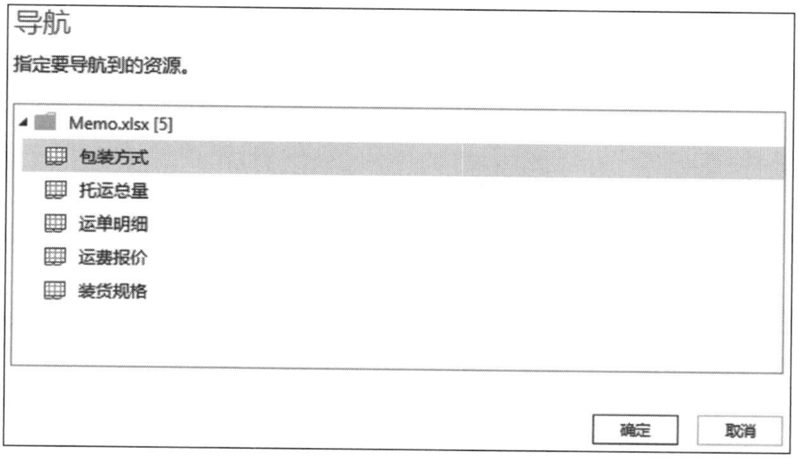

图 2-21　导航窗口

返回到"应用的步骤",选择"导航"步骤,右击,选择"删除到末尾",如图 2-22 所示。

图 2-22　删除到末尾

返回到"编辑区",选择箭头指定处的 Table(位于行 2 与列"Data"的交叉处),右击,单击"深化"按钮,如图 2-23 所示。

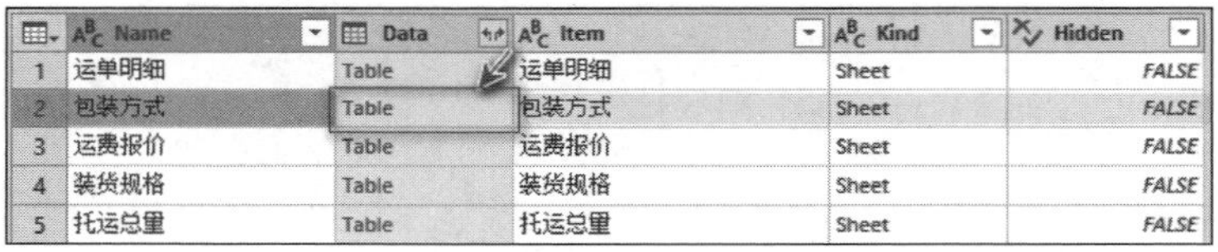

	A^B_C Name	▦ Data	A^B_C Item	A^B_C Kind	×√ Hidden
1	运单明细	Table	运单明细	Sheet	FALSE
2	包装方式	Table	包装方式	Sheet	FALSE
3	运费报价	Table	运费报价	Sheet	FALSE
4	装货规格	Table	装货规格	Sheet	FALSE
5	托运总量	Table	托运总量	Sheet	FALSE

图 2-23　编辑区

查看右侧"应用的步骤",系统自动生成了 3 个步骤,如图 2-24 所示。

图 2-24　应用的步骤

如 2.2.1 节所述,如果不想在"应用的步骤"中出现"更改的类型",则可以在"选项和设置"中事先关闭"类型检测"。

2. 新建查询表

以上步骤也可以通过另外一种方式实现。在"查询"区空白处右击,从"新建查询"→"文件"→" Excel 工作簿"中选中 memo.xlsx 文件,单击"导入"按钮,如图 2-25 所示。

图 2-25　导入数据

在弹出的"导航器"对话框中,选中"包装方式"表,单击"确定"按钮,查看右边"应用的步骤",系统自动生成的步骤如图 2-26 所示。

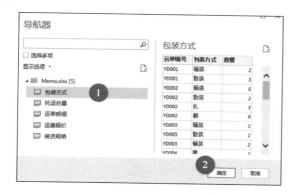

图 2-26　导航与应用的步骤

3. 新建源

在工具栏中,从"主页"进入,选择"新建源"→"文件"→"Excel 工作簿",如图 2-27 所示。

图 2-27　新建源

接下来的步骤与 2.3.1 节"新建查询表"中的步骤一致。

2.3.2　合并查询

以"运单明细"表为基础,对"包装方式"进行合并查询。首先,在左边的"查询"区选中

"运单明细",然后在"主页"功能区选择"合并查询",如图 2-28 所示。

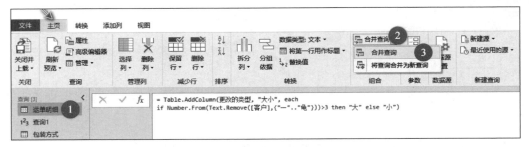

图 2-28　合并查询

在弹出的"合并"对话框中以"运单明细"为基础,选择"包装方式"表为合并的表,选择"运单明细"表和"包装方式"表中的"运单编号"为"匹配列",在系统提供的 6 种连接方式中,选择"左外部"连接方式,最后单击"确定"按钮,如图 2-29 所示。

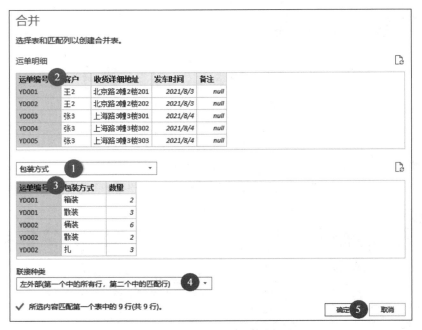

图 2-29　合并查询的左外部连接

此时,在编辑栏新增的代码如下:

```
= Table.NestedJoin(已添加自定义, {"运单编号"}, 包装方式, {"运单编号"}, "包装方式",
JoinKind.LeftOuter)
```

在以上表达式中,{"运单编号"}及{"运单编号"}外面的花括号是可以去掉的,因为表与表连接的键为单值。如果是两个及两个以上的 key 值,则这几个用于匹配的键值必须放在列表内,所以这两个花括号必不可少。

在图 2-29 中单击"确定"按钮后,返回的结果如图 2-30 所示。

	A^B_C 运单编...	A^B_C 客户	A^B_C 收货详细...	发车时...	ABC 123 备注	ABC 123 大小	包装方式
1	YD001	王2	北京路2幢2楼201	2021/8/3	null	小	Table
2	YD002	王2	北京路2幢2楼202	2021/8/3	null	小	Table
3	YD003	张3	上海路3幢3楼301	2021/8/4	null	小	Table
4	YD004	张3	上海路3幢3楼302	2021/8/4	null	小	Table
5	YD005	张3	上海路3幢3楼303	2021/8/4	null	小	Table
6	YD006	李4	广州路4幢4楼401	2021/8/5	null	大	Table
7	YD007	李4	广州路4幢4楼402	2021/8/5	null	大	Table
8	YD008	李4	广州路4幢4楼403	2021/8/5	null	大	Table
9	YD009	李4	广州路4幢4楼404	2021/8/5	null	大	Table

图 2-30 合并查询表

单击图 2-30 中的"包装方式"右侧的表扩展符号,在弹出的对话框中,取消勾选原有的列"运单编号"(此步骤为表"部分扩展"),取消勾选"使用原始列名作为前缀",单击"确定"按钮,如图 2-31 所示。

图 2-31 取消原始列名作为前缀

生成的扩展表如图 2-32 所示(仅截取前 6 行的数据)。

	A^B_C 运单编...	A^B_C 客户	A^B_C 收货详细地址	发车时间	ABC 123 备注	ABC 123 大小	A^B_C 产品	A^B_C 包装方式.1	1²3 数量
1	YD001	王2	北京路2幢2楼201	2021/8/3	null	小	蛋糕纸	箱装	2
2	YD001	王2	北京路2幢2楼201	2021/8/3	null	小	钢化膜	散装	2
3	YD002	王2	北京路2幢2楼202	2021/8/3	null	小	尿素	桶装	6
4	YD002	王2	北京路2幢2楼202	2021/8/3	null	小	钢化膜	散装	4
5	YD002	王2	北京路2幢2楼202	2021/8/3	null	小	包装绳	扎	3
6	YD002	王2	北京路2幢2楼202	2021/8/3	null	小	木材	捆	8

图 2-32 扩展查询表

此时,在编辑栏新增的代码如下:

```
= Table.ExpandTableColumn(合并的查询,"包装方式",{"包装方式","数量"},{"包装方式.1","数量"})
```

在 M 语言中有 3 种扩展方式：列扩展（方向朝下扩展）、记录扩展（方向朝右扩展）、表扩展（列和记录的方向同时扩展，即朝下和朝右同时扩展）。

2.4 行列筛选

2.4.1 管理列

在 Power Query 编辑器中，在左边的"查询区"选中"运单明细"表，然后选择"主页"→"管理列"→"选择列"，进入"选择列"窗口。在"选择列"窗口中，取消勾选"备注、大小"两列，单击"确定"按钮，在"运单明细"表中删除"备注、大小"这两列，如图 2-33 所示。

图 2-33　选择列

在"编辑栏"显示的代码如下：

```
= Table.SelectColumns(#"展开的"包装方式"",{"运单编号", "客户", "收货详细地址", "发车时间", "包装方式.1", "数量"})
```

也可以采用"删除"列的方式实现如图 2-33 所示的效果。在"应用的步骤"中，先删除图 2-33 所对应的步骤（"删除的其他列"），然后按住 Shift 键，选中"备注、大小"两列，然后选择"主页"→"删除列"或右击，在弹出的菜单中选择"删除列"，如图 2-34 所示。

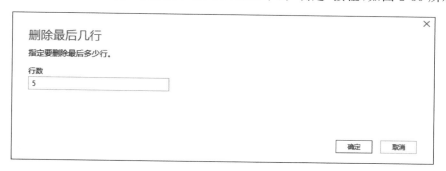

图 2-34　删除列

在"编辑栏"显示的代码如下：

```
= Table.RemoveColumns(#"展开的"包装方式"",{"备注", "大小"})
```

2.4.2　减少行

此时，如果想筛选并删除最后 5 行的数据，则可通过"主页"→"删除行"→"删除最后几行"，在弹出的"删除最后几行"对话框中输入 5，然后单击"确定"按钮，如图 2-35 所示。

删除最后几行　　　　　　　　　　　　　　　×

指定要删除最后多少行。

行数

5

确定　　取消

图 2-35　删除最后几行

在"编辑栏"显示的代码如下：

```
= Table.RemoveLastN(删除的列,5)
```

如果此时想筛选并删除"包装方式"为"扎"的数据，则可在编辑区单击"包装方式.1"列右边的倒三角符号，找到"扎"并取消勾选，然后单击"确定"按钮，如图 2-36 所示。

在"编辑栏"显示的代码如下：

```
= Table.SelectRows(删除的底部行, each ([包装方式.1] <> "扎"))
```

图 2-36 文本筛选

2.5 转换

2.5.1 拆分列

如果准备对"收货详细地址"列以"路、幢、楼"为分隔符进行拆分,则可通过"主页"→"拆分列"→"按照从非数字到数字的转换"实现,如图 2-37 所示。

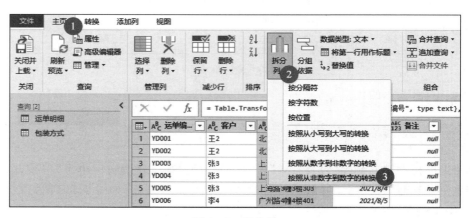

图 2-37 拆分列

在"编辑栏"显示的代码如下：

```
= Table.SplitColumn(筛选的行,"收货详细地址",Splitter.SplitTextByCharacterTransition((c)
=> not List.Contains({"0".."9"}, c), {"0".."9"}),{"收货详细地址.1","收货详细地址.2","收
货详细地址.3","收货详细地址.4"})
```

返回的结果如图 2-38 所示。

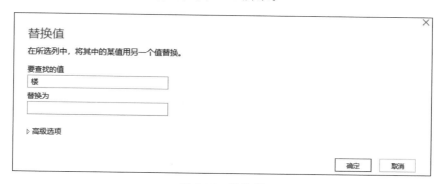

图 2-38　拆分列后得到的表

2.5.2　替换值

选择"收货详细地址.3"列，在工具栏选择"主页"→"替换值"，在打开的"替换值"对话框中，将"楼"替换为空，单击"确定"按钮，如图 2-39 所示。

图 2-39　替换值

在"编辑栏"显示的代码如下：

```
= Table.ReplaceValue(按照字符转换拆分列,"楼","",Replacer.ReplaceText,{"收货详细地址.3"})
```

返回的结果如图 2-40 所示。

图 2-40　值替换

2.5.3 数据类型转换

"收货详细地址.3 和收货详细地址.4"两列当前的数据类型为数值型文本,现打算将其转换为真正的数值。先在编辑区按住 Shift 键并选择这两列,然后在工具栏中选择"主页"→"数据类型"→"整数",如图 2-41 所示。

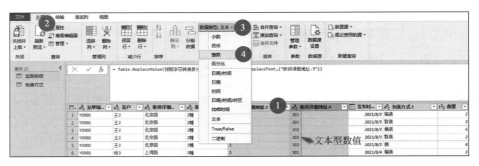

图 2-41 数据类型转换

在"编辑栏"显示的代码如下:

```
= Table.TransformColumnTypes(替换的值,{{"收货详细地址.3", Int64.Type}, {"收货详细地址.4", Int64.Type}})
```

返回的结果如图 2-42 所示。

图 2-42 数据类型的转换

2.5.4 分组依据

以"发车时间、包装方式.1"为分组依据,对数据进行分组。首先,在编辑区选中对应的两列,然后转到工具栏,选择"主页"→"分组依据",如图 2-43 所示。

图 2-43 分组依据

在"分组依据"窗口中,如果需要"求和"操作,则必须先选中"求和",然后选择需求和的列(例:本例中的"数量"列),最后给出新列的名称;如果是"计数"操作,则可以不选择列(图 2-44 中的"柱"),直接给出新列的名称即可,单击"确定"按钮,如图 2-44 所示。

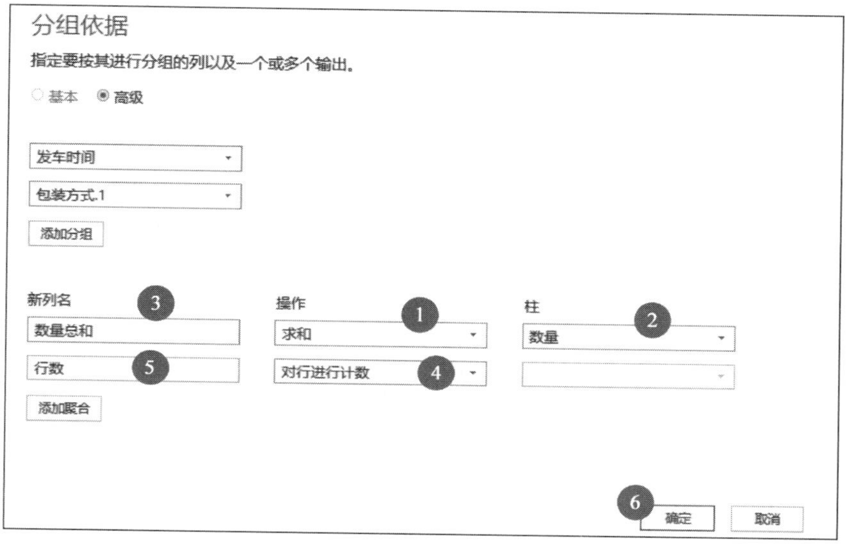

图 2-44　分组依据

在"编辑栏"显示的代码如下:

```
= Table.Group(更改的类型 1, {"发车时间", "包装方式.1"}, {{"数量总和", each List.Sum([数量]), type nullable number}, {"行数", each Table.RowCount(_), Int64.Type}})
```

分组后的结果如图 2-45 所示。

	发车时...	ᴬᴮC 包装方式...	1.2 数量总和	1²₃ 行数
1	2021/8/3	箱装	2	1
2	2021/8/3	散装	5	2
3	2021/8/3	桶装	6	1
4	2021/8/3	捆	8	1
5	2021/8/4	箱装	3	1
6	2021/8/4	散装	7	2
7	2021/8/4	桶装	13	3
8	2021/8/4	膜	6	2
9	2021/8/4	捆	8	1
10	2021/8/5	桶装	12	2
11	2021/8/5	膜	14	2
12	2021/8/5	散装	8	1
13	2021/8/5	袋	2	1

图 2-45　分组统计表

2.5.5 日期与时间

如果打算将“发车时间”列转换为其他日期格式，例如“星期几”，对应的操作步骤为在编辑区选中“发车时间”列，然后转至工具栏“转换”→“日期”→“天”→“星期几”，如图 2-46 所示。

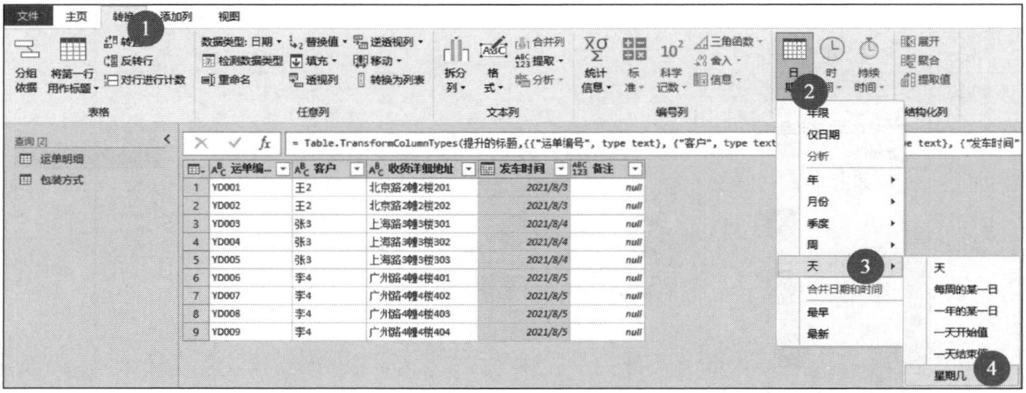

图 2-46 日期转换

在“编辑栏”显示的代码如下：

```
= Table.TransformColumns(更改的类型 1, {{"发车时间", each Date.DayOfWeekName(_), type text}})
```

输出的结果如图 2-47 所示。

	发车时...	包装方式...	数量总...	行数
1	星期二	箱装	2	1
2	星期二	散装	5	2
3	星期二	桶装	6	1
4	星期二	捆	8	1
5	星期三	箱装	3	1
6	星期三	散装	7	2
7	星期三	桶装	13	3
8	星期三	膜	6	2
9	星期三	捆	8	1
10	星期四	桶装	12	2
11	星期四	膜	14	2
12	星期四	散装	8	1
13	星期四	袋	2	1

图 2-47 转换日期表

2.6 添加列

2.6.1 添加条件列

选中"数量总和"列,选择"添加列"→"条件列",在弹出的"添加条件列"选项卡中,输入指定的条件,单击"确定"按钮,如图 2-48 所示。

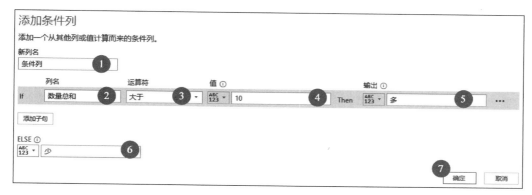

图 2-48 添加条件列

在"编辑栏"显示的代码如下:

```
= Table.AddColumn(提取的星期几, "条件列", each if [数量总和] > 10 then "多" else "少")
```

输出的结果如图 2-49 所示(仅截取前 6 行)。

	A^B_C 发车时…	A^B_C 包装方式…	1.2 数里总和	1²₃ 行数	ABC123 条件列
1	星期二	箱装	2	1	少
2	星期二	散装	5	2	少
3	星期二	桶装	6	1	少
4	星期二	捆	8	1	少
5	星期三	箱装	3	1	少
6	星期三	散装	7	2	少

图 2-49 新增条件列的表

2.6.2 添加索引列

在编辑区,选择"运单明细"表中的任一列,然后在功能区选择"添加列"→"索引列"→"从 0"(或从 1),如图 2-50 所示。

在"编辑栏"显示的代码如下:

```
= Table.AddIndexColumn(已添加条件列, "索引", 0, 1, Int64.Type)
```

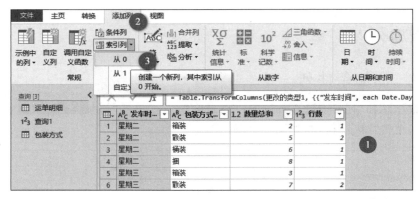

图 2-50　添加索引列

输出的结果如图 2-51 所示。

图 2-51　新增索引列的表

2.6.3　标准四则运算

选中"数量总和"列,选择"添加列"→"标准"→"除",在弹出的对话框中输入数字 6,单击"确定"按钮,如图 2-52 所示。

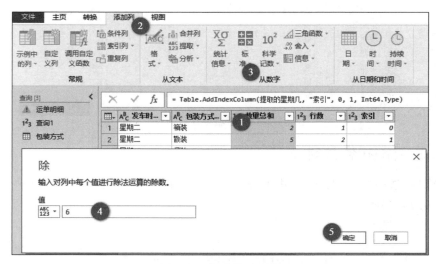

图 2-52　标准除法运算

在"编辑栏"显示的代码如下：

```
= Table.AddColumn(已添加索引, "除", each [数量总和] / 6, type number)
```

输出的结果如图 2-53 所示(仅截取前 6 行)。

	A^B_C 发车时...	A^B_C 包装方式...	1.2 数量总和	1²₃ 行数	ABC 123 条件列	1²₃ 索引	1.2 除
1	星期二	箱装	2	1	少	0	0.333333333
2	星期二	散装	5	2	少	1	0.833333333
3	星期二	桶装	6	1	少	2	1
4	星期二	捆	8	1	少	3	1.333333333
5	星期三	箱装	3	1	少	4	0.5
6	星期三	散装	7	2	少	5	1.166666667

图 2-53　新增除法列的表

2.6.4　数值的舍入

选中图 2-54 中的"除"列，在功能区选择"添加列"→"舍入"→"舍入…"，在弹出的"舍入"对话框中输入小数位数 2，然后单击"确定"按钮，如图 2-54 所示。

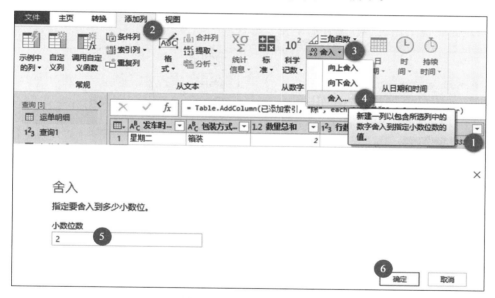

图 2-54　小数位数的舍入

在"编辑栏"显示的代码如下：

```
= Table.AddColumn(插入的除法, "舍入", each Number.Round([除], 2), type number)
```

输出的结果如图 2-55 所示(仅截取前 6 行)。

	A^BC 发车时...	A^BC 包装方式	1.2 数量总和	1²3 行数	ABC 123 条件列	1²3 索引	1.2 除	1.2 舍入
1	星期二	箱装	2	1	少	0	0.333333333	0.33
2	星期二	散装	5	2	少	1	0.833333333	0.83
3	星期二	桶装	6	1	少	2	1	1
4	星期二	捆	8	1	少	3	1.333333333	1.33
5	星期三	箱装	3	1	少	4	0.5	0.5
6	星期三	散装	7	2	少	5	1.166666667	1.17

图 2-55　数值的舍入

2.7　关闭并上载

在完成上述的数据清洗与加工后，需要及时保存，这时可以单击功能区中的"文件"→"关闭并上载"或"文件"→"关闭并上载至…"。如果采用"关闭并上载至…"，则文件会被"仅创建连接"，也可勾选"将此数据添加到数据模型"，数据会被加载到 Power Pivot，便于后续的进一步分析，如图 2-56 所示。

注意：在 Excel 中采用"加载至…"方法操作时，一定要做全面的"数据类型"检查，因为后续任何数据类型的不一致都会影响 Power Pivot 度量值的计算及数据分析。

如果期望生成的结果在 Excel 电子表格中呈现，则可以采用加载到"表"的方式。此"表"可以为"新建工作表"或"现有工作表"，如图 2-57 所示。

图 2-56　关闭并上载至…

图 2-57　加载到"表"

在加载到"表"的过程中，同样可以"将此数据添加到数据模型"。以上是 Power Query 图形化操作的一个简要的介绍。通过以上的介绍，即使之前没有 Power Query 基础的读者也能够对其有快速、直观的了解。

2.8　函数整理

在"关闭并上载"之前，先将"高级编辑器"中的代码复制到"第 2 章.txt"文件中，然后存放于"E:\PQ_M语\2_数据"目录中。在完成上述的所有操作后，重新建一个 Excel 查询，对"第 2 章.txt"用到的函数及其对应的列进行分析,便于读者在进入第 3 章学习之前,对本章用到的函数有一个直观的了解,代码如下:

```
let
    源 = Table.FromColumns({
            Lines.FromBinary(
                File.Contents("E:\PQ_M语\2_数据\第 2 章.txt")
            )
        }
    ),

    转换 = Table.TransformColumns(
            源,
            {"Column1", each Text.Remove(_,
            {"一".."龟","0".."9","#"," = "})
            }   //移除代码中多余的信息
    ),

    拆分列 = Table.SplitColumn(
            转换,
            "Column1",
            Splitter.SplitTextByAnyDelimiter(
                {
                    " ","(",")","#(tab)#(tab)" ,"#(lf)","[","]",
                    " = "," + ",">","_","{","}",","   //拆分的依据
                },
                QuoteStyle.Csv,
                false
            ),
            {"A".."z"} //用 50 多列来存放拆分的数据
        ),

    逆透视 = Table.RemoveColumns(
            Table.UnpivotOtherColumns(拆分列, {}, "属性", "值"),
            "属性"
        ),

    筛选行 = Table.SelectRows(逆透视, each (
            [值] <> "" and [值] <> "." and [值] <> ".."
            and [值] <> "/" and [值] <> "<" and [值] <> "c"
            and [值] <> "E:\PQ_M语\2_数据\Memo.xlsx" and [值] <> """")
        ),

    筛选的行 = Table.SelectRows(筛选行, each Text.Contains([值], ".")),
    自定义 = Table.AddColumn(
```

```
            筛选的行,
            "函数类别",
            each Text.Start( [值],Text.PositionOf( [值], "."))
        ),

    分组的行  =  Table.Group(自定义,
            {"函数类别"},
            {{"文本", each Text.Combine(List.Distinct(
                        List.Sort([值])),",  ")}}
            ),

    排序  =  Table.Sort(分组的行,{{"函数类别", Order.Ascending}})
in
    排序
```

经统计,以下为本章用到的 M 语言函数,如图 2-58 所示。

	A	B
1	函数类别	文本
2	Date	Date.DayOfWeekName
3	Excel	Excel.Workbook
4	File	File.Contents
5	Int	Int.Type
6	JoinKind	JoinKind.LeftOuter
7	List	List.Contains, List.Sum
8	Number	Number.From, Number.Round
9	Replacer	Replacer.ReplaceText
10	Splitter	Splitter.SplitTextByCharacterTransition
11	Table	Table.AddColumn, Table.AddIndexColumn, Table.ExpandTableColumn, Table.Group, Table.NestedJoin, Table.PromoteHeaders, Table.RemoveColumns, Table.RemoveLastN, Table.ReplaceValue, Table.RowCount, Table.SelectRows, Table.SplitColumn, Table.TransformColumnTypes, Table.TransformColumns
12	Text	Text.Remove

图 2-58　本章用到的 M 语言函数

从输出的结果来看,本章使用最多的是 Table 类函数,并且这些 Table 类函数都可以从字面意思来推断其功能,这是一个有趣的发现,可扩展到后续章节对 M 语言的学习与讲解。

第二篇 基　础　篇

▶▶▶

第 3 章

M 语言基础

3.1 Excel 函数

在 Power Query 中,M 语言函数一般会包含两部分,第一部分通常表示函数所在的类别,第二部分通常表示函数的功能。例如,List. Transform()函数,类别为 List,功能函数为 Transform()。参见第 1 章的表 1-1,Excel 中的 Power Query M 语言函数共分为 125 个类别。其实,Excel 的函数也是有类别的,只不过 Excel 函数的类别是隐性的。

3.1.1 Office 支持

Excel 中所有函数的类别可以通过微软官方网站或 Excel 内部功能按钮查看。

1. Excel 函数(按类别列出)

以下是如何查看 Excel 的函数类别。打开浏览器,在搜索中输入"Excel 函数 按类别",单击"百度一下"按钮,便可显示微软官方相应网页,如图 3-1 所示。

图 3-1 Excel 函数(按类别)查询

在微软"Excel 函数(按类别列出)"网页,Excel 函数被划分为 14 类,如图 3-2 所示。

2. Excel 函数(选择类别)

Excel 函数的类别也可以直接从 Excel 中获知。打开 Excel,单击编辑栏左侧的"插入函数"(fx)图标,在弹出的"插入函数"对话框中可以找到 Excel 函数的所有类别,如图 3-3 所示。

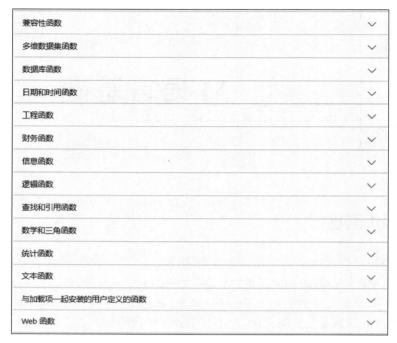

图 3-2　Excel 函数（按类别列出）

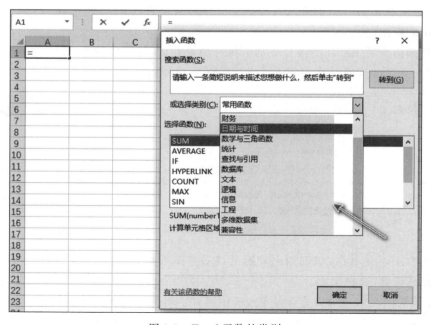

图 3-3　Excel 函数的类别

在图 3-3 中可供选择的 Excel 函数的类别有"财务、日期与时间、数学与三角函数、统计、查找与引用、数据库、文本、逻辑、信息、工程、多维数据集、兼容性、与加载项一起安装的用户定义的函数、Web 函数",其划分的标准与图 3-2 是一致的。

3.1.2　Excel 函数汇总

查找 Excel 函数的类别,可采用"按类别"方式,也可采用"按字母"方式。打开浏览器,在搜索中输入"Excel 函数 按字母",单击"百度一下"按钮,便可显示微软官方相应网页,如图 3-4 所示。

图 3-4　Excel 函数(按字母)查询

1. Excel 函数(按字母顺序)

在微软官网"Excel 函数(按字母顺序)"页面,复制官网页面网址,完成代码如下:

```
//ch301 - 001
let
    herf = "https://support.microsoft.com/zh - cn/office/excel - 函数 - 按字母顺序 - b3944572 -
255d - 4efb - bb96 - c6d90033e188",

    源 = Web.Page(Web.Contents(herf)){0}[Data],

    分列A = Table.SplitColumn(
            源,
            "函数名称",
            Splitter.SplitTextByEachDelimiter(
                {" "},
                QuoteStyle.Csv, false
            ),
            {"函数名称"}
        ),

    分列B = Table.SplitColumn(
            分列A,
```

```
                    "类型和说明",
                    Splitter.SplitTextByAnyDelimiter
                       (
                          {"#(00A0)",": "," "},
                          QuoteStyle.Csv
                       ),
                    {"函数(类别)"}
          ),

    替换 = Table.TransformColumns(分列B,
              {
              "函数(类别)", each
                 List.Accumulate(
                 {
                    {"函数",""},
                    {"和","与"}
                 },
                 _ ,
                 (x,y) => Text.Replace(x,y{0},y{1})
                 )
              }
          ),

    分组 = Table.Group(
                 替换,
                 "函数(类别)",
                 {
                    {"Excel 函数", each Text.Combine(
                       List.Distinct(
                       List.Sort([函数名称])),
                       ",")
                    },
                    {"个数", each Table.RowCount(_)}
                 }
          ),

    排序 = Table.Sort(分组,{"个数",1})

in
    排序
```

通过以上代码,可以获取网页中所有 Excel 函数及其类别划分,如表 3-1 所示。

表 3-1 Excel 的所有函数

函数(类别)	Excel 函数	个数
统计	AVEDEV, AVERAGE, AVERAGEA, AVERAGEIF, AVERAGEIFS, BETA. DIST, BETA. INV, BINOM. DIST, BINOM. DIST. RANGE, BINOM. INV, CHISQ. DIST, CHISQ. DIST. RT, CHISQ. INV, CHISQ. INV. RT, CHISQ. TEST, CONFIDENCE. NORM, CONFIDENCE. T, CORREL, COUNT, COUNTA, COUNTBLANK, COUNTIF, COUNTIFS, COVARIANCE. P, COVARIANCE. S, DEVSQ, EXPON. DIST, F. DIST, F. DIST. RT, F. INV, F. INV. RT, F. TEST, FISHER, FISHERINV, FORECAST, FORECAST. ETS, FORECAST. ETS. CONFINT, FORECAST. ETS. SEASONALITY, FORECAST. ETS. STAT, FORECAST. LINEAR, FREQUENCY, GAMMA, GAMMA. DIST, GAMMA. INV, GAMMALN, GAMMALN. PRECISE, GAUSS, GEOMEAN, GROWTH, HARMEAN, HYPGEOM. DIST, INTERCEPT, KURT, LARGE, LINEST, LOGEST, LOGNORM. DIST, LOGNORM. INV, MAX, MAXA, MAXIFS, MEDIAN, MIN, MINA, MINIFS, MODE. MULT, MODE. SNGL, NEGBINOM. DIST, NORM. DIST, NORM. S. DIST, NORM. S. INV, NORMINV, PEARSON, PERCENTILE. EXC, PERCENTILE. INC, PERCENTRANK. EXC, PERCENTRANK. INC, PERMUT, PERMUTATIONA, PHI, POISSON. DIST, PROB, QUARTILE. EXC, QUARTILE. INC, RANK. AVG, RANK. EQ, RSQ, SKEW, SKEW. P, SLOPE, SMALL, STANDARDIZE, STDEV. P, STDEV. S, STDEVA, STDEVPA, STEYX, T. DIST, T. DIST. 2T, T. DIST. RT, T. INV, T. INV. 2T, T. TEST, TREND, TRIMMEAN, VAR. P, VAR. S, VARA, VARPA, WEIBULL. DIST, Z. TEST	111
数学与三角	ABS, ACOS, ACOSH, ACOT, ACOTH, AGGREGATE, ARABIC, ASIN, ASINH, ATAN, ATAN2, ATANH, BASE, CEILING. MATH, CEILING. PRECISE, COMBIN, COMBINA, COS, COSH, COT, COTH, CSC, CSCH, DECIMAL, DEGREES, EVEN, EXP, FACT, FACTDOUBLE, FLOOR. MATH, FLOOR. PRECISE, GCD, INT, ISO. CEILING, LCM, LET, LN, LOG, LOG10, MDETERM, MINVERSE, MMULT, MOD, MROUND, MULTINOMIAL, MUNIT, ODD, PI, POWER, PRODUCT, QUOTIENT, RADIANS, RAND, RANDARRAY, RANDBETWEEN, ROMAN, ROUND, ROUNDDOWN, ROUNDUP, SEC, SECH, SEQUENCE, SERIESSUM, SIGN, SIN, SINH, SQRT, SQRTPI, SUBTOTAL, SUM, SUMIF, SUMIFS, SUMPRODUCT, SUMSQ, SUMX2MY2, SUMX2PY2, SUMXMY2, TAN, TANH, TRUNC	80

续表

函数（类别）	Excel 函数	个数
财务	ACCRINT，ACCRINTM，AMORDEGRC，AMORLINC，COUPDAYBS，COUPDAYS，COUPDAYSNC，COUPNCD，COUPNUM，COUPPCD，CUMIPMT，CUMPRINC，DB，DDB，DISC，DOLLARDE，DOLLARFR，DURATION，EFFECT，FV，FVSCHEDULE，INTRATE，IPMT，IRR，ISPMT，MDURATION，MIRR，NOMINAL，NPER，NPV，ODDFPRICE，ODDFYIELD，ODDLPRICE，ODDLYIELD，PDURATION，PMT，PPMT，PRICE，PRICEDISC，PRICEMAT，PV，RATE，RECEIVED，RRI，SLN，SYD，TBILLEQ，TBILLPRICE，TBILLYIELD，VDB，XIRR，XNPV，YIELD，YIELDDISC，YIELDMAT	56
工程	BESSELI，BESSELJ，BESSELK，BESSELY，BIN2DEC，BIN2HEX，BIN2OCT，BITAND，BITLSHIFT，BITOR，BITRSHIFT，BITXOR，COMPLEX，CONVERT，DEC2BIN，DEC2HEX，DEC2OCT，DELTA，ERF，ERF. PRECISE，ERFC，ERFC. PRECISE，GESTEP，HEX2BIN，HEX2DEC，HEX2OCT，IMABS，IMAGINARY，IMARGUMENT，IMCONJUGATE，IMCOS，IMCOSH，IMCOT，IMCSC，IMCSCH，IMDIV，IMEXP，IMLN，IMLOG10，IMLOG2，IMPOWER，IMPRODUCT，IMREAL，IMSEC，IMSECH，IMSIN，IMSINH，IMSQRT，IMSUB，IMSUM，IMTAN，OCT2BIN，OCT2DEC，OCT2HEX	54
兼容性	BETADIST，BETAINV，BINOMDIST，CEILING，CHIDIST，CHIINV，CHITEST，CONFIDENCE，COVAR，CRITBINOM，EXPONDIST，FDIST，FINV，FLOOR，FTEST，GAMMADIST，GAMMAINV，HYPGEOMDIST，LOGINV，LOGNORMDIST，MODE，NEGBINOMDIST，NORM. INV，NORMDIST，NORMSDIST，NORMSINV，PERCENTILE，PERCENTRANK，POISSON，QUARTILE，RANK，STDEV，STDEVP，TDIST，TINV，TTEST，VAR，VARP，WEIBULL，ZTEST	40
文本	ARRAYTOTEXT，ASC，BAHTTEXT，CHAR，CLEAN，CODE，CONCAT，CONCATENATE，DBCS，DOLLAR，EXACT，FIND，FINDB，FIXED，JIS，LEFT、LEFTB、LEN、LENB，LOWER，MID、MIDB，NUMBERVALUE，PHONETIC，PROPER，REPLACE、REPLACEB，REPT，RIGHT、RIGHTB，SEARCH、SEARCHB，SUBSTITUTE，T，TEXT，TEXTJOIN，TRIM，UNICHAR，UNICODE，UPPER，VALUE，VALUETOTEXT	35
查找与引用	ADDRESS，AREAS，CHOOSE，COLUMN，COLUMNS，FILTER，FORMULATEXT，GETPIVOTDATA，HLOOKUP，HYPERLINK，INDEX，INDIRECT，LOOKUP，MATCH，OFFSET，ROW，ROWS，RTD，SORT，SORTBY，TRANSPOSE，UNIQUE，VLOOKUP，XLOOKUP，XMATCH	25
日期与时间	DATE，DATEDIF，DATEVALUE，DAY，DAYS，DAYS360，EDATE，EOMONTH，HOUR，ISOWEEKNUM，MINUTE，MONTH，NETWORKDAYS，NETWORKDAYS. INTL，NOW，SECOND，TIME，TIMEVALUE，TODAY，WEEKDAY，WEEKNUM，WORKDAY，WORKDAY. INTL，YEAR，YEARFRAC	25
信息	CELL，ERROR. TYPE，INFO，ISBLANK，ISERR，ISERROR，ISEVEN，ISFORMULA，ISLOGICAL，ISNA，ISNONTEXT，ISNUMBER，ISODD，ISREF，ISTEXT，N，NA，SHEET，SHEETS，TYPE	20

续表

函数（类别）	Excel 函数	个数
Database	DAVERAGE，DCOUNT，DCOUNTA，DGET，DMAX，DMIN，DPRODUCT，DSTDEV，DSTDEVP，DSUM，DVAR，DVARP	12
逻辑	AND，FALSE，IF，IFERROR，IFNA，IFS，NOT，OR，SWITCH，TRUE，XOR	11
多维数据集	CUBEKPIMEMBER，CUBEMEMBER，CUBEMEMBERPROPERTY，CUBERANKEDMEMBER，CUBESET，CUBESETCOUNT，CUBEVALUE	7
Web	ENCODEURL，FILTERXML，WEBSERVICE	3
加载项与自动化	CALL，EUROCONVERT，REGISTER. ID	3

统计表 3-1 中的所有 Excel 函数的个数，共计 481 个，其中常用的 10 个函数为 SUM（）、IF（）、LOOKUP（）、VLOOKUP（）、MATCH（）、CHOOSE（）、DATE（）、DATES（）、FIND（）、INDEX（）。

回顾 1.2.1 节，在 Excel 中的 Power Query 的 M 语言函数为 808 个。由此可见 M 语言函数的数量远多于 Excel 函数的数量，而且通过后续的深入学习，读者会越来越清晰地发现：除 M 语言中的容器类（Table、List、Record）、数据库类（Sql、Sap、Access 等）、时间智能函数，其余大量的 M 语言函数其实是与 Excel 函数语法与功能极其类似的。M 语言真正学习的重点在于数据类型及数据结构的转换，在这 808 个函数中，常用的函数不到 30 个。

基于以上的发现：读者完全可以采取"求同存异"的原则，"同"是指一些具备共性、共通的知识点。先消化 Excel 与 M 语言共通的函数（例如，文本类函数、数学与三角类函数、日期与时间函数等），然后掌握 M 语言的一些共性知识（例如，复杂函数名称的关键字构成法、常用参数的数值化含义），再进阶容器类（Table、List、Record）及数据库类（Sql、Access 等）函数的学习，从而降低学习曲线的陡峭度。

2. Excel 函数的构成

在 Excel 中运用饼图，统计表 3-1 中的数据，如图 3-5 所示。

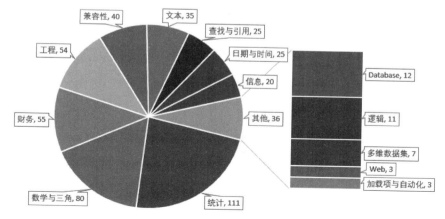

图 3-5　Excel 函数（按类别统计）

3. Excel 函数与 M 语言函数

很多 M 语言函数与 Excel 函数的语法与功能是极其类似的,如表 3-2 所示。

表 3-2　Excel 函数与 M 语言函数的类别对应(举例)

Excel 函数的类别	Excel 函数	M 语言函数	M 语言函数的类别
文本	Len	Text.Length()	Text
数学与三角	Round	Number.Round()	Number
信息	Iseven	Number.IsEven()	Number
逻辑	if	if	关键字
日期与时间	Date	#date()	Date
	Now	DateTime.LocalNow()	DateTime
统计	Count	Record.FieldCount()	Record
		List.Count()	List
		Table.RowCount()	Table
查找与引用	Match	List.MatchesAll()	List
		Table.MatchesAllRows()	Table

从表 3-2 的对应情况来看,Excel 中的“文本”类别的函数多对应于 M 语言中的 Text 类别的函数;“数学与三角、信息”类别的函数多对应于 M 语言中的 Number 类别的函数;“日期与时间”类别的函数多对应于 M 语言中的 Date、DateTime 等类别的函数;“统计、查找与引用”类别的函数多对应于 M 语言中的 List、Record、Table 等类别的函数。

3.2　M 语言函数

3.2.1　M 语言函数简介

1. M 语言函数(按类别列出)

以下是如何查看 Power Query M 语言函数的类别。打开浏览器,在搜索中输入“Power Query M 函数”(大小写不敏感),单击“百度一下”按钮,便可显示微软官方相应网页,如图 3-6 所示。

图 3-6　Power Query M 函数搜索

在微软"Power Query M 函数参考"网页,M 语言函数被划分为 24 类,如图 3-7 所示。

2. M 语言函数的框架性理解

从理论上来讲,很多计算机语言的程序都可理解为程序＝数据＋方法。Power Query 的 M 语言也可以这样理解。

在"程序＝数据＋方法"理论中,"数据"有"数据结构"与"数据类型"之分。在 Power Query 中,"数据结构"从狭义范围来讲,主要是指"表、记录、列表"三大容器;从广义范围来讲,它还包括参数中的"合并器、拆分器、比较器、替换器"等。"数据类别"从狭义范围来讲,主要是指"文本、数字、日期时间、逻辑"等;从广义范围来讲,它还涵盖"表、记录、列表"等数据结构,如表 1-1 中所列举的 Table、Record、List、Text、Number、Date、Logical 等类别。

"方法"(method)主要是指"M 语言函数"及"语法规则",它涉及"逻辑运算、增、删、改、查、分组聚合、数据处理、报错兼容"等方面。以"文本"类别的函数为例,它有"合并、拆分、移除、替换、重复"等功能,对应的函数有 Text. Combine()、Text. Split()、Text. Remove()、Text. Replace()、Text. Repeat()等。在很多函数中,读者可以通过指定"区间范围、位置、分隔符"等方式进行

按类别列出函数

- 数据访问函数
- 二进制函数
- 合并器函数
- 比较器函数
- 日期函数
- 日期/时间函数
- 日期/时间/时区函数
- 持续时间函数
- 错误处理
- 表达式函数
- 函数值
- 列表函数
- 行函数
- 逻辑函数
- 数字函数
- 记录函数
- 替换器函数
- 拆分器函数
- 表函数
- 文本函数
- 时间函数
- 类型函数
- Uri 函数
- 值函数

图 3-7　M 语言函数(按类别列出)

更多复杂场景的应用。为加深读者对 M 语言的知识体系的框架性理解,本书将围绕图 3-8 中的内容进行展开。

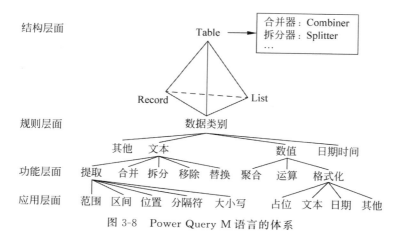

图 3-8　Power Query M 语言的体系

3．M语言函数名称的共性总结

常有使用者认为"M语言类别众多、函数冗长、参数复杂、易忘难学"，简化记忆、降低理解的难度是学习 M 语言之初首先要考虑的问题。

以下是可以降低 M 语言学习难度的几种方法：

参照图 3-8，从整体上了解 M 语言的结构体系；参照图 3-7，从整体上了解 M 语言的函数类别；参照表 3-2，从整体上了解 M 语言函数与 Excel 函数类别间的对应关系。

既然"会写 M 语言函数的鄙视会改 M 语言函数的，会改 M 语言函数的鄙视只会界面操作的"，那么何不先熟悉 M 语言界面操作后自动生成的代码，然后对其改写；改写的程度由浅入深，在不断熟记与掌握 M 语言函数语法的基础上，逐步深入理解 M 语言的核心。

在改写 Power Query 高级编辑器自动生成的代码的过程中，参照图 1-25 中的关键字，对所有函数的构成进行共性总结，找出 M 语言的命名规律。参照图 3-8，找出三大容器（Table、Record、List）间的结构转换规律，以及各容器内数据类型的转换（To、From）的规律，不断地对代码量进行压缩、压缩、再压缩，最终实现化繁为简。

参照图 1-25，采用"函数 按字母"的方式，对图 1-25 中的单词进行函数命名的拼接，最终完成知识的转化过程。经对比图 1-25 后发现，以下单词在常用的 M 语言函数中使用的频率较高，如表 3-3 所示。

表 3-3　M 语言函数中名称的关键字

首 字 母	关 键 字
A	Add、Alternate、Any、All
S	Select、Split、Skip、Sort、Start
T	Table、To、Transform、Trim、Transpose、Type、Text、Time
R	Range、Record、Remove、Replace、Repeat、Rows、Reorder、Rename、Reverse
C	Combine、Columns、Contains、Count、Clean
M	Matching、Matches
P	Pivot、Promote、Position、Proper、Pad
I	Is、Index、Insert、Item

通过表 3-3，细心的读者会发现：在 M 语言中，60％以上的常用函数是由这些单词组成的。例如，Table. AddColumn()、Table. AlternateRows()、Table. SelectRows()、Table. SplitColumn()、Table. Skip()、Table. ToRows()、Table. TransformRows()、Table. TransformColumns()……

通过以上的单词组合后，细心的读者不难发现：所谓冗长的 M 语言函数名称，其实是由一些最常见、高频的单词依据一定的规则拼接而成的，而且含有某些特定单词的函数其参数中往往有其一定的特征。

例如，函数中含有 Is 单词的函数有 55 个，其返回值为 true 或 false，常用于条件判断；函数中含有 Contains 单词的函数有 7 个，其返回值为 true 或 false，常用于条件判断。

例如，函数中含 Combine 单词的函数，大概率有一个参数指定数据为 list 数据结构。

而对于那些函数名称拼写简单的函数,有可能在添加 M 语言的类别后,其函数的名称与用法同 Excel 中的名称与用法完全一致或类似。例如,Text. Replace( )、Text. Repeat( )、Text. Trim( )。

由此可见,Power Query M 语言虽然函数众多,但其构建规则仍有迹可循,稍做共性总结后立即能找出其中的规律。

4. 可常量化参数(0、1、2)

在 Power Query M 语言中,0、1、2 常用作某些函数参数的别名。在别名化过程中这 3 个参数所代表的意义如下:

0 代表默认值。例如,升降序中的升序、表查询时的内连接、分组时的全局分组、位置查询时的首次出现位置、查询无结果时系统的自动报错功能等。

1 代表常见方式。例如,升降序中的降序、表查询时的左外部连接、分组时的局部分组、位置查询时的末次出现位置、查询无结果时系统的忽略错误功能等。

2 代表使用空值或所有位置显示之类的功能,即全有或全无之类的。

以下是一些常用参数与对应的 0、1、2 别名,如表 3-4 所示。

表 3-4　常量值参数及其代表的意义(1)

适 用 函 数	适 用 场 景	0 代表的意义	1 代表的意义	2 代表的意义
List. Sort,Table. Sort	Sort order	Order. Ascending	Order. Descending	
List. DateTimes,List. Dates,List. DateTimeZones,List. Durations,List. Generate,List. Numbers,List. Random	Occurrence specification	Occurrence. First	Occurrence. Last	Occurrence. All
Record. ToTable,Record. FromTable,Record. ToTable	MissingField	MissingField. Error	MissingField. Ignore	MissingField. UseNull
Table. SplitColumn,Table. FromList	Splitter	ExtraValues. List	ExtraValues. Error	ExtraValues. Ignore
Table. Group	GroupKind	GroupKind. Local	GroupKind. Global	

5. 可常量化参数(0~6)

常量值参数及其代表的意义如表 3-5 所示。

6. 不可常量化的参数

Compare 的 3 种比较方式:Compare. Ordinal 区分大小写,Compare. OrdinalIgnoreCase 不区分大小写,Compare. FromCulture 区域语言选项。

Replacer 有两种替换方式:Replacer. ReplaceText 替换局部字符串(不支持数值),Replacer. ReplaceValue 替换完整的值(匹配字符串或数值)。

表 3-5　常量值参数及其代表的意义（2）

可常量化参数	表的连接方式	表的连接算法
0	JoinKind. Inner	JoinAlgorithm. Dynamic
1	JoinKind. LeftOuter	JoinAlgorithm. PairwiseHash
2	JoinKind. RightOuter	JoinAlgorithm. SortMerge
3	JoinKind. FullOuter	JoinAlgorithm. LeftHash
4	JoinKind. LeftAnti	JoinAlgorithm. RightHash
5	JoinKind. RightAnti	JoinAlgorithm. LeftIndex
6		JoinAlgorithm. RightIndex

3.2.2　语法差异

在学习新语言的过程中，由于对语法的理解不到位，遇到报错提示是常有的事情。读者完全可以利用这些语法报错的机会借以历练、总结与成长。以下是一些在 Excel 与 M 语言使用过程中常见的语法差异及对应的报错提示。

1. 表达式错误

在 Excel 中，文本与数值可以直接进行文本拼接。在单元格中，表达式＝3&"A"的返回值为"3A"，而在 Power Query 中，表达式＝3&"A"返回的错误提示如下：

```
Expression.Error: 无法将运算符 & 应用于类型 Number 和 Text。
详细信息:
    Operator = &
    Left = 3
    Right = A
```

出错原因：表达式是在给定环境中的运算。在 M 语言中，文本与数值不能直接运算，所以报错提示。

解决办法：将数值类型转换为文本类型（Text.From(3)），然后与文本拼接。

在 Excel 中，日期函数或日期文本与数值可直接相加。表达式＝DATE(2021,8,21)＋3 或表达式 ="2021/8/21"＋3 返回的值为 2021/8/24，而在 Power Query 中，表达式 = #date(2021,8,21)＋3 返回的错误提示如下：

```
Expression.Error: 无法将运算符 + 应用于类型 Date 和 Number。
详细信息:
    Operator = +
    Left = 2021/8/21
    Right = 3
```

出错原因：日期类型与数值类型不能直接相加。

解决办法：= #date(2021,8,21)＋ #duration(3,0,0,0)。

在 Excel 中,Date()函数中的 year、month、day 3 个参数中,参数的数据类型为数值或数值文本都不会影响返回的值。表达式=DATE(2021,8,"21")返回的值为 2021/8/21,而在 Power Query 中,表达式=♯date(2021,8,"21")返回的错误提示如下:

> **Expression.Error:** 无法将值 "21" 转换为类型 Number。
> 详细信息:
> 　　**Value = 21**
> 　　**Type = [Type]**

出错原因:♯date()函数内的 3 个参数的数据类型都必须是数值类型,不可以为文本或数值型文本。

解决办法:将数值型文本转换为文本或直接用数值,如=♯date(2021,8,Number.From("21"))。

在 Excel 中,当必选参数不足时,会弹出警示框。例如,在单元格输入表达式=DATE(2021,8.21)后会弹出警示框,如图 3-9 所示。

图 3-9　报错提示

在 Power Query 中,表达式=♯date(2021,08.21)返回的错误提示如下:

> **Expression.Error:** 2 参数传递到了一个函数,该函数应为 3。
> 详细信息:
> 　　**Pattern =**
> 　　**Arguments = [List]**

出错原因:该函数共 3 个必选参数,目前仅提供了两个。

解决办法:补全所缺的参数。

在 Excel 中的所有函数,无论采用全部大写、全部小写、大小写相结合的任一方式,均不影响返回的结果。表达式=UPPER("excel")、表达式=upper("excel")或表达式=uPpEr("excel")返回的值均为"EXCEL",而在 Power Query 中,表达式=Text.upper("excel")返回的错误提示如下:

> **Expression.Error:** 无法识别名称"**Text.upper**"。需要确保其拼写正确。

出错原因:Text.upper()中的 upper 首字母未大写。

解决办法:正确书写 Text.Upper()。

在 Power Query 中,当函数名的大小写书写不正确时会报错,单词拼写不正确时也会报错。例如,表达式=Text.Uppers("excel")返回的错误提示如下:

> **Expression.Error:** 无法识别名称"**Text.Uppers**"。需要确保其拼写正确。

出错原因：Text. Uppers()中多了一个字母 s。

解决办法：正确书写 Text. Upper()。

在 Excel 中,find()函数的语法为 FIND(find_text, within_text, [start_num])。前两个参数为必选参数,如果在单元格内输入 Find("excel"),则会报错,如图 3-9 所示。

而在 Power Query 中,Text. PositionOf 函数的语法为 Text. PositionOf(text, substring, optional occurrence, optional compare)。前两个参数为必选参数,输入表达式 = Text. PositionOf("excel")返回的错误提示如下：

```
Expression.Error: 1 参数传递到了一个函数,该函数应介于 2 和 4 之间。
详细信息:
    Pattern =
    Arguments = [List]
```

出错的原因：Text. PositionOf()的参数介于 2 和 4 之间(共 4 个参数,其中有两个是必选参数),目前仅输入了 1 个参数。

解决办法：补全参数,符合最少输入两个参数的要求。

尽管 Text. PositionOf()函数返回的值为 Number,但其函数的类别不是 Number。如果不小心将 Text. PositionOf()函数写成 Number. PositionOf()。例如,表达式＝Number. PositionOf("excel","e"),返回的错误提示如下：

```
Expression.Error: 无法识别名称"Number.PositionOf"。需要确保其拼写正确。
```

对于可选参数,特别是默认可选参数,写与不写都不影响返回的值。例如,表达式＝Text. PositionOf("excel","e",0)与表达式＝Text. PositionOf("excel","e")返回的值是完全一致的。

另外,Excel 中的 Find()函数与 M 语言中 Text. PositionOf()函数的参数中文本字符串的位置及查找后返回的值也略有所区别,如表 3-6 所示。

表 3-6　位置查找函数

函 数 类 别	函　　　数	返 回 的 值
Excel	FIND("e","excel")	1
M 语言	Text. PositionOf("excel","e")	0

2. 语法错误

在 Excel 中,对于任何类型的语法错误,系统都会预警提示。例如,在单元格输入 UPPER((("excel"),系统会弹出提示框,如图 3-10 所示。

单击"是(Y)"按钮,单元格返回值 EXCEL,而在 Power Query 中,表达式＝Text. Upper((("excel")返回的错误提示,如图 3-11 所示。

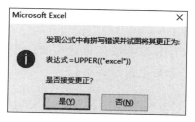

图 3-10　语法错误(1)

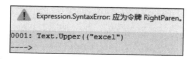

图 3-11　语法错误(2)

在图 3-11 中,RightParen 是右括号的意思,Paren 是 parenthesis(括号)的缩写。当出现语法报错时,读者一定要明白系统在具体指什么。

在 Excel 中,在单元格输入表达式＝UPPER(("excel",),系统会弹出提示框,如图 3-12所示。

在 Power Query 中,表达式＝Text. Upper(("excel",)返回的错误提示如图 3-13 所示。

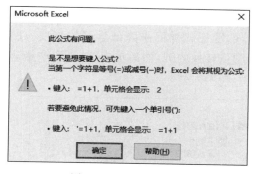

图 3-12　语法错误(3)

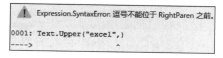

图 3-13　语法错误(4)

同理,表达式＝Text. Upper("excel".)返回的错误提示如图 3-14 所示。

在图 3-14 中,Comma 是逗号的意思,"^"符号所指的位置即错误所在的位置。

再举例,表达式＝Text. Upper("excel"]返回的错误提示如图 3-15 所示。

同理,在图 3-15 中,"^"符号所指的位置即错误所在的位置。通过以上几例的对比不难发现:"^"符号所指的位置一般为错误所在的位置,但提示语"应为令牌 Comma"则未必准确。

当文本函数中最基本的""(双引号)未成对出现时,则会报错"文字无效",相关文本内容都被"^"符号标识。例如,表达式＝Text. Upper("excel])的报错如图 3-16 所示。

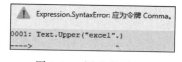

图 3-14　语法错误(5)

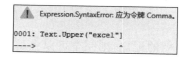

图 3-15　语法错误(6)

图 3-16　语法错误(7)

3．结论推导

M 语言函数和 Excel 函数公式的主要共同点如下：

括号成对。对于存在多个参数的函数，很多函数有必选参数与可选参数；可选参数可以省略，但必选参数不可缺少；必选参数一旦不足，系统马上报错提示。

M 语言函数和 Excel 函数公式的主要区别如下：

M 语言函数对大小写敏感且第 1 个字母都是大写的，Excel 对大小写不敏感；M 语言函数对数据类型有严格的要求，Excel 中数据转换是隐式的；PQ 行号以 0 为基数，Excel 行号以 1 为基数。

3.2.3 函数及语法备忘

M 语言中函数的数量实在太多，并且有严格的大小写要求。很多情况下，忘记函数的拼写或语法是常有的事，找到一套备忘的方法同样很重要。

1．借助图形化界面

在刚接触 M 语言的过程中，一次性掌握或记住所有函数及语法是有难度的。在想好解题思路的前提下，可以借助 Power Query 编辑器的图形化界面来降低学习的难度。例如，如果打算对某一列或某几列进行转换，则可先选中需转换的列，然后单击"转换"→"格式"→"小写"，最后对编辑栏生成的代码进行修改，如图 3-17 所示。

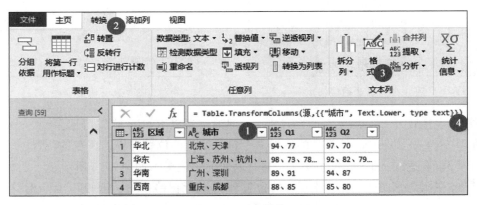

图 3-17　列表转换

接下来只需对编辑栏中的代码更改。例如，将编辑栏中的代码更改如下：

```
= Table.TransformColumns(源,{{"城市", each Text.Split(_,"、"){0}}})
```

2．借助♯shared

如果对某个函数只有个模糊的记忆，则完全可以在编辑栏中输入"=♯shared"，然后将 Record 转换为表，最后在表中进行查询即可。以上前两个步骤可合并为一个嵌套语句，代码如下：

```
= Record.ToTable( # shared)
```

如果所需查询的函数中含有单词 Transform,则接下来可以在 Power Query 编辑器中采用图形化界面完成操作。操作步骤如下:单击 Name 列右侧的"下拉"按钮(倒三角符号),选择下拉菜单中"文本筛选器"的"包含",在弹出的"筛选行"对话框中,填入包含的值 Transform,单击"确定"按钮,如图 3-18 所示。

图 3-18 筛选行

在编辑栏显示的代码如下:

```
= Table.SelectRows(源, each Text.Contains([Name], "Transform"))
```

在编辑区显示的数据如图 3-19 所示。

	Name	Value
1	Table.TransformRows	Function
2	List.Transform	Function
3	List.TransformMany	Function
4	Record.TransformFields	Function
5	BinaryFormat.Transform	Function
6	Cube.Transform	Function
7	Table.TransformColumnNames	Function
8	Table.TransformColumns	Function
9	Table.TransformColumnTypes	Function

图 3-19 筛选的行

3. 借助编辑栏

通过图 3-19 的筛选,如果确定需寻找的函数为 Table.TransformColumns(),则可以在编辑栏直接输入表达式＝Table.TransformColumns 查找该函数的语法。语法查询结果如图 3-20 所示。

注意:在编辑栏查找某函数的语法时,函数的后面不能加括号。

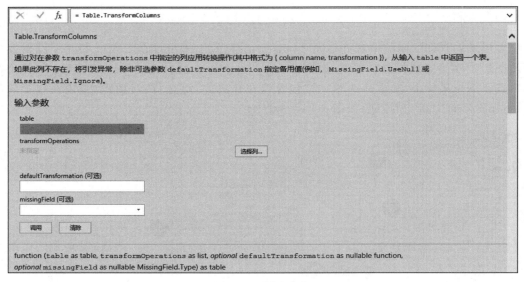

图 3-20　语法查询

3.3　M 语言词法

以下内容为 M 语言最重要的基础知识，很重要但也很枯燥。希望读者能静下心来，多动手、多记忆、多练习，并举一反三。

3.3.1　值

在 M 语言中，值是通过计算表达式所生成的数据。值有原始值（Primitive Values，或称基元值）和结构型值（Structured Values）之分。举例：原始值（1，true，3.1415，"abc"）；结构化值（{1,2,3}，{[A=1]，{1,2,3}}，[a=1,b=a+1,c=a+b+2]）。当值为文本时，需加双引号；当值为数值时，不需加引号。

注意：尽管许多值可以按字面形式写成表达式（例如，let A=1 in A，表达式 1 的计算结果为值 1），但值不是表达式。因为表达式是计算的方法，值是计算的结果。这种区别很细微，但很重要。

1. 值的种类

以下是 M 语言对值的分类，如表 3-7 所示。

表 3-7　值的分类

种　　类	英　　文	应 用 举 例
Null	Null	null. 1
逻辑	Logical	true false

续表

种　类	英　文	应 用 举 例
数字	Number	0 1 −1 1.5 2.3e−5
时间	Time	#time(09,15,00)
日期	Date	#date(2013,02,26)
日期时间	DateTime	#datetime(2013,02,26, 09,15,00)
日期时区时间	DateTimeZone	#datetimezone(2013,02,26, 09,15,00, 09,00)
持续时间	Duration	#duration(0,1,30,0)
文本	Text	"hello"
二进制	Binary	#binary("AQID")
列表	List	{1, 2, 3}
记录	Record	[A = 1, B = 2]
表格	Table	#table({"X","Y"},{{0,1},{1,0}})
函数	Function	(x) => x + 1
类型	Type	type { number } type table [A = any, B = text]

2．运算符

在 M 语言中，主要有以下运算符：

```
= < <= > >= <> + − * / & ( ) [ ] { } @ ? => .. ...
```

在 M 语言中：表为 Table，每行的内容为一个 Record，每列的内容为一个 List；行标用大括号{ }，初始值为 0；列标用中括号[ ]，[ ]内为字段名，列标名不用加引号。例如，源{0}[Data]，用于获取源表中第一行 Data 列的内容，其中{}、[]为表级运算符。

注意：运算符是有优先级的。例如，*/（乘除）优先于+−（加减）。

3．值的运算

M 语言是强类型的，不同类型的值之间不可以进行运算；相同类型的值之间并非可以进行各类运算（例如，对比运算、算术运算、逻辑运算等），各类相同数据类型间可进行的运算如表 3-8 所示。

表 3-8　常用表达式及可进行的运算

表达式及运算符				(M 语言中常用)数据类型											
常用表达式的种类	表达式	运算符	中文含义	null	逻辑	数字	时间	日期	日期时间	日期时区时间	持续时间	文本	二进制	列表	记录	表格
相等表达式	x=y	=	等于	√	√	√	√	√	√	√	√	√	√	√	√	√
	x<>y	<>	不等于	√	√	√	√	√	√	√	√	√	√	√	√	√

续表

表达式及运算符				（M语言中常用）数据类型												
常用表达式的种类	表达式	运算符	中文含义	null	逻辑	数字	时间	日期	日期时间	日期时区时间	持续时间	文本	二进制	列表	记录	表格
关系表达式	x>=y	>=	大于或等于	✓	✓	✓	✓	✓	✓	✓	✓	✓	✓			
	x>y	>	大于	✓	✓	✓	✓	✓	✓	✓	✓	✓	✓			
	x<y	<	小于	✓	✓	✓	✓	✓	✓	✓	✓	✓	✓			
	x<=y	<=	小于或等于	✓	✓	✓	✓	✓	✓	✓	✓	✓	✓			
算术表达式	x & y	&	组合	✓			✓	✓				✓		✓	✓	✓
	x+y	+	加	✓		✓	✓	✓	✓	✓	✓					
	x—y	—	减	✓		✓	✓	✓	✓	✓	✓					
	x * y	*	乘	✓		✓					✓					
	x/y	/	除	✓		✓					✓					
逻辑表达式	x and y	and	条件逻辑与	✓	✓											
	x or y	or	条件逻辑或	✓	✓											
	not x	not	逻辑非	✓	✓											

　　如表 3-8 所示，数值间是不可以进行组合（&）运算的。表达式＝1 & 2 返回的错误提示如下：

```
Expression.Error: 无法将运算符 & 应用于类型 Number 和 Number。
详细信息:
    Operator = &
    Left = 1
    Right = 2
```

　　如表 3-8 所示，列表间是可以进行比较运算（=、<>、>、>=、<、<=）的。表达式＝{1,2,3}<>{1,3,2}返回的值为 true。

3.3.2　变量

　　变量是对值的命名。在 let…in…语句结构中，变量是步骤名称，当变量中存在空格时，应对字段加引号，然后在引号前面加♯（井号），例如，♯"A B"。

　　在 Record 结构中，变量是字段名，即使变量中存在空格并能正常使用，即无须对字段加引号（及在引号前加♯）；当然，如果加上引号及♯号也不会报错，例如，[A B=1]与[♯"A B"=1]都是允许的，并且二者是等效的。

3.3.3　环境

　　环境是由 let…in…或 Record 结构中的所有变量组成。在每个 let…in…结构中，由所有变量组成一个 let…in…环境；在每个 Record 结构中，由所有字段名(变量)组成 Record 环境。

在同一环境中，每个变量都必须是唯一的，所以变量也可以称为"唯一标识符"或"标识符"。如果打算在同一环境中命名两个相同的变量(或称应用步骤的名称、标识符)，则系统会报错提示。例如，表达式＝ let A＝1,A＝2 in A 或表达式 ＝[A＝1,A＝2]的错误提示均为

Expression.Error: 名称"A"被定义多次。

在 let…in…结构中，由所有变量构成了环境，let 表达式使用包含所有变量的环境来计算后面的表达式。应用举例，代码如下：

```
let x = 1, y = x + 3, z = x + y in z
```

返回的值为 5。代码中，x 的环境为 y、z；y 的环境为 x、z；z 的环境为 x、z。

在 Record 结构中，由所有字段构成了环境，初始字段表达式使用修改后的环境计算每个字段的子表达式。应用举例，代码如下：

```
[x = 1, y = x + 3, z = x + y]
```

返回的值为 Record。代码中，x 的环境为 y、z；y 的环境为 x、z；z 的环境为 x、z。

在 let…in…结构中嵌套 Record 结构或在 Record 结构中嵌套 let…in…结构也是允许的。let 结构应用举例，代码如下：

```
//ch302 - 002
let
  x = 1,
  y = [x = 1, y = x + 3, z = 5][y],
  z = x + y
in
  z
```

Record 结构应用举例，代码如下：

```
[x = 1, y = let x = 1, y = x + 3 in y, z = x + y][z]
```

以上代码返回的值均为 5。在以上两个嵌套代码中，每个代码中的 let 表达式中的 y 与 Record 中的字段 y 的所处环境均不相同，所以不会产生标识符或变量冲突，但不易于新手理解或未来的代码维护，所以不建议这样命名。以此 Record 结构为例，修改后的代码如下：

```
[x = 1, y = let a = 1, b = a + 3 in b, z = x + y][z]
```

以上代码相比[x＝1,y＝let x＝1,y＝x＋3 in y, z＝x＋y][z]更易于理解。

在实际代码编写过程中,当运算过程中存在某个或某些复杂的变量重复调用时,采用 let…in…结构嵌套 let…in…或 Record 结构是一种高效的处理方式,并且代码易于识别、易于修改。

3.3.4　令牌

在 M 语言中,令牌(token)是指标识符(identifier)、关键字(keyword)、文字(literal)、运算符(operator)或标点符号(punctuator),但用于分隔标记的空白和注释不是令牌。

3.3.5　标识符

在 M 语言中,标识符有通用化标识符(例如,let…in…语句中的步骤名称,record 结构中的字段名称)和带引号的标识符(例如,let…in…语句中存在空格号的步骤名称,需对其加上♯"")。

在 M 语言中,关键字是保留的类似标识符的字符序列,不能直接用作常规标识符,但可以用作带引号的标识符。

注意:在 M 语言的 Record 结构中,当字段名称中存在关键字或空白时,不必使用带引号的标识符,可以直接用常规标识符。

3.3.6　关键字

在 M 语言中,以下是系统内置的关键字。

and、as、each、else、error、false、if、in、is、let、meta、not、null、or、otherwise、section、shared、then、true、try、type、♯ binary、♯ date、♯ datetime、♯ datetimezone、♯ duration、♯ infinity、♯ nan、♯ sections、♯ shared、♯ table、♯ time。

所有关键字都必须小写,部分关键字前面需加上转义字符(♯)。以 is 和 as 关键字为例,对关键字的作用进行简单说明,is 运算符用于确定值的类型是否与给定类型兼容;as 运算符用于检查该值是否与给定类型兼容,如果不兼容则会引发错误。否则将返回原始值。

以 as 关键字指定数据类型,代码如下:

```
= let AB = (A as number, B as text) => Text.From(A)&B in AB
```

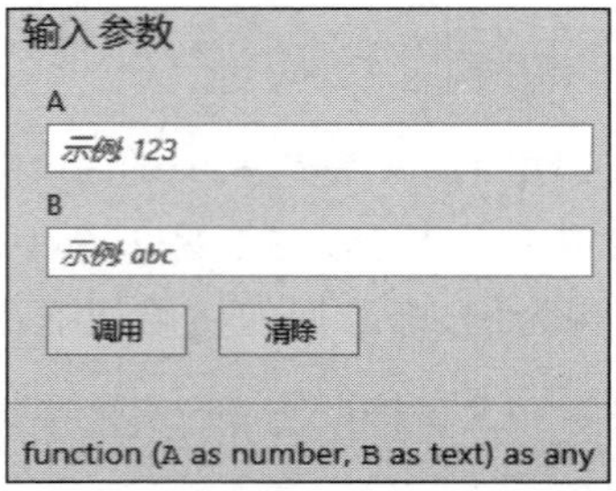

图 3-21　输入参数

运行此代码,返回的结果如图 3-21 所示。

注意:is 和 as 运算符仅接受初始类型(Primitive)作为其正确的操作数。M 语言不提供用于检查值是否符合自定义类型的方法。

另外,M 语言的关键字里面没有 for、while 这样的关键字。在 M 语言中,实现循环是通过特定的函数或者运算符实现的,按照实现原理的不同,可以初步地分为遍历、迭代与递归三大类,例如,List. Transform()、List. TransformMany()、List. Accumulate()、List. Generate()等。

3.3.7 标点符号

标点符号用于分组和分隔。在 M 语言中,常见的标点符号的中英文对照如表 3-9 所示。

表 3-9 常用标点符号

符 号	英 文 提 示	中 文 含 义
[ ]	Bracket	方括号
:	Colon	冒号
,	Comma	逗号
=	Equals sign	等号
( )	Paren	圆括号
+	Plus	加号
" "	Quote	引号
;	Semi-colon	分号
	Space	空隔号

3.3.8 空白分隔符

空格(空白分隔符)用于分隔 M 语言中的注释和令牌。空格包括空格字符(它是 Unicode 字符类的一部分)及水平和垂直制表符(♯(tab))、换行符序列(包括回车符♯(cr)、换行符♯(lf)、后跟换行符的回车符♯(lf,cr))等。制表符♯(tab)、回车符♯(cr)、换行符♯(lf)等是较常用的字符转义序列。

转义序列也可以包含短(4 个十六进制数字)或长(8 个十六进制数字)Unicode 码位值。例如,以下 3 个转义序列是等效的:♯(000D)短(4 个十六进制数字)、♯(0000000D)长(8 个十六进制数字)Unicode 码位值、♯(cr)字符转义序列。

单个转义序列中可以包含多个转义码,它们之间用逗号分隔。例如,♯(cr)♯(lf) 和♯(cr,lf)这两个序列是等效的。

3.4 M 语言表达式

表达式是由运算符和运算对象组成的,它用于构造值的公式。单独的一个运算对象(常量、变量或算术)也可作为表达式,它是最简单的一种表达式。常见的表达式有逻辑表达式、算术表达式、文本字符串表达式。

表达式可以是简单的表达式,也可以是复杂的表达式,复杂的表达式是建立在众多子表达式的基础之上的。例如,[A=3,B={2},C={if A>2 then 3 else null}&B]是父表达式,而 3、{2}、{if A>2 then 3 else null}&B 是子表达式。

3.4.1　表达式

M 语言中的各类表达式如表 3-10 所示。

表 3-10　M 语言的表达式

序　号	表　达　式	英 文 描 述	运算符或关键字
1	逻辑表达式	logical-or-expression	and、or、is、as、相 等、关 系、＋、－、 ＊、/、一元表达式（＋、－、not）
2	if 表达式	if-expression	if…then…else…
3	let 表达式	let-expression	let…in…
4	each 表达式	each-expression	each _
5	函数表达式	function-expression	fx＝(x,y)＝>
6	主表达式	primary-expression	如表 3-11 所示
7	报错表达式	error-raising-expression	error expression
8	错误处理表达式	error-handling-expression	try…otherwise…

在 M 语言中,常用主表达式如表 3-11 所示。

表 3-11　主表达式

序　号	主 表 达 式	英 文 描 述	主 运 算 符
1	列表表达式	list-expression	{x,y,…}
2	项访问表达式	item-access-expression	x{y}
3	记录表达式	record-expression	[i＝x,…]
4	字段访问表达式	field-access-expression	x[i]
5	标识符表达式	identifier-expression	i、@i
6	带圆括号表达式	parenthesized-expression	(x)
7	调用表达式	invoke-expression	x(…)
8	文本表达式	literal-expression	"A123"

3.4.2　逻辑表达式

1. and、or

and 和 or 是较常用的逻辑运算符。and 运算符在两个条件都满足时,返回值为 true;只有一个条件满足时,返回值为 false。应用举例,代码如下:

```
= 2 > 3 and 5 > 4      //false
= 2 > 3 or 5 > 4       //true
```

or 运算符在两个条件中只要一个条件满足时就返回值 true;如果两个条件都不满足,则返回值为 false。应用举例,代码如下:

```
= 2 > 3 or 5 > 4        //true
= 2 > 3 or 4 > 5        //false
```

如果条件参数结果为 true,则返回值为 false。同理,如果条件参数结果为 false,则返回值为 true。应用举例,代码如下:

```
= not false        //true
= not true         //false
```

2. is、as

is 运算符并不真正执行转换,它只是检查指定的对象与给定的类型是否兼容。应用举例,判断数值 3 是否为文本值,代码如下:

```
= 3 is text
```

返回的值为 false。在 M 语言中,函数中包含 Is 的均为信息类函数,返回值为 true 或 false。

as 运算符只适用于引用类型或可以为 null 的类型,而无法执行其他的转换。应用举例,将自定义函数 fn 的 a 参数的数据类型定义为数值,代码如下:

```
= let fn = (a as number) = > a in fn
```

当 a 值不是指定数据类型(数值类型)时,参数将无法被调用。

3. 相等运算符

比较运算符可用于相等(=、<>)或关系(>、>=、<、<=)的比较。以下是一些相等比较,代码如下:

```
= 1 = 1,           //true
= 1.0 = 1          //true
= "a" <> 2         //true
= 2 = 1            //false
= #nan = #nan      //false
= #nan <> #nan     //true
```

返回的值为 true 或 false。

参照表 3-9,列表间比较是允许的。只要项相等、顺序相同,返回值就为 true,代码如下:

```
= {1,2} = {1,2}        //true
= {2,1} = {1,2}        //false
= {1,2,3} = {1,2}      //false
```

参照表 3-9,对记录进行比较也是允许的。只有当字段数相同、字段名称相同时,返回值才为 true,代码如下:

```
= [A = 1,B = 2] = [A = 1,B = 2]          //true
= [B = 2,A = 1] = [A = 1,B = 2]          //true
= [A = 1,B = 2,C = 3] = [A = 1,B = 2]    //false
= [A = 1] = [A = 1,B = 2]                //false
```

参照表 3-9,表与表之间的比较也是允许的。应用举例,代码如下:

```
= #table({"A","B"},{{1,2},{3,4}}) = #table({"B","A"},{{4,3},{2,1} })
```

返回的值为 false。

如果列的顺序不同,但行列值能一一对应,则返回的值为 true,代码如下:

```
= #table({"A","B"},{{1,2},{3,4}}) = #table({"B","A"},{{2,1}, {4,3}})
```

4. 关系表达式

关系表达式(>、>=、<、<=)返回的值为 true 或 false,代码如下:

```
= "a" > "A"          //true
= "c" > "a"          //true
= "a" > "—"          //false
= "ab" >= "ac"       //false
= 3 >= 2             //true
= true > false       //true
= true < false       //false
```

3.4.3 if 表达式

if 表达式的语法结构如下:

```
if if – condition then true – expression else false – expression
```

if…then…else…的简单应用举例,代码如下:

```
= if 5 > 4 then "ok" else "error"        //ok
```

if…then…else…的多条件应用举例,代码如下:

```
=   if 5 > 12 then "ok" else if 5 > 6 then "ok" else "no"        //no
```

在刚接触 M 语言的多条件应用时,如果对语法不熟悉,则可以通过 Power Query 的图形化界面来操作。单击"添加列"→"条件列",弹出的窗口如图 3-22 所示。

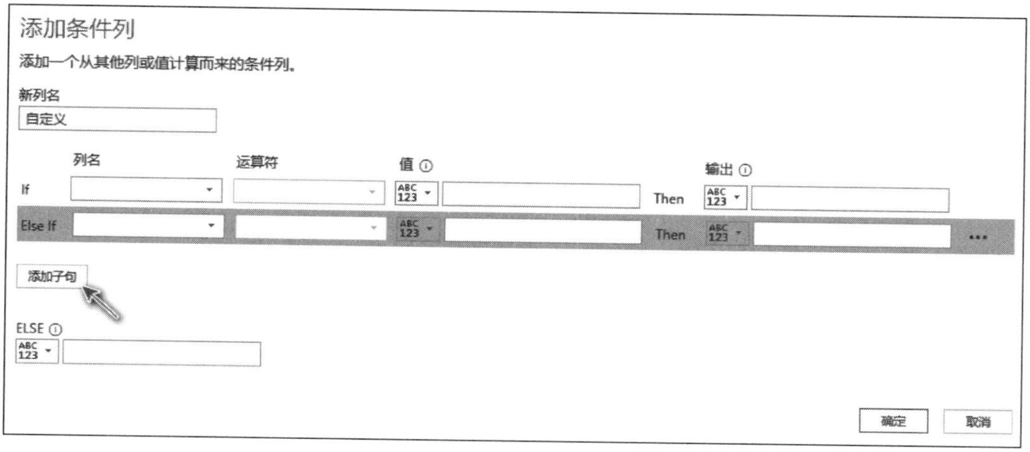

图 3-22 添加条件列

当需要添加多条件时,可通过单击"添加子句"获得条件行,在"Else IF、Then"中选择"列名、运算符"然后输入"值、输出"实现。

3.4.4 let 表达式

let…in…语句结构用于创建一个多步骤的综合查询,每个综合查询都以 let 开头、以 in 结尾;let、in 是 M 语言中的关键字,只能是小写。在 let..in..结构中,let 用于计算,并对结果命名;in 用于显示结果。

let 之后所连接的每个步骤都有一个步骤名称,称为"标识符""步骤名称"或"变量"。标识符用于引用值的名称,当标识符(步骤名称、变量)中存在空格时,需要用♯标识符来包含空格(名称在引号中,例如,♯"A B",也可称为带引号的标识符);不带空格的标识符称为常规标识符(例如,A、B)。

在 let…in…结构中,in 之前不能有逗号,其他的每个步骤都以逗号结尾;in 后面所接的是语句的输出,代码举例如下:

```
//ch304 - 010
let
    源 = 2,
    ♯"A B" = 源 + 3 * (源 + 1) //♯"A B",用♯标识符来包含空格(名称在引号中)
in
    ♯"A B"
```

在以上代码中,源、♯"A B"是对标识符的直接调用;//是注释符,用于单行注释,//后面的语句不执行任何操作。以上代码返回的值为 11。

在 let…in…结构中,in 表达式返回的值可以是标识符(let…in…中的任一步骤),也可

以是标识符调用的结果(例如,A＋B),代码如下:

```
//ch304 - 011
let
    A = 1,
    B = 2
in
    A + B
```

在以上代码中,A 和 B 为标识符(或称步骤名称、变量),A＋B 为标识符(或称步骤名称、变量)的调用。返回的值为 3。

在 let…in…结构中,如果 in 的前面存在逗号(,),系统则会报错如下:

```
Expression.SyntaxError: 逗号不能位于 In 之前。
```

以 M 语言中,/＊……＊/为多行注释,在"/＊"与"＊/"之间所编写的任何内容都不会被运行。在 let…in…结构中,任何形式对标识符的调用其原理都是一样的,代码如下:

```
//ch304 - 012
let
    A = 1,
    B = 2,
    C = A + B
/ *  语法注释:
(1)    A、B、C、A + B + C 是标识符,也可称为"变量""步骤名称"。
(2)    A = 1,1 是表达式,A 是变量;变量是对值的命名。
(3)    C = A + B, A + B 是表达式,A 和 B 是子表达式,C 是变量。
(4)    在 let … in … 语句中,所有的这些变量构成了 let 表达式的环境。
(5)    环境中的每个变量在环境中都有一个唯一的名称,称为标识符。
(6)    如果尝试在同一环境中定义两个相同的变量,则系统会自动报错。
* /
in
    A + B + C
```

以上代码返回的值为 6。

在 let…in…结构中,某 let…in…结构可以将整个过程当成一个步骤进行嵌套,代码如下:

```
//ch304 - 013
let C =
    let
     A = 1,
     B = 2
    in
     A + B
in C
```

返回的值为 3。

在 let…in…结构中，当某复杂变量需要在其他变量中反复调用时，相比 let…in…中 let…in…的嵌套，在 let…in…结构中嵌套 record 结构是一种高效的处理方式，值得花时间去了解与掌握。

3.4.5 each 表达式

each 表达式是 M 语言中的一种简写形式，声明一个名为_(下画线)的单形式参数的无类型函数，通常用于提高函数的可读性；当_被调用时，什么类型的参数传递给了它，那么它就代表什么数据类型。在实际使用过程中，当多个 each _被嵌套使用在同一表达式中时，为避免上下文冲突，有时会采用(x)=> x 等形式来取代 each _。

each 是 M 语言中的关键字(只能小写)，代码如下：

```
//ch304 - 014
let
    源 = #table({"a","b"},{{1,3},{2,6}}),
    A =  Table.AddColumn(源, "EACH", each _ ),
    B = Table.AddColumn(A, "小计", each [a] + [b])
in
    B
```

在 M 语言中，字段前面的下画线是可以省略的。以上代码中 each [a]+[b]相当于 each _[a]+_[b]，返回的值如图 3-23 所示。

	a	b	EACH	小计
1	1	3	Record	4
2	2	6	Record	8

图 3-23 添加列

注意：List 中的下画线不能省略。

3.4.6 函数表达式

在 M 语言中，函数主要有以下几种：

(1) 内置函数，例如，Text.From()，它是系统自带的标准库函数。

(2) 自定义函数，自定义函数的基本语法为函数名=(参数 1，参数 2，参数 3...)=>表达式。例如，= let fn = (x,y)=> x+y in fn，参数与表达式之间用=>隔开，这是固定组合。

(3) 参数函数，即函数内参数的类型为 function，function 的中文意思是"函数"。例如，函数 List.Generate()的语法如下：

```
List.Generate(
    initial as function,
    condition as function,
    next as function,
    optional selector asnullable function
) as list
```

List. Generate()函数内的 4 个参数类型均为 function。

3.4.7 主表达式

1. 列表表达式

"列表"值是值的有序序列,代码如下:

```
= {1..3}                                            //{1,2,3}
= List.Sum({1..3})                                  //6
= List.Transform({1..3}, each _ * 3)                //{3,6,9}
= List.Select(List.Transform({1..3}, each _ * 3), each _ > 4)   //{6,9}
```

列表表达式经常被放置于 let…in…结构中。在以下代码中,标识符右侧的(=……)均为列表表达式,代码如下:

```
//ch304 – 016
let
    A = {1..3},
    B = {2..4},
    C = {List.Sum(A)}&List.Select(B,each _ > 3)
in
    A&B&C
```

返回的值为{1,2,3,2,3,4,64}。

2. 项访问表达式

项访问(item-access)是通过"位置索引运算符"({ })按其数字索引访问列表中的项目,从列表或表中选择对应的值。"深化"是"项访问"的通俗说法,位置索引是从 0 开始的。从列表中深化第 1 个值,代码如下:

```
= {1,3}{0}                    //从列表中深化第 1 个值
```

返回的值为 1。

如果索引号大于列表长度(列表中的元素的个数),则会返回错误,代码如下:

```
= {1,3}{3}
```

返回的错误提示如下:

```
Expression.Error: 枚举中没有足够的元素来完成该操作。
详细信息:
    [List]
```

对 $x\{y\}$ 项访问求值时,为避免因为 x 或 y 的各类原因而引起的表达式错误

(Expression. Error)，可采用 $x\{y\}?$ 形式，将列表或表中 x 不存在的位置（或匹配项）y 而引起的错误值转换为 null 值；当然，如果存在多个 y 匹配项，仍会导致错误。$x\{y\}?$ 项访问应用举例，代码如下：

```
= {1,3}{3}?                    //null
= {"城市","排名","得分"}{0}?    //"城市"
= {1,[排名 = 2],3}{1}?          //[排名 = 2]
= {true,false}{2}?             //null
```

在 M 语言中，值有原始值（Primitive Value，或称"基元值"）与结构化值（Structured Values）之分，列表中允许结构化值（列表、记录、表格）存在。从列表中选择对应的值，并且在列表中嵌套 Record 数据结构，代码如下：

```
= {{1..6},3}{0}        //从列表中深化第 1 个值
```

结果为{1,2,3,4,5,6}。如果需要深化该列表中的第 3 个值也是可以的，代码如下：

```
= {{1..6},3}{0}{2}        //多层深化
```

返回的值为 3。

在 Excel 中，通过"数据→新建查询→从文件→从工作簿"获取 AR005. xlsx 工作簿，在弹出的"导航器"中选择"转换数据"，获取的数据如图 3-24 所示。

#	Name	Data	Item	Kind	Hidden
1	2019_5	Table	2019_5	Sheet	FALSE
2	2019_9	Table	2019_9	Sheet	FALSE
3	2020_3	Table	2020_3	Sheet	FALSE
4	2020_4	Table	2020_4	Sheet	FALSE
5	2020_5	Table	2020_5	Sheet	FALSE
6	2020_7	Table	2020_7	Sheet	FALSE
7	2020_9	Table	2020_9	Sheet	FALSE
8	2019_10	Table	2019_10	Sheet	FALSE
9	2019_11	Table	2019_11	Sheet	FALSE

图 3-24　获取数据

从表中选择对应的值（例如，[Name]= "2020_3"），代码如下：

```
= 源{2}        //源,查询引用
```

通过项访问后返回的值为 Record，如图 3-25 所示。

表可以来自于工作簿，也可以来自于手动创建的表。对于手动创建的表的项访问也是可以的，代码如下：

图 3-25　深化引用

```
= #table(
        {"城市","排名","得分"},
        { {"北京",1,95},
          {"上海",2,93}
        }
  ){0}
```

关于表的创建原理可参见第 9 章。以上代码返回的值如图 3-26 所示。

图 3-26　行的深化引用

3. 记录表达式

"记录"是一组字段。字段是名称/值对,其中名称是字段记录中唯一的文本值。记录值的文本语法允许将名称写成不带引号的形式,这种形式称为"标识符"。

在以下代码中,A、B 是记录中的字段,也可称为记录的标识符。应用举例,代码如下:

```
[
    A = 1,          //A字段
    B = 2 + 3       //B字段
]
```

返回的值为 Record。

在下面的代码中,字段 B 存在对字段 A 的引用,代码如下:

```
[
    A = 1,
    B = A + 3
]
```

返回的值为 Record。假如 A 是一个复杂的表达式,采用以上 Record 结构的写法可以瞬间让代码变得简洁。

在 M 语言中,变量间依据依赖关系进行计算,应用举例:

```
[
    A = B * 2,
    B = C + 3,
    C = 1
]
```

返回的值为 Record,与大多数读者的习惯写法[A＝1,B＝A+3, C＝B * 2]的返回值相同。

在 Record 记录中,字段字符间可以存在空格,但不能存在运算符。对于存在运算符的字段,必须采用引用标识符的方式,代码如下:

```
[
    #"A + B" = A + B,
    A = 1,
    B = 2
]
```

返回的值为 Record。

字段名称相同的两个记录是允许连接的。连接之后的结果为新值替换旧值,代码如下:

```
[ A    = 1 ] & [A = 2]
```

返回的值为[A＝2],其遵循的是数据处理过程中"无则新增、有则更改"的原则。

字段名称不同的两个记录也是允许连接的。连接的结果相当于记录的追加,代码如下:

```
[ A    = 1 ] & [B = 2]
```

返回的值为字段追加后的 Record。

记录中嵌套记录或其他数据结构(列表、表格)都是允许的,代码如下:

```
[
A = [x = 1, y = 2, z = x + y],
B = 2
]
```

返回的值为存在嵌套 Record 的 Record。

4. 字段访问表达式

字段访问是对某一列的深化。使用运算符 x[y] 按字段名称在记录中查找字段,代码如下:

```
[A = 1,B = 2][B]          //2
[A = 1,B = 2][C]          //error
[A = 1,B = 2][C]?         //null
```

通过对记录中对应字段的访问返回字段对应的值；计数从 0 开始，如果索引号大于列表长度（列表中元素的个数），则会返回错误；如果不想返回错误，则可采用 x{y}? 形式，将返回的错误值转换为 null 值。

运算符支持对多个字段进行集体访问，代码如下：

```
[A = 1,B = 2][[B]]        //[B = 2]
[A = 1,B = 2][[C]]        //error
[A = 1,B = 2][[B],[C]]? //[B = 2,C = null]
```

在 let…in…结构中，当某变量存在反复调用时，将其先定义好再反复调用不失是一个好方法。相比 let…in…嵌套的方式，采用 Record 结构将会更为高效，代码如下：

```
[
    A = [j = 11,k = 1.1],
    B = A[j] + A[k]
][B]
```

返回的值为 12.1。此用法使用频率较高，需重点掌握。

采用 Record 结构作为 let 表达式中的变量，然后供其他步骤的深化调用，代码如下：

```
//ch304 - 029
let
    A = [y = 1,m = 2,d = 3],
    B = [j = 2,k = 3,l = 4]
in
    A[y] + B[j]
```

返回的值为 3。

继续举例 Record 结构供其他步骤的深化调用，代码如下：

```
//ch304 - 030
let
    A = [x = 1, y = 2, z = x + y],
    B = 2
in
    A[z] + B
```

返回的值为 5。

为了形成子表达式的环境,新变量会与父环境中的变量进行"合并",代码如下:

```
[
A = [a = 1,b = 3,c = a + b],
B = 2,
C = A[c] + B
][C]
```

返回的值为 6。

对于列表型嵌套表达式,先对行索列深化引用再对列字段进行深化是允许的,代码如下:

```
{[a = 1],3}{0}[a]
```

返回的值为 1。

对于记录嵌套表达式,先用字段对其他字段的值进行列表深化和字段深化,最后对记录的最后一个字段进行深化,代码如下:

```
[A = { [a = 1] ,[a = 3]}, c = A{0}[a] + A{1}[a] ][c]
//[A = { [a = 1] ,[b = 3]}, c = A{0}[a] + A{1}[b] ][c]
```

列表索引值 0 和 1 分别代表列表中的第一项和第二项;在 M 语言中,系统默认的索引值都是从 0 开始的,找不到的索引值均显示为 −1。以上代码的返回值为 4。

记录中的字段表达式为复杂型表达式也是允许的,代码如下:

```
[
    A = { [a = 1] ,
          [a = 3]},
    c = if A{0}[a] > 2 then A{0}[a] else 0 + A{1}[a]
  ][c]
```

返回的值为 3。

以上代码可以进行简化,代码如下:

```
[
    A = { [a = 1] ,
          [a = 3]},
    c = A{0}[a],
    d = if c > 2 then c else 0 + A{1}[a]
  ][d]
```

返回的值为 3。

{[]}结构：用于获取指定列的条件所在行的整行记录。例如，{[城市＝"北京"]}是以下代码中{0}的具体化，代码如下：

```
= #table(
        {"城市","排名","得分"},
        { {"北京",1,95},
          {"上海",2,93}}
  ){[城市 = "北京"]}
```

返回的值为 Record。
更多举例，代码如下：

```
= #table({"城市","排名","得分"}, {{"北京",1,95},{"上海",2,93}}){[排名 = 1]}
= #table({"城市","排名","得分"}, {{"北京",1,95},{"上海",2,93}}){[排名 = 2]}
```

以上两个表达式返回的值均为 Record。
如果存在以下情形，则代码将报错提示，代码如下：

```
= #table({"城市","排名","得分"}, {{"北京",1,95},{"上海",2,93}}){[排名 = 3]}
//null,不存在 y

= #table({"城市","排名"}, {{"北京",1},{"上海",1}}){[排名 = 1]}
//error,存在多个 y
```

在查询中，直接字段访问用于获取表的整列或记录中字段的值，在项访问中嵌套的字段访问（获取指定列的条件所在行的整行记录）在表查询时可实现类似于 Excel 的 vlookup 功能，即"先项访问再列访问"或"先列访问再项访问"获取条件行与列交叉的记录。这些都是使用频率较高的，后续章节会继续举例说明。

5. 标识符表达式

标识符表达式用于引用环境中的变量，有两种方式：专属标识符引用、包含标识符引用。最简单的方式是专属标识符引用，即在其他步骤上直接输入标识符（变量）的名称，达到引用的目的。另一种方式是包含标识符引用，采用"@标识符"方式。

"包含标识符引用"应用举例，代码如下：

```
= [fn = (x) => if x <= 1 then 1 else x * @fn(x - 1), y = fn(5)][y]
```

代码中@是范围操作符，fn 是标识符，@fn 用于递归运算。返回的值为120。
以上代码采用 let…in…结构也是允许的，代码如下：

```
//ch304 - 039
let
```

```
    fn = (x) => if x <= 1 then 1 else x * @fn(x - 1),
    y = fn(5)
in
    y
```

运行代码,返回的值也为120。

6. 带圆括号表达式

当表达式中有用到and或or多条件判断时,可以带圆括号进行分组运算,通过圆括号分组及确定逻辑的优先级。应用举例,代码如下:

```
= ("a" is text and 3 > 2) or (Number.From("12") > 6 or Logical.From(2) = true)//true
```

带圆括号表达式可用于if表达式的条件中。应用举例,代码如下:

```
= if ("a" is text and 3 > 2) or (Number.From("12") > 6 or Logical.From(2) = true) then
"Excel2016" else "2016"  //Excel2016
```

或者用于四则运算中,用圆括号来确定计算的优先组。应用举例,代码如下:

```
= (2 + 3) * 4          //20
```

7. 调用表达式

"函数"是一个值,当带着参数进行调用时,将生成一个新值。应用举例,代码如下:

```
= let fn = (x, y) => (x + y) / 2 in fn
```

运行代码,结果如图3-27所示。

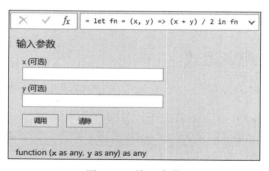

图3-27 输入参数

如果在x与y中不输入任何值就单击"调用"按钮,则生成的值为null;如果在 x 中输入3,在 y 中输入9,单击"调用"按钮,则生成的值为6。同时在Power Query查询区会生成一个"调用的函数",在编辑栏出现的代码为 = 查询1(3,9),如图3-28所示。

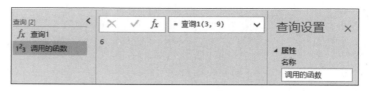

图 3-28　调用自定义函数

3.4.8　报错表达式

错误是由运算符和函数遇到错误条件或使用了错误表达式导致的,可以使用 try 表达式来处理错误,也可以用 error 指示错误发生的原因。案例应用,代码如下:

```
//ch304-042
let
    一 = [
            A = 1,
            B = 16,
            C = if B < 0 then error "错误提示:B 为负值" else A + B
        ],
    二 = try Number.ToText(一[C]),
    三 = "C 值:= " &
        ( if 二[HasError]
            then 二[Error][Message]
            else 二[Value]
        )
in
    三
```

以上代码返回的值为"C 值:= 17"。如果将变量"一"中的 B 值更改为 −16,则返回的值为"C 值:= 错误提示:B 为负值"。

3.4.9　报错处理表达式

try…otherwise…是较为常用的一个语句结构,类似于 Excel 中的 iferror( )函数。案例应用,代码如下:

```
let A = 12,B = "AB",C = try A + B otherwise null in C
```

在上述代码中,数值与文本是不能直接进行四则运算的,其结果一定会报错;通过 try 发现错误后,通过 otherwise 将值指定为 null,最终以上代码返回的值为 null。

第 4 章

文 本 函 数

4.1 文本函数入门

　　文本函数在 Excel 中使用的频率相当高,例如,字母的大小转换、文本查找、数据抽取、文本替换、文本重复、格式转换等。文本函数的使用频率与数据的规范化程度有关,数据越不规范,文本函数的使用频率就会越高。在 Excel 功能区,可通过单击"公式"→"文本"随意拉动右侧的滑动工具条进行查看 Excel 中包含哪些文本函数,如图 4-1 所示。

图 4-1　文本函数

在图 4-1 中,FIND、LEFT、LEN、LOWER、MID、REPLACE、REPT、RIGHT 等函数日常使用的频率相当高。其中,LEFT 与 RIGHT 是一对反义词,类似的反义词还有 UPPER 与 LOWER 等,而 LEFTB、RIGHTB、LENB、MIDB 等函数与 LEFT、RIGHT、LEN、MID 等既有区别又有联系,当面对的是纯英文字母或纯数字字符串时,它们返回的值是完全相同的;当面对的是全角的中文、分隔符与半角的英文、数字文本相结合的字符串时,经常需要二者结合使用才行。

相比其他的 Excel 函数,文本函数相对是最简单的,但它又能像其他 Excel 函数一样具备高度的灵活性,并且经常在函数嵌套中使用。

注意:Excel 的函数不区分大小写。在函数拼写正确的前提下,任何对函数的不规范书写,在结果输出之前,系统都会全部将其转换为大写函数名称的书写格式。

4.1.1 文本获取

1. LEN()与 LEFT()

当获取的字符串由纯半角字符(纯英文或纯数字、英文与数字)组成时,使用 LEN()与 LENB()的返回值是相同的,LEFT()与 LEFTB()的返回值也是相同的,如图 4-2 所示。

	A	B	C	D	E
1	字符串	LEN函数	LENB函数	LEFT函数	LEFTB函数
2	ABC123	=LEN(A2)	=LENB(A2)	=LEFT(A2,3)	=LEFTB(A2,3)
3	b1A32C	=LEN(A3)	=LENB(A3)	=LEFT(A3,3)	=LEFTB(A3,3)
4	1c2a3b	=LEN(A4)	=LENB(A4)	=LEFT(A4,3)	=LEFTB(A4,3)

	A	B	C	D	E
1	字符串	LEN函数	LENB函数	LEFT函数	LEFTB函数
2	ABC123	6	6	ABC	ABC
3	b1A32C	6	6	b1A	b1A
4	1c2a3b	6	6	1c2	1c2

图 4-2 文本函数与返回值(1)

LEFT()函数是基于所指定的字符数返回文本字符串中的第 1 个或前几个字符;LEFTB()函数基于所指定的字节数返回文本字符串中的第 1 个或前几个字符。LEFT()函数侧重的是字符数,LEFTB()函数侧重的是字节数。中文字符、全角分隔符等都是双字节。当字符串中存在全角字符时,LEFT()函数与 LEFTB()函数返回的值是存在差异的,如图 4-3 所示。

	A	B	C	D	E
7	收货地址	LEN函数	LENB函数	LEFT应用	LEFTB应用
8	北京路2幢2楼201	=LEN(A17)	=LENB(A17)	=LEFT(A17,3)	=LEFTB(A17,6)
9	上海路3幢3楼301	=LEN(A18)	=LENB(A18)	=LEFT(A18,3)	=LEFTB(A18,6)
10	广州路4幢4楼401	=LEN(A19)	=LENB(A19)	=LEFT(A19,3)	=LEFTB(A19,6)

	A	B	C	D	E
7	收货地址	LEN函数	LENB函数	LEFT应用	LEFTB应用
8	北京路2幢2楼201	10	15	北京路	北京路
9	上海路3幢3楼301	10	15	上海路	上海路
10	广州路4幢4楼401	10	15	广州路	广州路

图 4-3 文本函数与返回值(2)

2．MID()与 RIGHT()

当从文本字符串中获取的返回的值为复合型字符串时,可实现的方式有多种:可以为单个函数,也可以为函数嵌套,如图 4-4 所示。

	A	B	C	D
12	收货地址	几幢	几幢	几幢
13	北京路2幢2楼201	=MID(A13,4,2)	=LEFT(RIGHT(A13,7),2)	=MIDB(A13,7,3)
14	上海路3幢3楼301	=MID(A14,4,2)	=LEFT(RIGHT(A14,7),2)	=MIDB(A14,7,3)
15	广州路4幢4楼401	=MID(A15,4,2)	=LEFT(RIGHT(A15,7),2)	=MIDB(A15,7,3)

	A	B	C	D
12	收货地址	几幢	几幢	几幢
13	北京路2幢2楼201	2幢	2幢	2幢
14	上海路3幢3楼301	3幢	3幢	3幢
15	广州路4幢4楼401	4幢	4幢	4幢

图 4-4　文本函数与返回值(3)

3．修剪

在 Excel 中,TRIM()函数主要用于把单元格内容前后的空格去掉,但不清除字符之间的空格;CLEAN()函数的主要作用是删除文本中所有不能打印的字符。这两个函数经常可以一起嵌套使用。例如,=TRIM(CLEAN(A1))或 CLEAN(TRIM(A1))。

在 Excel 的众多函数中,对于那些用法简单的函数,直接记忆在使用时反而高效,而对于那些用法复杂、单词易忘的函数,在使用过程中可直接查看官方使用说明,减少不必要的记忆反而会更高效。基于这个使用经验,类似于 FIND()、LEFT()、RIGHT()、LEN()、LOWER()、MID()、REPLACE()、REPT()、RIGHT()、TRIM()、CLEAN()这些函数完全可以直接记忆,这样做的好处是在使用过程中完全可以信手拈来。

在后续学习使用 M 语言函数的过程中,读者也可以遵循这个经验。对于 Text.Length()、Text.Start()、Text.End()、Text.Middle()等易于理解且很容易与 Excel 函数对应的函数,完全可以直接记忆,而对于单词生僻、参数过多、使用场景复杂的函数,则完全可以在使用过程中借助 Power Query 编辑器的图标,在单击图标后系统会在"编辑栏"自动生成对应的代码,读者只需要在"编辑栏"依据个人需求及所掌握的 M 语言语法规则,进行语言的改造。举例,在 M 语言中,拆分列的功能相当强大,可适用于众多的复杂场景,因此需掌握的语言点很多,通过强记是不现实的。这时完全可以通过单击对应图标(例如,"转换"→"拆分列"→"按分隔符")获取相应的代码,系统自动生成的代码举例如下:

```
= Table.SplitColumn(源, "text", Splitter.SplitTextByDelimiter(" ", QuoteStyle.Csv), {"text.
1", "text.2"})
```

为了便于阅读与后续的维护,读者可以对系统自动生成的代码进行格式化处理,示例代码如下:

```
= Table.SplitColumn(
    源,
    "text",
    Splitter.SplitTextByDelimiter(" ", QuoteStyle.Csv),
    {"text.1", "text.2"}
  )
```

在以上代码中,Table.SplitColumn()函数名可记也可不记,Splitter.SplitTextByDelimiter()函数名完全不需要记忆。读者掌握语法后,只需能够做到"现场改、现场用"。

4.1.2 文本处理

1. 拆分列

当同一列不同单元格的字符串特征明显时,可以依据指定的分隔符对其进行拆分。选择需要拆分的列,然后从 Excel 功能区选择"数据"→"分列",然后在"文本分列向导"对话框中选择"分隔符号",单击"下一步"按钮,如图 4-5 所示。

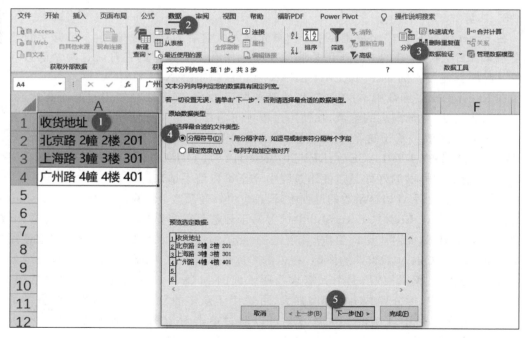

图 4-5　文本分列向导

在"文本分列向导"的第 2 步中,勾选"空格",然后单击"完成"按钮,如图 4-6 所示。
拆分后的表如图 4-7 所示。

从图 4-6 的过程及图 4-7 的结果来看,只要拆分的列规则明显,在 Excel 中可以很便捷地依据字符串的特点进行简单的列拆分。

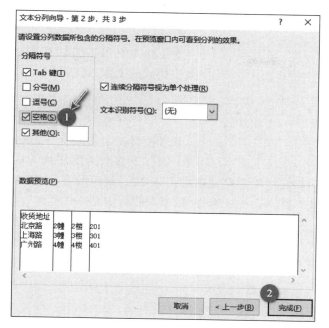

图 4-6　文本分列向导

	A	B	C	D
1	收货地址	新增的列		
2	北京路	2幢	2楼	201
3	上海路	3幢	3楼	301
4	广州路	4幢	4楼	401

图 4-7　拆分后的列

对于此类需求单一的拆分列,在 Excel 中可以轻松实现。对于有一定的复杂性及难度的拆分列,在 Power Query 编辑器中借助图标也可以轻松实现,而对于更为复杂的拆分列,只要能找到一定的规律,那么在 Power Query 的"编辑栏、自定义列、高级编辑器"中也能做到,最终实现释放双手,让复杂、烦琐的问题简单化。

2. 合并

在数据与文件处理过程中,拆分与合并是一对互逆的运算。例如,拆分表与合并表、拆分列与合并列、拆分文本与合并文本等。在 Excel 中,文本合并用"&"或 concat() 函数,没有数据类型的要求。例如,在 Excel 单元格输入表达式＝"2 幢"&"2 楼"&201,输出结果为"2 幢 2 楼 201"。

3. 大小写转换

在 Excel 中,对字母大小写转换处理的函数有 UPPER()、LOWER()和 PROPER()。UPPER()函数可将所有字母转换为大写,LOWER()函数可将所有字母转换为小写,PROPER()函数可将文本字符串中各单词的首字母转换为大写,将其他字母转换为小写,如图 4-8 所示。

图 4-8　字母的大小写转换

4．格式

在 Excel 中，TEXT（）函数用于将数值转换为指定数字格式的文本，语法如下：

```
= TEXT(value, fortmat_text)
```

说明：第一个参数为 value，可为数值、日期、时间等；第二个参数为需转换为的文本格式。此函数相关功能的实现也可以通过"设置单元格格式"实现。常用做法：选择需转换的数据，右击，选择"设置单元格格式"，在对话框中选择"数字"→"自定义"→"类型"，如图 4-9 所示。

图 4-9　设置单元格格式

采用"设置单元格格式"方式属于数据的就地修改与转换，是直接对数据源的转换，而采用 TEXT（）函数方式则属于在新增的列上进行修改与转换。采用"设置单元格格式"类似于 M 语言中 Table.TransformColumnTypes（）、Table.TransformColumns（）内的文本修改与转换，而 TEXT（）函数则类似于 M 语言中 Table.AddColumn（）内的文本修改与转换。

TEXT()函数的重点在于第二个参数 fortmat_text。以数字 365 为例,利用第二个参数,实现将数值转换为其他货币形式、小数点、百分比、千分位及各类条件格式,如图 4-10 所示。

	A	B	C	D
1	**365**			
2	**分类**	**实现的功能**	**TEXT公式**	**结果**
3	数值转换	美元符号+2位小数点	=TEXT(A1,"$#,##0.00")	$365.00
4		百分比	=TEXT(A1,"0.00%")	36500.00%
5		分段显示	=TEXT(A1,"000-000-000")	000-000-365
6	小数位	保留二位小数点	=TEXT(A1,"0.00")	365.00
7		千分位分隔符	=TEXT(A1*10,"0,000.00")	3,650.00
8		千分位加小数位	=TEXT(A1*10,"#,###.##")	3,650.
9	条件格式	正值、负值、零值	=TEXT(A1,"正值;负值;零值")	正值
10			=TEXT(-A1,"正值;负值;零值")	负值

图 4-10　数值转换

以日期时间"2021/8/9 18:38:00"为例,利用 TEXT()函数的第二个参数,实现日期时间、时间格式向指定格式的转换,如图 4-11 所示。

	A	B	C	D
1	**2021/8/9 18:38:00**			
2	**分类**	**实现的功能**	**TEXT公式**	**结果**
3	日期	年月日	=TEXT(A1,"YYYY/MM/DD")	2021/08/09
4		月日	=TEXT(A1,"mm月dd日")	08月09日
5		年	=TEXT(A1,"yyyy")	2021
6		月	=TEXT(A1,"mm")	08
7		日	=TEXT(A1,"dd")	09
8		星期几	=TEXT(A1,"aaaa")	星期一
9	时间	时间	=TEXT(A1,"h:mm:ss")	18:38:00
10		小时	=TEXT(A1,"hh")	18
11		AM/PM	=TEXT(A1,"h:mm:ss AM/PM")	6:38:00 PM
12		上午/下午	=TEXT(A1,"h:mm:ss 上午/下午")	6:38:00 下午

图 4-11　日期时间转换

5. 替换

在 Excel 中,FIND()、REPLACE()、REPT()等高频文本函数在 M 语言中都有对应的函数。很多函数在 M 语言中功能被升级了很多个档次。

4.2　文本函数基础

4.2.1　M 语言文本函数

利用以下代码,以表格的形式获取所有 Text 类函数,代码如下:

```
//ch402-006
let
    源 = Table.SelectColumns(
            Table.Sort(
                Table.SelectRows(
                    Table.Skip(
                        Record.ToTable(#shared)
                    ),
                    each Text.StartsWith([Name],"Text.")
                ),
                {"Name",0}),
            {"Name"}
        ),
    A = Table.Combine(
        List.Transform(
            {1..Number.RoundUp(Table.RowCount(源)/4,0)},
            each Table.Transpose(
                Table.Range(源,_*4-4,4)
                )
            )
        )
in
    A
```

以上代码未作注释,期望读者在学完本书的 Table 章节后能返回来继续阅读它。如果能够看懂上述的每一行代码,意味着读者的学习进度与本书的讲解节奏同步。

上述代码返回的值如表 4-1 所示。

表 4-1　Text 类函数明细

函　数　1	函　数　2	函　数　3	函　数　4
Text.AfterDelimiter()	Text.At()	Text.BeforeDelimiter()	Text.BetweenDelimiters()
Text.Clean()	Text.Combine()	Text.Contains()	Text.End()
Text.EndsWith()	Text.Format()	Text.From()	Text.FromBinary()
Text.InferNumberType()	Text.Insert()	Text.Length()	Text.Lower()
Text.Middle()	Text.NewGuid()	Text.PadEnd()	Text.PadStart()
Text.PositionOf()	Text.PositionOfAny()	Text.Proper()	Text.Range()
Text.Remove()	Text.RemoveRange()	Text.Repeat()	Text.Replace()
Text.ReplaceRange()	Text.Reverse()	Text.Select()	Text.Split()
Text.SplitAny()	Text.Start()	Text.StartsWith()	Text.ToBinary()
Text.ToList()	Text.Trim()	Text.TrimEnd()	Text.TrimStart()
Text.Type()	Text.Upper()		

4.2.2　函数对照表

以下是相同功能的 Excel 文本类函数与 M 语言函数的用法比较,如表 4-2 所示。

表 4-2　常用文本函数

Excel Text 类函数	Power Query Text 类函数	语 法 举 例	返 回 的 值
CLEAN()	Text.Clean()	= Text.Clean(" Excel2019 ")	Excel2019
TRIM()	Text.Trim()	= Text.Trim(" Excel2019")	Excel2019
LOWER()	Text.Lower()	= Text.Lower("Excel2019")	excel2019
UPPER()	Text.Upper()	= Text.Upper("Excel2019")	EXCEL2019
PROPER()	Text.Proper()	= Text.Proper("Ex cel2019")	Ex Cel2019
LEN()	Text.Length()	= Text.Length("Excel2019")	9
LEFT()	Text.Start()	= Text.Start("Excel2019",5)	Excel
RIGHT()	Text.End()	= Text.End("Excel2019",4)	2019
MID()	Text.Middle()	= Text.Middle("Excel2019",5,4)	2019
MID()	Text.Range()	= Text.Middle("Excel2019",5,4)	2019
REPT()	Text.Repeat()	= Text.Repeat("Excel2019",2)	Excel2019Excel2019
FIND()	Text.PositionOf()	= Text.PositionOf("Excel2019","ce")	2

以上函数都是常用、易记的文本函数;在遵循各自规则的前提下,其返回值是一样的。区别在于:Excel 的位置起始值为 1,而 M 语言的位置起始值为 0。例如,MID("Excel2019",6,4) 与 Text.Middle("Excel2019",5,10) 的返回值均为 2019,但 MID() 函数的起始值为 6,而 Text.Middle() 函数的起始值为 5。

在以上函数中,Text.Middle() 函数晚于 Text.Range() 函数推出,二者存在细微差别(主要体现在第三个参数):Text.Range() 函数更为严谨,超界会报错提示。例如,Text.Middle("Excel2019",5,10) 的返回值为 2019;Text.Range("Excel2019",5,10) 会报错 "Expression.Error:"count" 参数超出范围。详细信息:10"。

在 M 语言中,函数中包含 Range 关键字的函数较多,并且功能均较为强大,如表 4-3 所示。

表 4-3　含 Range 关键字的常用函数

函 数 类 别	含有 Range 关键字的函数
Table	Table.Range()
List	List.Range()、List.InsertRange()、List.RemoveRange()、List.ReplaceRange()
Text	Text.Range()、Text.RemoveRange()、Text.ReplaceRange()
Combiner	Combiner.CombineTextByRanges()
Splitter	Splitter.SplitTextByRanges()

以上 8 个含 Range 关键字的函数使用的频率均较高。本章将讲解 Text.Range()、
Text.RemoveRange()、Text.ReplaceRange()和 Splitter.SplitTextByRanges()函数。

4.2.3 常用的函数

1. 填充

出于添加字符串长度或字符串对齐的需要,有时会利用 Text.PadStart()函数在原有字
符串的前面或 Text.PadEnd()函数在原有字符串后面添加空白字符串或指定的字符串。
这两个函数的语法相同。以 Text.PadStart()函数为例,语法如下:

```
Text.PadStart(
    text as nullable text,
    count as number,
    optional character as nullable text
) as ullable text
```

说明:第一个参数为文本;第二个参数为数值;第三个参数可省略,默认情况下填充的
为空格。学习 M 语言函数,对于参数为 optional 的,意味着该可选参数可以被忽略;在被
忽略的情况下,系统将采用参数的默认值。换个角度来讲,对于一些常用的、关键的函数,了
解可选参数的默认值也是有必要的。

在 Power Query 中,如果需查询某函数的用法,可采用新建空查询,在编辑栏输入相关
函数,按回车键确认后系统会调出相关的帮助说明。以查询 Text.PadStart()函数的语法为
例,在编辑栏输入代码如下:

```
= Text.PadStart
```

系统弹出的帮助信息如图 4-12 所示。

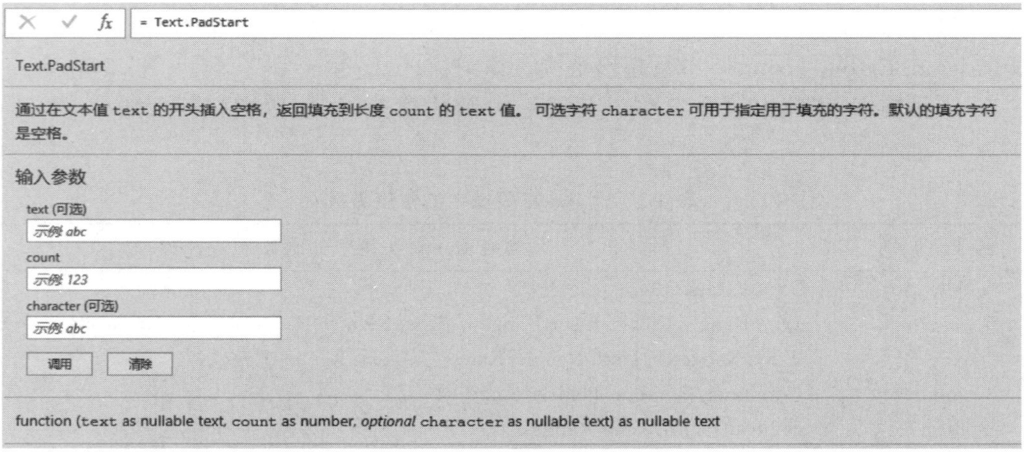

图 4-12 内置函数的帮助信息

数据来源于第 4 章文本函数. xlsx 中 Sheet1 工作表中的"表1"。打开数据源,将光标放置于数据中的任一位置,左键选择功能区的"数据"→"从表格",面页会跳转到"Power Query 编辑器"界面,选择"添加列"→"自定义列",如图 4-13 所示。

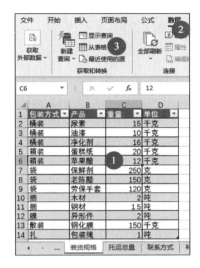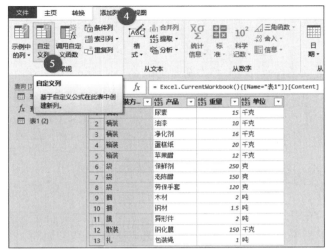

图 4-13　添加自定义列

在弹出的"自定义列"对话框中,将新列名命名为"前补 a",自定义列的公式如下:

```
= Text.PadStart([产品],10)
```

在 Power Query 中,"添加列"→"自定义列"的做法类似于在 Excel 中增加辅助列,"自定义列"的"列名"相当于在 Excel 中辅助列的列名;"添加列"→"自定义列"的使用频率是相当高的。在"自定义列"对话框中,可选择的有"可用列",需手工录入的有"新列名、自定义列公式"列。本章及后续的章节有关"自定义列"的演示如图 4-14 所示。

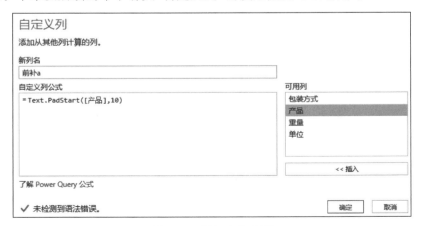

图 4-14　添加自定义列

本章及后续章节有关"自定义列"的演示将采用仅显示"自定义列公式"的写法。在 Power Query 的"自定义列"中，当输入完整的自定义列公式后，单击"确定"按钮后，在编辑栏显示的代码如下：

```
= Table.AddColumn(源, "前填 a", each Text.PadStart([产品],10))
```

在编辑栏，系统自动补全了 Table.AddColumn(源,…)这些信息，其中"源"为前一步骤的变量名称；"前补 a"为新列的列名。Table.AddColumn()函数的语法如下：

```
Table.AddColumn(
    table as table,                          //"应用的步骤"中上一步骤的变量名称
    newColumnName as text,                   //"自定义列"对话框中的"新列名"
    columnGenerator as function,             //"自定义列"中的"自定列公式"
    optional columnType as nullable type
) as table
```

在"Power Query 编辑器"中，依据以上添加自定义列的步骤，新增"前补 b、后补 a、后补 b、前后补、前后补的字长"等列，最后生成的结果如图 4-15 所示。

	包装方式	产品	重量	单位	前补a	前补b	后补a	后补b	前后补	前后补的字长
1	桶装	尿素	15	千克	尿素	------尿素	尿素	尿素------	尿素15	10
2	桶装	油漆	10	千克	油漆	------油漆	油漆	油漆------	油漆10	10
3	桶装	净化剂	16	千克	净化剂	------净化剂	净化剂	净化剂------	净化剂16	10
4	箱装	蛋糕纸	20	千克	蛋糕纸	------蛋糕纸	蛋糕纸	蛋糕纸------	蛋糕纸20	10
5	箱装	苹果醋	12	千克	苹果醋	------苹果醋	苹果醋	苹果醋------	苹果醋12	10
6	袋	保鲜剂	250	克	保鲜剂	------保鲜剂	保鲜剂	保鲜剂------	保鲜剂250	10
7	袋	老陈醋	150	克	老陈醋	------老陈醋	老陈醋	老陈醋------	老陈醋150	10
8	袋	劳保手套	120	克	劳保手套	--劳保手套	劳保手套	劳保手套--	劳保手套120	10
9	捆	木材	2	吨	木材	------木材	木材	木材------	木材2	10
10	捆	钢材	1.5	吨	钢材	------钢材	钢材	钢材------	钢材1.5	10
11	膜	异形件	2	吨	异形件	------异形件	异形件	异形件------	异形件2	10
12	散装	钢化膜	150	千克	钢化膜	------钢化膜	钢化膜	钢化膜------	钢化膜150	10
13	扎	包装绳	1	吨	包装绳	------包装绳	包装绳	包装绳------	包装绳1	10

图 4-15　在查询表中新增列

单击"视图"→"高级编辑器"，进入"高级编辑器"，查看以上步骤的完整代码如下：

```
//ch402 - 007
let
    源 = Excel.CurrentWorkbook(){[Name = "表1"]}[Content],
    前填 a = Table.AddColumn(
            源,
            "前补 a",
            each Text.PadStart([产品],10)        //用空格补全前面
        ),
    前填 b = Table.AddColumn(
            前填 a,
```

```
                "前补 b",
                each Text.PadStart([产品],10,"-")      //用"-"补全前面
        ),
    末填 a = Table.AddColumn(
                前填 b,
                "后补 a",
                each Text.PadEnd([产品],10)           //用空格补全后面
        ),
    末填 b = Table.AddColumn(
                末填 a,
                "后补 b",
                each Text.PadEnd([产品],10,"-")        //用"-"补全后面
        ),
    前后填 a = Table.AddColumn(
                末填 b,
                "前后补",
                each Text.PadStart([产品],5)&          //用空格补全前面
            Text.PadEnd(Text.From([质量]),5)          //用空格补全后面
        ),
    字长 = Table.AddColumn(
                前后填 a,
                "前后补的字长",
                each Text.Length([前后补])            //获取补全后的字长
        )
in
    字长
```

"高级编辑器"中的"表 1"与"Power Query 编辑器"左侧查询区的"表 1"及右侧"查询设置区"的"属性-名称"是一致的,是该"查询名称",可以手动修改。

在"Power Query 编辑器"右侧"应用的步骤"中,带"齿轮"符号的步骤,可通过单击齿轮图标,在对话框中对参数或代码进行修改。在 Power Query 中,每个操作都会被记录在"应用的步骤"中;对于系统自动生成的"应用的步骤"是允许手动更改名称的,例如,"源、前填 a、前填 b、末填 a、末填 b、前后填 a、字长"等步骤变量名是在系统生成的步骤名的基础上进行手动更改的。

在"Power Query 编辑器"中"应用的步骤"的每个步骤的变量名与"高级编辑器"中的每个步骤的变量名是完全对应且相同的。

在"高级编辑器"中,一般情况上一步骤的变量名会被下一步骤自动引用,如图 4-16 所示。

2. 修剪

查看表 4-1,与字符串修剪相关的函数有 Text.Trim()、Text.TrimEnd()、Text.TrimStart()。例如,图 4-16 中"前补 a、后补 a、前后补"三列中的空格可以用 Text.Trim() 函数来清除。

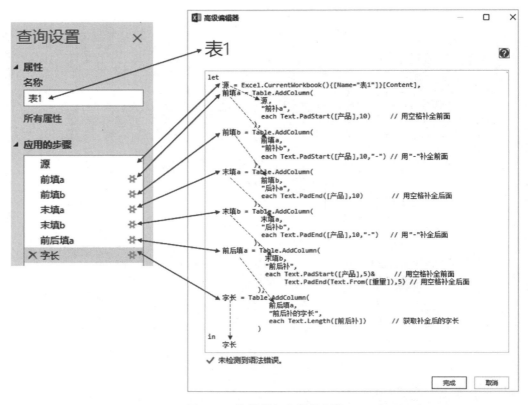

图 4-16　编辑器与应用的步骤

进入"Power Query 编辑器"界面,在"编辑栏"输入表达式 = Text.Trim,按回车键后界面会返回该函数的语法说明,如图 4-17 所示。

图 4-17　语法讲解

Text. Trim()函数的语法如下：

```
Text.Trim(
    text as nullable text,
    optional trim as any
) as nullable text
```

Text. TrimEnd()、Text. TrimStart()函数的语法与 Text. Trim()函数的语法完全相同。其区别在于：Text. Trim()函数可用于清除字符串前面及后面的空格；Text. TrimEnd()函数仅可用于清除字符串后面的空格；Text. TrimStart()函数仅可用于清除字符串前面的空格。

继续以图 4-16 中的"表 1"查询为例。由于"表 1"的数据不再变更，现打算"引用"此查询表。操作步骤如下：在"Power Query 编辑器"左侧的"查询"区，选择"表 1"查询，右击，选择"引用"，如图 4-18 所示。

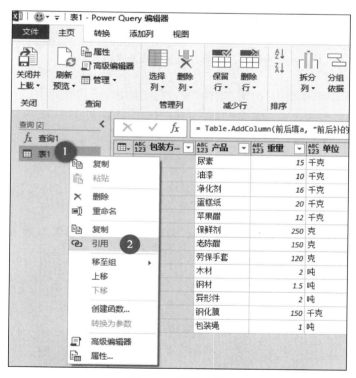

图 4-18　引用查询

为了方便理解，在"查询区"或"查询设置区"均可将系统自动生成的"表 1（2）"查询名称变更为"表 2"或读者指定的名称。此处更改为"A1"。在"A1"查询中，选择"前补 a、后补 a、前后补"三列，然后从功能区选择"主页"→"删除列"→"删除其他列"或"主页"→"选择列"→

"选择列"这三列后单击"确定"按钮。

单击"添加列"→"自定义列",在"自定义列"对话框中输入新列名"清空",输入自定义列公式(＝Text.Trim([前后补])),然后单击"确定"按钮,如图 4-19 所示。

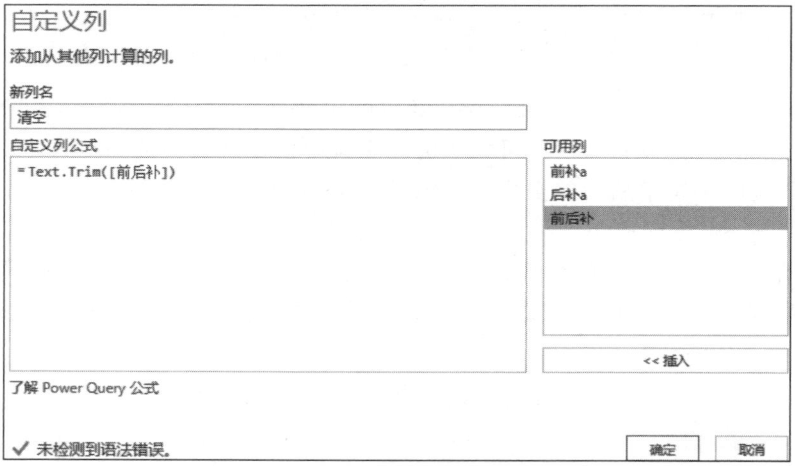

图 4-19　清除字符串中的前后空格

继续按上述操作步骤添加"前清""后清"两列。"前清"的代码如下：

```
= Text.TrimStart([前补 a])
```

"后清"的代码如下：

```
= Text.TrimEnd([后补 a])
```

从功能区选择"主页"→"高级编辑器"或"视图"→"高级编辑器",进入"高级编辑器"查看系统生成的完整代码如下：

```
//ch402－008
let
    源 = ＃"ch402－007",
    删除的其他列 = Table.SelectColumns(源,{"前补 a", "后补 a", "前后补"}),
    已添加自定义 = Table.AddColumn(删除的其他列,"清空", each Text.Trim([前后补])),
    已添加自定义 1 = Table.AddColumn(已添加自定义,"前清", each Text.TrimStart([前补 a])),
    已添加自定义 2 = Table.AddColumn(已添加自定义 1,"后清", each Text.TrimEnd([后补 a]) )
in
    已添加自定义 2
```

在以上代码中,"清空、前清、后清"为自定义的列名；"源、删除的其他列、已添加自定义、已添加自定义 1、已添加自定义 2"是系统自动生成的步骤。

"源 = 表1"是对"表1"数据源的引用,当"表1"的数据发生变化或更新时,以上代码中"源"的数据也会随之变化。

结果如图 4-20 所示。

	ABC 123 前补a ▼	ABC 123 后补a ▼	ABC 123 前后补 ▼	ABC 123 清空 ▼	ABC 123 前清 ▼	ABC 123 后清 ▼
1	尿素	尿素	尿素15	尿素15	尿素	尿素
2	油漆	油漆	油漆10	油漆10	油漆	油漆
3	净化剂	净化剂	净化剂16	净化剂16	净化剂	净化剂
4	蛋糕纸	蛋糕纸	蛋糕纸20	蛋糕纸20	蛋糕纸	蛋糕纸
5	苹果醋	苹果醋	苹果醋12	苹果醋12	苹果醋	苹果醋
6	保鲜剂	保鲜剂	保鲜剂250	保鲜剂250	保鲜剂	保鲜剂
7	老陈醋	老陈醋	老陈醋150	老陈醋150	老陈醋	老陈醋
8	劳保手套	劳保手套	劳保手套120	劳保手套120	劳保手套	劳保手套
9	木材	木材	木材2	木材2	木材	木材
10	钢材	钢材	钢材1.5	钢材1.5	钢材	钢材
11	异形件	异形件	异形件2	异形件2	异形件	异形件
12	钢化膜	钢化膜	钢化膜150	钢化膜150	钢化膜	钢化膜
13	包装绳	包装绳	包装绳1	包装绳1	包装绳	包装绳

图 4-20 在查询表中新增列

3. 大小写

如 4.2.2 节所述,Text. Upper()、Text. Lower()、Text. Proper()函数的用法类似于 Excel 的 UPPER()、LOWER()、PROPER()函数。

4. 获取

如 4.2.2 节所述,Text. Range()、Text. Middle()、Text. Start()、Text. End()函数类似于 Excel 的 MID()、LEFT()、RIGHT()函数。

5. 重复

如 4.2.2 节所述,Text. Repeat()函数类似于 Excel 的 REPT()函数,代码如下:

```
= Text.Repeat("A",8)
```

返回的值为 AAAAAAAA。

4.3 文本函数强化

4.3.1 反转、插入

1. 反转

反转可通过 Text. Reverse()函数实现,语法如下:

```
Text.Reverse(text as nullable text) as nullable text
```

说明:将字符串进行反写。

对"北京路 2 幢 2 楼 201"进行反写,代码如下:

```
Text.Reverse("北京路 2 幢 2 楼 201")
```

返回的值为"102 楼 2 幢 2 路京北"。

2．插入

插入可通过 Text.Insert()函数实现,语法如下:

```
Text.Insert(
    text as nullable text,
    offset as number,
    newText as text
) as nullable text
```

说明：在原有文本的指定位置(偏移位置的数字从 0 开始)插入新值。
代码如下:

```
= Text.Insert("北京路 2 幢 2 楼 201",3, " ok 公司 ")
```

返回的值为"北京路 ok 公司 2 幢 2 楼 201"。

4.3.2 包含、位置、选择、移除

1．包含

Text.StartsWith()函数的语法如下:

```
Text.StartsWith(
    text as nullable text,
    substring as text,
    optional comparer as nullable function
) as nullable logical
```

说明：第二个参数只能是文本字符串,不可以为列表内的字符串；第三个参数为可选
参数,为 M 语言的内置比较器,分别为 Comparer.Ordinal、Comparer.OrdinalIgnoreCase、
Comparer.FromCultrue(这 3 个比较器目前还不能用 0、1、2 来别名化)。M 语言函数的参
数中有 comparer 的,均为 Comparer.Ordinal、Comparer.OrdinalIgnoreCase、Comparer.
FromCultrue。

应用举例,查看文本是否以"北京"开头,代码如下:

```
= Text.StartsWith("北京路 A2 幢 2 楼 201","北京")
```

返回的值为 true。
查看文本是否以"a2"开头,严格区分大小写,代码如下:

```
= Text.StartsWith("A2 幢 2 楼 201","a",Comparer.Ordinal)
```

返回的值为 false。

也可以用 not 来求反判断,代码如下:

```
= not Text.StartsWith("北京路 A2 幢 2 楼 201","北京")
```

返回的值为 false。

Text.EndsWith()函数的语法如下:

```
Text.EndsWith(
    text as nullable text,
    substring as text,
    optional comparer as nullable function
) as nullable logical
```

说明:Text.EndsWith()函数的语法结构及参数说明同 Text.StartsWith()函数。

应用举例,确认文本是否为"01"结尾,代码如下:

```
= Text.EndsWith("北京路 A2 幢 2 楼 201", "01")
```

返回的值为 true。

第二个参数只能为文本,不能为列表,代码如下:

```
= Text.EndsWith("北京路 A2 幢 2 楼 201", {"0".."9"} )
```

返回的错语提示如下:

```
Expression.Error: 无法将类型 List 的值转换为类型 Text。
详细信息:
    Value = [List]
    Type = [Type]
```

Text.Contains()函数的语法如下:

```
Text.Contains(
    text as nullable text,
    substring as text,
    optional comparer as nullable function
) as nullable logical
```

说明:第三个参数为可选参数,为 M 语言的内置比较器,分别为 Comparer.Ordinal、

Comparer.OrdinalIgnoreCase、Comparer.FromCultrue(这 3 个比较器目前还不能用 0、1、2 来别名化)。

应用举例,字符串中是否包含 a,代码如下:

```
= Text.Contains("北京路 A2 幢 2 楼 201","a")
```

返回的值为 false。

应用举例,字符串中是否包含 a,不区分大小写,代码如下:

```
= Text.Contains("北京路 A2 幢 2 楼 201","a", Comparer.OrdinalIgnoreCase)
```

以上代码返回的值为 true。如果将上面代码中的第三个参数改为 Comparer.Ordinal (严格区分大小写),则返回的值为 false。

2. 查找

Text.PositionOf()函数的语法如下:

```
Text.PositionOf(
    text as text,
    substring as text,              //文本字符串
    optional occurrence as nullable number,
    optional comparer as nullable function
) as any
```

说明:Text.PositionOf()函数的功能类似于 Excel 中的 FIND()函数,用于字符串(或称文本值)中位置的查找;当找到对应文本时,返回值为其出现的位置;当未找到时,返回的值为 -1。该函数有 4 个参数,第 3 个和第 4 个参数为可选参数。第 3 个参数为 occurrence,第 4 个参数为 comparer。

在 Power Query M 语言中,若函数中有 occurrence 参数,其参数值的用法都是一样的。默认值为 Occurrence.First,表示第 1 次出现的位置,用 0 表示;最后 1 次出现的位置 Occurrence.Last,用 1 表示;所有出现的位置 Occurrence.All,用 2 表示。

comparer 参数可支持的 3 种情况:Comparer.Ordinal、Comparer.OrdinalIgnoreCase、Comparer.FromCultrue(这 3 个比较器目前还不能用 0、1、2 来别名化)。

应用举例,选择第 4 章_.xlsx 中的表 2,在 Excel 中,选中"收货地址"列的数据,通过"数据"→"从表格",在"创建表"对话框中,勾选"表包含标题",单击"确定"按钮,如图 4-21 所示。

在 Power Query 编辑器中,选择"添加列"→"自定义列",进入"自定义列"对话框。完成"新列名、自定义列公式",单击"确定"按钮,查找数字 0 首次出现的位置,如图 4-22 所示。

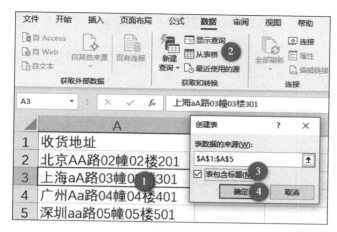

图 4-21 创建表

图 4-22 新建列"首次位置"

依次通过"自定义列"新增"最后位置、全部位置"两列，在"高级编辑器"中查看的完整代码如下：

```
//ch403 – 014
let
    源 = Excel.CurrentWorkbook(){[Name = "表 2"]}[Content],
    首次 = Table.AddColumn(
            源,
            "首次位置",
            each Text.PositionOf([收货地址],"0")
            ),
    末次 = Table.AddColumn(
            首次,
            "最后位置",
            each Text.PositionOf([收货地址],"0",1)
            ),
    全部 = Table.AddColumn(
            末次,
            "全部位置",
            each Text.PositionOf([收货地址],"0",2)
            )
in
    全部
```

其中，"全部位置"列返回的值为 List，如图 4-23 所示。

	ABC 123 收货地址	ABC 123 首次位置	ABC 123 最后位置	ABC 123 全部位置
1	北京AA路02幢02楼201	5	12	List
2	上海aA路03幢03楼301	5	12	List
3	广州Aa路04幢04楼401	5	12	List
4	深圳aa路05幢05楼501	5	12	List

图 4-23 查找文本中特定值的位置

选择第 4 章_. xlsx 中的表 2,在表格非空白处的任一位置,单击"数据"→"从表",进入
Power Query 编辑器,如图 4-24 所示。

ABC 123 司机信息	ABC 123 收货人电话
1 车牌:高CX0742 司机:朱小高 电话:1868993589	杨依晨 1511846535,Amy
2 车牌:高C5A471 司机:程勇 电话:1387058035	杨友文 1341227646,Ben
3 车牌:高AN0018 司机:张肃敏 电话:1597063833	陈雨婷 1332780266Candy
4 车牌:高CR4538 司机:汪发明 电话:1375555302	杨文略 1882680258,Dan

图 4-24　导入的数据

采用添加自定义列的方式,添加"司机号码、收货号码"两列,在"高级编辑器"中所查看
的完整代码如下:

```
//ch403 - 015
let
    源 = Excel.CurrentWorkbook(){[Name = "表 3"]}[Content],

    司机电话 = Table.AddColumn(
            源,
            "司机号码",
            each Text.Middle(
                [司机信息],
                Text.PositionOf([司机信息],"电话:") + 3,
                    //思考一下:为什么要 + 3?
                10    //10 为手机号码长度。本书所有演示的手机号码长度均为 10 位
            )
        ),

    联系电话 = Table.AddColumn(
            司机电话,
            "收货号码",
            each Text.Middle(
                [收货人电话],
                Text.PositionOf([收货人电话],"1",0),
                10
            )
```

```
        )
in
    联系电话
```

返回的值如图 4-25 所示。

图 4-25　提取手机号码

图 4-25 中"司机信息、收货人电话"两列中的手机号码均被有效地提取出来了。
Text.PositionOfAny() 函数的语法如下：

```
Text.PositionOfAny(
    text as text,
    characters as list,              //列表中的单个字符
    optional occurrence as nullable number
) as any
```

说明：Text.PositionOf() 函数的第二个参数对"字符、字符串"都支持，例如"0"与"01"
都是允许的；Text.PositionOfAny() 函数的第二个参数仅支持字符，例如，支持"0"不支持
"01"，但所有的字符都可以放到一个列表（list）中。在 Power Query M 语言中，如果函数的
关键字含 Any，则一般会在第二个参数或其他某一参数中支持 list，从而实现 Excel 函数功
能所无法企及的高度。

应用举例，选择第 4 章_.xlsx 中的表 2，在数据区的任一位置，单击"数据"→"从表"，进
入 Power Query 编辑器。通过"自定义列"，新建"首次、末次、全部位置"三列，用以在"收货
地址"列中找出"0、1、a"任一字符"首次、末次、全部"出现的位置，在"高级编辑器"中所查看
的完整代码如下：

```
//ch403 - 016
let
```

```
    源 = Excel.CurrentWorkbook(){[Name = "表2"]}[Content],

    首次 = Table.AddColumn(
            源,
            "首次",
            each Text.PositionOfAny([收货地址],{"0","1","a","A"})
        ),

    末次 = Table.AddColumn(
            首次,
            "末次",
            each Text.PositionOfAny([收货地址],{"0","1","a"},1)
        ),

    全部 = Table.AddColumn(
            末次,
            "全部位置",
            each Text.PositionOfAny([收货地址],{"0","1","a"},2)
        )

in
    全部
```

返回的值如图 4-26 所示。

ABC 123 收货地址	ABC 123 首次	ABC 123 末次	ABC 123 全部位置
1	北京AA路02幢02楼201	2	13	List
2	上海aA路03幢03楼301	2	13	List
3	广州Aa路04幢04楼401	2	13	List
4	深圳aa路05幢05楼501	2	13	List

图 4-26　提取指定值的位置

对比图 4-23 和图 4-26,两图显示的首末次的位置是不同的,List 的值展开后估计也会存在差异。

注意：Text.PositionOfAny()函数的第二个参数的数据结构是 list(列表),list 内的数据类型是字符。当第二个参数为字符文本或字符串列表时都会报错。

应用举例,代码如下：

```
= Text.PositionOfAny([收货地址],"a")
```

报错提示：

```
Expression.Error: 无法将值 "a" 转换为类型 List。
详细信息:
    Value = a
    Type = [Type]
```

应用举例,代码如下:

```
= Text.PositionOfAny([收货地址],{"aA"})
```

报错提示:

```
Expression.Error: 该值不是单字符的字符串。
详细信息:
    Value = Aa
```

在 Power Query M 语言中,含 Position 和 Any 关键字的函数较多。以下是含 Position 关键字函数的获取方式,代码如下:

```
//ch403 - 017
let
    源 = Record.ToTable( # shared),
    筛选 = Table.SelectRows(
            源,
                each Text.Contains([Name],
                "Position"
                )
            )
in
    筛选
```

返回的值如图 4-27 所示。

	A^B_C Name	ABC 123 Value
1	Table.PositionOf	Function
2	Table.PositionOfAny	Function
3	RelativePosition.Type	Type
4	RelativePosition.FromStart	0
5	RelativePosition.FromEnd	1
6	Text.PositionOf	Function
7	Text.PositionOfAny	Function
8	List.PositionOf	Function
9	List.PositionOfAny	Function
10	List.Positions	Function
11	Splitter.SplitTextByPositions	Function
12	Combiner.CombineTextByPositions	Function

图 4-27　含 Position 关键字的函数

将含 Position 关键字的函数的获取方式中的 Position 改为 Any,返回的值如图 4-28 所示。

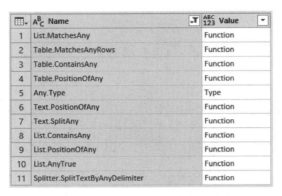

图 4-28 含 Any 关键字的函数

3. 选择

选择可通过 Text.Select() 函数实现,语法如下:

```
Text.Select(
    text as nullable text,
    selectChars as any
) as nullable text
```

说明:选择所需的字符或字符串,返回文本值 text 的副本。

继续以表 2 数据为例,通过"自定义列"的方式新建列名"小写、大写、大小写、中文与数字"4 列,用以提取"收货地址"列中的"小写、大写、大小写、中文与数字"。在"高级编辑器"中查看的完整代码如下:

```
//ch403 - 018
let
    源 = Excel.CurrentWorkbook(){[Name = "表 2"]}[Content],
    小写字母 = Table.AddColumn(
                  源,
                  "小写",
                  each Text.Select([收货地址],{"a".."z"})
              ),
    大写字母 = Table.AddColumn(
                  小写字母,
                  "大写",
                  each Text.Select([收货地址],{"A".."Z"})
              ),
    大小写字母 = Table.AddColumn(
                  大写字母,
                  "大小写",
                  each Text.Select([收货地址],{"A".."z"})
```

```
            ),
      中文与数值 = Table.AddColumn(
                大小写字母,
                "中文与数字",
                each Text.Select([收货地址],{"一".."龟","0".."9"})
            )
  in
      中文与数值
```

返回的值如图 4-29 所示。

▦▾	ABC 123 收货地址 ▾	ABC 123 小写 ▾	ABC 123 大写 ▾	ABC 123 大小写 ▾	ABC 123 中文与数字 ▾
1	北京AA路02幢02楼201		AA	AA	北京路02幢02楼201
2	上海aA路03幢03楼301	a	A	aA	上海路03幢03楼301
3	广州Aa路04幢04楼401	a	A	Aa	广州路04幢04楼401
4	深圳aa路05幢05楼501	aa		aa	深圳路05幢05楼501

图 4-29　添加的自定义列

继续以表 3 为例,运用 Text.Select()函数,通过"自定义列"新增"姓名、电话、英文名"3
列,在"高级编辑器"中查看的完整代码如下:

```
//ch403-019
let
    源 = Excel.CurrentWorkbook(){[Name = "表 3"]}[Content],
    收货人 = Table.AddColumn(
                源,
                "姓名",
                each Text.Select([收货人电话],{"一".."龟" })
             ),
    联系电话 = Table.AddColumn(
                收货人,
                "电话",
                each Text.Select([收货人电话],{"0".."9"})
             ),
    英文名称 = Table.AddColumn(
                联系电话,
                "英文名",
                each Text.Select([收货人电话],{"A".."Z","a".."z"})
             )
in
    英文名称
```

返回的值如图 4-30 所示。

通过 Text.Select()函数将"收货人电话"列中的"姓名、电话、英文名"数据有效地提取
了出来。

	司机信息	收货人电话	姓名	电话	英文名
1	车牌：高CX0742 司机:朱小高 电话：186899××××	杨依晨 151184××××,Amy	杨依晨	151184××××	Amy
2	车牌：高C5A471 司机:程勇 电话：138705××××	杨友文 134122××××，Ben	杨友文	134122××××	Ben
3	车牌：高AN0018 司机:张肃敏 电话：159706××××	陈雨婷 133278××××Candy	陈雨婷	133278××××	Candy
4	车牌：高CR4538 司机:汪发明 电话：137555××××	杨文昭 188268××××，Dan	杨文昭	188268××××	Dan

图 4-30　添加的自定义列

4．移除

Text.Remove()函数的语法如下：

```
Text.Remove(
    text as nullable text,
    removeChars as any
) as nullable text
```

说明：第二个参数可以是单个字符，也可以是包含多个字符的列表。

应用举例，将字符串中的“路”移除，代码如下：

```
= Text.Remove("北京路 2 幢 2 楼 201","路")
```

返回的值为“北京 2 幢 2 楼 201”。

应用举例，将字符串中的“路、幢、楼”移除，代码如下：

```
= Text.Remove("北京路 2 幢 2 楼 201",{"路","幢","楼"})
```

返回的值为“北京 22201”。

应用举例，将字符串中的“路”及数字移除，代码如下：

```
= Text.Remove("北京路 2 幢 2 楼 201",{"路","0".."9"})
```

返回的值为“北京幢楼”。如果只想删除指定的某几个数字也是允许的，例如，{"路","0","3","5"}。

{"一".."龟"}可涵盖所有中文，代码如下：

```
= Text.Remove("北京路 a2 幢 Aa2 楼 AA201",{"一".."龟"})
```

返回的值为"a2Aa2AA201"。

{"A".."Z","a".."z"}可涵盖所有的英文字母,代码如下:

```
= Text.Remove("北京路 a2 幢 Aa2 楼 AA201",{"A".."Z","a".."z"})
```

返回的值为"北京路 2 幢 2 楼 201"。

{"0".."9"}可涵盖所有的数值型文本,代码如下:

```
= Text.Remove("北京路 a2 幢 Aa2 楼 AA201",{"0".."9"})
```

返回的值为"北京路 a 幢 Aa 楼 AA"。

注意:移除的数字("0".."9")必须外面加双引号(""),未加引号时会报错,错误提示信息如下:

```
Expression.Error: 无法将值 0 转换为类型 Text。
详细信息:
    Value = 0
    Type = [Type]
```

继续以表 3 为例,运用 Text.Remove()函数,通过"自定义列"新增"姓名、电话、英文名"3 列,用以从"收货人电话"列中提取相关信息,在"高级编辑器"中查看的完整代码如下:

```
//ch403 - 021
let
    源 = Excel.CurrentWorkbook(){[Name = "表 3"]}[Content],
    收货人 = Table.AddColumn(
                源,
                "姓名",
                each Text.Remove([收货人电话],{ "A".."z","0".."9"," ",",",",",",",",}
            ),
    联系电话 = Table.AddColumn(
                收货人,
                "电话",
                each Text.Remove([收货人电话],{ "A".."z","一".."龟"," ",",",",",",",",}
            ),
    英文名称 = Table.AddColumn(
                联系电话,
                "英文名",
                each Text.Remove([收货人电话],{ "一".."龟","0".."9"," ",",",",",",",",}
            )
in
    英文名称
```

以上代码返回的值如图 4-30 所示。

Text.RemoveRange()函数的语法如下：

```
Text.RemoveRange(
    text as nullable text,
    offset as number,
    optional count as nullable number
) as nullable text
```

说明：函数中有 Range 的一定与"起、止"位置有关。与 Range 有关的函数，参数中用 offset（从 0 开始计数）来表示开始的位置，用 count 的个数表示 Range 的结束位置（offset 值 ＋count 值）；一般来讲，count 参数为可选参数。如果不用第三个参数，则默认 count 为 1，表示仅移除 offset 位置的字符。

继续以表 3 数据为例，运用 Text.RemoveRange()函数，通过"自定义列"新增"司机号码、收货号码"两列，用以从"司机信息、收货人电话"两列中提取相关信息，在"高级编辑器"中查看的完整代码如下：

```
//ch403-022
let
    源 = Excel.CurrentWorkbook(){[Name = "表3"]}[Content],
    司机电话 = Table.AddColumn(
                源,
                "司机号码",
                each [
                        a = Text.Length([司机信息]),
                        b = a-11,          //M语言中索引值是从 0 开始的
                        c = Text.RemoveRange([司机信息],0,b)
                    ][c]
                ),
    收货电话 = Table.AddColumn(
                司机电话,
                "收货号码",
                each Text.RemoveRange(
                        Text.RemoveRange([收货人电话],0,4),
                        10,
                        Text.Length(Text.RemoveRange([收货人电话],0,4))-10)
                    )
in
    收货电话
```

以上代码返回的值如图 4-25 所示。

4.4 文本函数进阶

4.4.1 格式

Text. Format()函数的语法如下：

```
Text.Format(
    formatString as text,
    arguments as any,                  //数据源
    optional culture as nullable text  //Zh-cn, En-us
) as text
```

说明：用于创建格式化的文本。

数据来自于 list，用于设置数字列表的格式，代码如下：

```
= Text.Format(
    "#{0}, #{1}, and #{2}.",        //#{},调用 list 中的值
    {17, 7, 22}
)
```

返回的值为"17，7，and 22."。

数据来自于记录，用于设置数字记录的格式，代码如下：

```
= Text.Format(
    "#[A], #[B], and #[C].",         //#[]用于调用 Record 中的值
    [A = 17, B = 7, C = 22]
)
```

返回的值为"17，7，and 22."。

4.4.2 替换

Text. Replace()函数的语法如下：

```
Text.Replace(
    text as nullable text,
    old as text,            //text 代表着可以为"字符"或"字符串"
    new as text
) as nullable text
```

应用举例，将"路"替换为"市 OK 公司"，代码如下：

```
= Text.Replace("北京路 2 幢 2 楼 201","路", "市 OK 公司 ")
```

返回的值为"北京市 OK 公司 2 幢 2 楼 201"。

如果需要删除字符串的某一或某些字符串,则可以采用替换为""(空值)的方式,代码如下:

```
= Text.Replace("北京路 2 幢 2 楼 201","路", "")
```

返回的值为"北京 2 幢 2 楼 201"。

Text.Replace()函数在数据清洗过程中使用的频率很高。更多有关文本替换的用法,将在后续章节中结合替换器函数 Replacer.ReplaceText()和 Replacer.ReplaceValue()一起讲解。

Text.ReplaceRange()函数的语法如下:

```
Text.ReplaceRange(
    text as nullable text,
    offset as number,
    count as number,
    newText as text)
as nullable text
```

说明:如果函数中存在 Range 关键字,则意味着参数存在"起、止"位置指定的情形。在 M 语言中,如果函数的参数中有 offset,则其位置值都是从 0 开始的。如果第 3 参数改为 0,则实现插入功能。

应用举例,将字符串中的"2 幢 2 楼"替换为" ** ** ",代码如下:

```
= Text.ReplaceRange("北京路 2 幢 2 楼 201",3,4," **** ")
```

4.4.3 拆分

1. 拆分

Text.Split()函数的语法如下:

```
Text.Split(
    text as text,
    separator as text
) as list
```

说明:第一个参数用于指定要拆分的文本,第二个参数用于指定拆分的依据;返回的值为 list。

代码如下:

```
= Text.Split("上海 aA 路 03 幢 03 楼 301","3")
```

返回的值为 list,{"上海 aA 路 0","幢 0","楼","01"}中用作拆分依据的 3 已经被清除。

继续以表 3 中的数据为例,运用 Text.Split()函数,通过"自定义列"新增"车牌、司机名、司机电话"3 列,在"高级编辑器"中查看的完整代码如下:

```
// ch404 - 025
let
    源 = Excel.CurrentWorkbook(){[Name = "表 3"]}[Content],
    车牌号 = Table.AddColumn(
            源,
            "车牌",
            each Text.Split(Text.Split([司机信息],"♯(lf)"){0},": "){1}
        ),
    司机姓名 = Table.AddColumn(
            车牌号,
            "司机名",
            each Text.Split(Text.Split([司机信息],"♯(lf)"){1},":"){1}
        ),
    手机号码 = Table.AddColumn(
            司机姓名,
            "司机电话",
            each Text.Remove(
                Text.Split([司机信息],"♯(lf)"){2},
                {"一".."龟",": ",":"}
            )
        )
in
    手机号码
```

输出的结果如图 4-31 所示。

	ABC 123 司机信息	ABC 123 收货人电话	ABC 123 车牌	ABC 123 司机名	ABC 123 司机电话
1	车牌: 高CX0742 司机:朱小高 电话: 186899××××	杨依晨 151184××××,Amy	高CX0742	朱小高	186899××××
2	车牌: 高C5A471 司机:程勇 电话: 138705××××	杨友文 134122××××, Ben	高C5A471	程勇	138705××××
3	车牌: 高AN0018 司机:张肃敏 电话: 159706××××	陈雨婷 133278××××Candy	高AN0018	张肃敏	159706××××
4	车牌: 高CR4538 司机:汪发明 电话: 137555××××	杨文略 188268××××, Dan	高CR4538	汪发明	137555××××

图 4-31 拆分列

Text. SplitAny()函数的语法如下：

```
Text.SplitAny(
    text as text,
    separators as text
) as list
```

说明：此函数的第一个和第二个参数均为文本。此函数的第二个参数与其他带 Any 关键字的函数不同(一般带 Any 关键字的函数的第二个参数多为 list)。

以"3"或"a"作为分隔符，"3a"或"a3"不影响返回的值，代码如下：

```
= Text.Split("上海 aA 路 03 幢 03 楼 301","3a")
```

返回的值为 list，{"上海","A 路 0","幢 0","楼","01"}中用作拆分依据的 3 及 a 已经被清除。

继续以表 3 中的数据为例，运用 Text. SplitAny()函数，通过"自定义列"新增"车牌、司机名、司机电话"3 列，在"高级编辑器"中查看的完整代码如下：

```
//ch404 - 027
let
    源 = Excel.CurrentWorkbook(){[Name = "表 3"]}[Content],
    车牌号 = Table.AddColumn(
                源,
                "车牌",
                each Text.SplitAny([司机信息],"#(lf):: "){1}
            ),
    司机姓名 = Table.AddColumn(
                车牌号,
                "司机名",
                each Text.SplitAny([司机信息],"#(lf):: "){3}
            ),
    手机号码 = Table.AddColumn(
                司机姓名,
                "司机电话",
                each Text.SplitAny([司机信息],"#(lf):: "){5}
            )
in
    手机号码
```

返回的值如图 4-31(拆分列)所示。

2. 分隔符

Text. BeforeDelimiter()函数的语法如下：

```
Text.BeforeDelimiter(
    text as nullable text,
    delimiter as text,
    optional index as any
) as any
```

说明：此函数共三个参数。第一个参数为要指定的文本字符串；第二个参数为分隔符（注意：分隔符可以为()、{}、[]、|、\、,、。等符号，也可以是指定的数值、文本或者字符串）；第三个参数为可选参数，默认值为0（当需要指定索引顺序时，可表示为{0,0}）。

第三个参数为 Index，它的索引类别（RelativePosition. Type）有 RelativePosition. FromStart 正序索引（可简写为 0）和 RelativePosition. FromEnd 倒序索引（可简写为 1）。所谓倒序索引，是指从最后一个分隔符开始，由后向前推。

以文本"源"为例：

```
源 = "北京(AA 路)02 幢 (02 楼)(201) 上海(aA 路)03 幢 (03 楼)(301) "
```

代码举例如下：

```
= Text.BeforeDelimiter(源," ", 0)          //"北京(AA 路)02 幢"
= Text.BeforeDelimiter(源," ", 1)          //"北京(AA 路)02 幢 (02 楼)(201)"

= Text.BeforeDelimiter(源," ", {0,1})
//"北京(AA 路)02 幢 (02 楼)(201) 上海(aA 路)03 幢"

= Text.BeforeDelimiter(源," ", {1,1})      //"北京(AA 路)02 幢 (02 楼)(201)"

= Text.BeforeDelimiter(源," ", {2,1})      //"北京(AA 路)02 幢"
= Text.BeforeDelimiter(源," ", {3,1})      //""
```

Text. AfterDelimiter()函数的语法如下：

```
Text.AfterDelimiter(
    text as nullable text,
    delimiter as text,
    optional index as any         //分隔符的索引位置
    /* 第三个参数为 index,默认索引为 0.索引位置是从 0 开始计算的；也可用 {x,y}格式,
    其中,x 代表索引的位置,y 表示顺逆序(0 为顺序,1 为逆序) */
) as any
```

说明：该函数的用法与 Text. BeforeDelimiter()函数的用法是一致的。
以文本"源"为例：

```
源 = "北京(AA 路)02 幢 (02 楼)(201) 上海(aA 路)03 幢 (03 楼)(301) "
```

代码举例如下：

```
= Text.AfterDelimiter(源," ", 0)
//"(02 楼)(201) 上海(aA 路)03 幢 (03 楼)(301)"

= Text.AfterDelimiter(源," ", 1)        //"上海(aA 路)03 幢 (03 楼)(301)"

= Text.AfterDelimiter(源," ", {0,1})
//"(03 楼)(301)"

= Text.AfterDelimiter(源," ", {1,1})    //"上海(aA 路)03 幢 (03 楼)(301)"

= Text.AfterDelimiter(源," ", {2,1})
//"(02 楼)(201) 上海(aA 路)03 幢 (03 楼)(301)"

= Text.AfterDelimiter(源," ", {3,1})
//"北京(AA 路)02 幢 (02 楼)(201) 上海(aA 路)03 幢 (03 楼)(301)"
```

Text.BetweenDelimiter()函数的语法如下：

```
Text.BetweenDelimiters(
    text as nullable text,
    startDelimiter as text,
    endDelimiter as text,
    optional startIndex as any,      //默认值为 0
    optional endIndex as any         //默认值为 0
) as any
```

说明：英文 Between 是"介于"的意思，意味着其与 Range 关键字有类似"起始、结束"的界限要求。该函数共有 5 个参数，第 2 个参数为起始分隔符，第 3 个参数为结束分隔符。第 4 个和第 5 个参数为功能强大的可选参数（可以用于指定索引位置，也可以指定正反索引方向）。

以文本"源"为例：

```
源 = "北京(AA 路)02 幢 (02 楼)(201) 上海(aA 路)03 幢 (03 楼)(301) "
```

仅运用前 3 个参数的用法，代码如下：

```
= Text.BetweenDelimiters(源," ", " ")   // "(02 楼)(201)"
= Text.BetweenDelimiters(源," ", "a")   // "(02 楼)(201) 上海("
= Text.BetweenDelimiters(源,"(", ")")   //"AA 路"
= Text.BetweenDelimiters(源,"02 幢", "(03 楼)")
        //" (02 楼)(201) 上海(aA 路)03 幢"
```

5 个参数全用的情形,代码如下:

```
= Text.BetweenDelimiters(源,"(", ")")                // "AA 路"
= Text.BetweenDelimiters(源,"(", ")",0,0)             // "AA 路"
= Text.BetweenDelimiters(源,"(", ")",{0,0},{0,0})     // "AA 路"

= Text.BetweenDelimiters(源,"(", ")",0,1)             // "AA 路)02 幢 (02 楼"
= Text.BetweenDelimiters(源,"(", ")",{0,0},{1,0})     // "AA 路)02 幢 (02 楼"
/*  第 5 个参数的 1,代表的是从第 4 个参数的起始位置开始,然后往右重新数结束位置 1 的位置
(索引仍旧是从 0 开始,从 0 到 1). */

= Text.BetweenDelimiters(源,"(", ")",1,1)             // "02 楼)(201"
/*  第 4 个参数的 1,代表的是第 4 个参数的起始位置(从 0 开始,然后到 1)的 1 位置;第 5 个参数的
1,代表的是第 5 个参数从第 4 个参数找到的位置开始,然后往右重新数结束位置 1 的位置(索引仍旧
是从 0 开始,从 0 到 1)。 */

= Text.BetweenDelimiters(源,"(", ")",1,0)             //"02 楼"

= Text.BetweenDelimiters(源,"(", ")",2,0)             //"201"

= Text.BetweenDelimiters(源,"(", ")",2,2)
    //"201) 上海(aA 路)03 幢 (03 楼"

= Text.BetweenDelimiters(源,"(", ")",1,2)
    //"02 楼)(201) 上海(aA 路"

= Text.BetweenDelimiters(源,"(", ")",1,3)
    //"02 楼)(201) 上海(aA 路)03 幢 (03 楼"

= Text.BetweenDelimiters(源,"(", ")",1,4)
    //"02 楼)(201) 上海(aA 路)03 幢 (03 楼)(301"

= Text.BetweenDelimiters(源,"(", ")",4,1)
    //"03 楼)(301"
```

第 4 个和第 5 个参数 endIndex 中 RelativePosition.Type 的应用。RelativePosition.
FromStart(正序索引,可简写为 0)及 RelativePosition.FromEnd(倒序索引,可简写为 1)的
应用。应用举例,代码如下:

```
= Text.BetweenDelimiters(
    源,
    "(",
    ")",
    {4,RelativePosition.FromEnd},
    {1, RelativePosition.FromStart}
)
```

返回的值为"02 楼)(201"。在以上代码中,代码可以简写,简写后的代码如下:

```
= Text.BetweenDelimiters(源,"(", ")",{4,1},{1, 0})
```

返回的值仍为"02 楼)(201"。

函数的嵌套使用,代码如下:

```
= Text.RemoveRange(
    Text.BetweenDelimiters(源,"(", ")",4,1),
    3,
    2
  )
```

返回的值为"03 楼 301"。

继续以表 3 数据为例,运用 Text.BetweenDelimiters()函数,通过"自定义列"新增"车牌、司机名、司机电话"3 列,在"高级编辑器"中查看的完整代码如下:

```
//ch404 - 031
let
    源 = Excel.CurrentWorkbook(){[Name = "表 3"]}[Content],

    车牌号 = Table.AddColumn(
                源,
                "车牌",
                each Text.BetweenDelimiters([司机信息],": ","#(lf)")
            ),

    司机姓名 = Table.AddColumn(
                车牌号,
                "司机名",
                each Text.BetweenDelimiters([司机信息],":","#(lf)")
            ),

    手机号码 = Table.AddColumn(
                司机姓名,
                "司机电话",
                each Text.BetweenDelimiters([司机信息],": ","#(lf)",1)
            )

in
    手机号码
```

返回的值如图 4-22 所示。

4.4.4　合并

合并可通过 Text.Combine() 函数实现,语法如下:

```
Text.Combine(
    texts as list,
    optional separator as nullable text
) as text
```

说明:第一个参数的数据结构必须是 list,并且数据类型必须是文本;第二个参数为可选参数,用于文本合并时指定合并分隔符,分隔符可以是单字符,也可以是多个字符组成的字符串,默认为"",返回的值为文本。

应用举例,第二个参数为缺省值,代码如下:

```
= Text.Combine({"北京路","A","a","2 幢","2","楼","201"})
```

返回的值为"北京路 Aa2 幢 2 楼 201"。

应用举例,第二个参数为"、"分隔符,代码如下:

```
= Text.Combine({"北京路","A","a","2 幢","2","楼","201"},"、")
```

返回的值为"北京路、A、a、2 幢、2、楼、201"。

注意:Text.Combine() 函数的第一个参数的数据结构必须是 list,并且数据结构内的所有数据的类型必须是文本。如果 list 内存在数值或其他非文本数据,则会报错,代码如下:

```
= Text.Combine({"北京路","A","a","2 幢",2,"楼",201},"、")
```

错误提示:

```
Expression.Error: 无法将值 2 转换为类型 Text。
详细信息:
    Value = 2
    Type = [Type]
```

报错提示中的 2 是指{"北京路","A","a","2 幢",2,"楼",201}中的数值 2。

Text.Combine() 函数使用的频率较高,需要认真掌握。在 M 语言中,Table.Combine()、List.Combine()、Text.Combine()这 3 个函数的使用频率都很高,这 3 个函数的共性是:第一个参数均是 list。

Split 与 Combine 是一对互逆的运算。以文本的拆分与合并为例,读者可通过 Text.Split()函数拆分成 list 结构,然后对 list 进行操作(例如 List.Select()操作),或者将分隔符进行更换（例如，将原有的分隔符"、"更换为"---"），最后通过 Text.Combine() 函数重新文本合并。

4.5 结构与类型

4.5.1 Text.ToList()

语法如下：

```
Text.ToList(text as text) as list
```

说明：将文本字符串拆分成独立的字符。

应用举例，将文本字符串拆分成字符，代码如下：

```
= Text.ToList("北京 AA 路 02 幢 02 楼 201")
```

返回的值为{"北","京","A","A","路","0","2","幢","0","2","楼","2","0","1"}。

4.5.2 Text.From()

语法如下：

```
Text.From(
    value as any,
    optional culture as nullable text
) as nullable text
```

说明：第一个参数可以是 number、date、time、datetime、datetimezone、logical、duration 或 binary 值；如果第一个参数给定的值为 null，则函数返回的值也为 null。区域语言，中文为 Zh-cn，英文为 En-us。

M 语言有严格的数据类型要求，不同的数据类型是不可以直接操作的，代码如下：

```
= 3&"A"
```

错误提示如下：

```
Expression.Error: 无法将运算符 & 应用于类型 Number 和 Text。
详细信息：
    Operator = &
    Left = 3
    Right = A
```

这时,需要对 3 进行转换,代码如下:

```
= Text.From(3)&"A"
```

返回的值为"3A"。

继续应用举例,代码如下:

```
= Text.From("2021/8/18")          // "2021/8/18"
= Text.From("2021/8/18 20:08")   //"2021/8/18 20:08"

= Text.From("20:08:33")          //"20:08:33"

= Text.From("20"&"小时")          //"20h"
= Text.From(20)&"小时"            //"20h"
```

第 5 章

逻辑与数值函数

在众多的数值类函数中,大多数函数的使用频率不高。使用频率较高的数值类函数主要有 Number. From()、Number. FromText()、Number. Round()、Number. ToText()等几个。

5.1 逻辑函数

Power Query 的逻辑函数目前有 3 个：Logical. From()、Logical. FromText()、Logical. ToText()。

5.1.1 Logical. From()

Logical. From()函数用于从某个值返回逻辑值,语法如下：

```
Logical.From(value as any) as nullable logical
```

说明：当给定值为 null 时,返回 null；当给定值为逻辑值、数值、文本型"true"或"false"时(不区分大小写),则返回值为 true 或 false。

应用举例,代码如下：

```
= Logical.From(null)                        // null

= Logical.From(Text.Length("2021"))         //true

= Logical.From(2000 + 21)                   //true

= Logical.From(Logical.From(2021) and true) //true

= Logical.From("A" = "a" and 3 = 3)         //false

= Logical.From("A" = "a" or 3 = 3)          //true
```

```
= Logical.From("False")                          // false

= Logical.From("True")                           // true
```

"true" 或 "false"之外的文本是不可以转换为逻辑值的。当逻辑值来自"true"或 "false"之外的其他文本时,返回值会报错,代码如下:

```
Logical.From("A")
```

报错提示:

Expression.Error: 无法转换为 Logical。
详细信息:
　　A

5.1.2　Logical.FromText()

Logical.FromText()函数用于从文本值返回逻辑值 true 或 false,语法如下:

```
Logical.FromText(text as nullable text) as nullable logical
```

说明:文本只能是文本型"true" 或 "false"(不区分大小写),代码如下:

```
= Logical.FromText("False")      // false

= Logical.FromText("True")       // true
```

如果 text 为其他字符串,则会报错,代码如下:

```
= Logical.FromText("A")
```

报错提示:

Expression.Error: 无法转换为 Logical。
详细信息:
　　A

5.1.3　Logical.ToText()

Logical.ToText()函数用于从逻辑值返回文本值,语法如下:

```
Logical.ToText(logicalValue as nullable logical) as nullable text
```

应用举例,代码如下:

```
= Logical.ToText(true) //true
```

5.2 常用数值函数

5.2.1 判断

1. Number.IsNaN()

NaN 是 Not a Number 的英文简写,它是计算机语言中的数据类型之一,表示未定义或不可表示的值。例如,对 NaN 值的四则运算;对正负无穷大值的四则运算;对负数的开偶次方等,这些运算都将返回 NaN 值,代码如下:

```
= Number.IsNaN(0/0)                     //true

= Number.IsNaN(1/0)                     //false

= Number.IsNaN(Number.NaN + Number.NaN) //true

= Number.IsNaN(2021 + Number.NaN)       //true
```

2. Number.IsEven()

Even 是能被 2 整除的偶数,例如,个位数为 0、2、4、6、8 的自然数都是偶数。IsEven 表示用以判断它是不是偶数,返回的值为 true 或 false,代码如下:

```
= Number.IsEven(2021)                   //false

= Number.IsEven(2022)                   //true
```

3. Number.IsOdd()

Odd 是不能被 2 整除的奇数,例如,个位数为 1、3、5、7、9 的自然数都是奇数。IsOdd 表示用以判断它是不是奇数,返回的值为 true 或 false,代码如下:

```
= Number.IsOdd(2021)                    //true

= Number.IsOdd(2022)                    //false
```

4. Number.Sign()

Sign 中文是"符号"的意思。在很多计算机语言中,Sign 函数常用来表示"数学符号"函数。如果数值为正数,则返回 1;如果数值为负数,则返回 -1;如果数值为 0,则返回 0;如果值为 null,则返回 null,代码如下:

```
= Number.Sign( − 2021)        // − 1

= Number.Sign(2021)           //1

= Number.Sign(0)              //0

= Number.Sign(null)           //null
```

5.2.2 随机数

1. Number.Random()

Random 中文是"随机"的意思。在大多数计算机语言中,Random 函数常用来生成"介于 0~1 的随机数",代码如下:

```
= Number.Random()            //0.39867571527076684
```

2. Number.RandomBetween()

Between 中文是"介于"的意思,意味着其有"起、止"数据范围;Number.RandBetween() 函数用于返回介于"起、止"范围间的随机数,代码如下:

```
= Number.RandomBetween(6, 12)    //9.53216271732569
```

注意:Excel 的 Randbetween()函数生成的是随机整数,它与 Number.RandBetween() 函数是有区别的。

5.2.3 计算

1. Number.Abs()

Abs 是 Absolute 的英文简写,中文是"绝对"的意思,Number.Abs()函数返回的是数据的绝对值,代码如下:

```
= Number.Abs( − 2021)        //2021
```

2. Number.IntegerDivide()

Integer 是"整数"的意思,Divide 在数学中表示的是"除、除以"的意思,所以 IntegerDivide 代表的是"整除"。Number.IntegerDivide()函数共有三个参数:第一个参数 为被除数,第二个参数为除数,第三个参数为可选参数。如果第一个参数或第二个参数为 null,则函数返回的值为 null,代码如下:

```
= Number.IntegerDivide(8, 4)    //2
```

```
= Number.IntegerDivide(9, 4)          //2

= Number.IntegerDivide(9.3, 4)        //2

= Number.IntegerDivide(9.3, null)     //null
```

3. Number.Mod()

Number.Mod()函数用于返回整除后的余数,代码如下:

```
= Number.Mod(8, 4)                    //0

= Number.Mod(9, 4)                    //1

= Number.Mod(9.3, 4)                  //1.3000000000000007

= Number.Mod(9.3, null)               //null
```

4. Number.Power()

Power 在数学中代表的是"幂、乘方"的意思。Number.Power()函数共两个参数,第一个参数为基数,第二个参数为指数,代码如下:

```
= Number.Power(2,4)                   //16

= Number.Power(2.05,4)                //17.661006249999993
```

5. Number.Sqrt()

Sqrt 是 Square Root 的英文简写,是"平方根"的意思。Number.Sqrt()函数只有一个参数,代码如下:

```
= Number.Sqrt(25)                     //5

= Number.Sqrt(36)                     //6
```

5.2.4 舍入

1. Number.Round()

在计算机语言中,Round()函数多用于数值的四舍五入。Number.Round()函数有三个参数。第一个参数为必选参数,当第一个参数为 null 时,返回的值为 null;第二个和第三个参数为可选参数。第二个参数为小数点位数的指定,当小数点位数未指定时,返回的值为整数;第三个参数为 RoundingMode(舍入方向的指定),代码如下:

```
= Number.Round(1.23)                        //1

= Number.Round(1.2345,2)                     //1.23

= Number.Round(Number.Power(2.05,4),2)       //17.66,函数嵌套

= Number.Round(null)                         //null
```

以下是第三个参数 RoundingMode 的参数值说明：

1）RoundingMode.Up

参数值 RoundingMode.Up 表示向上舍入，也可以用代码 0 表示，代码如下：

```
= Number.Round(1.2345,3,0)                   //1.235

= Number.Round(1.2345,3,RoundingMode.Up)     //1.235

= Number.Round(-1.2345,3,0)                  //-1.234
```

2）RoundingMode.Down

参数值 RoundingMode.Down 表示向下舍入，也可以用代码 1 表示，代码如下：

```
= Number.Round(1.2345,3,1)                   //1.234

= Number.Round(1.2345,3,RoundingMode.Down)   //1.234

= Number.Round(-1.2345,3,1)                  //-1.235
```

3）RoundingMode.AwayFromZero

参数值 RoundingMode.AwayFromZero 表示向远离 0 的方向舍入，也可以用代码 2 表示，代码如下：

```
= Number.Round(1.2345,3,2)                          //1.235

= Number.Round(1.2345,3,RoundingMode.AwayFromZero)  //1.235

= Number.Round(-1.2345,3,2)                         //-1.235
```

4）RoundingMode.TowardZero

参数值 RoundingMode.TowardZero 表示向靠近 0 的方向舍入，也可以用代码 3 表示，代码如下：

```
= Number.Round(1.2345,3,3)                   //1.234
```

```
= Number.Round(1.2345,3,RoundingMode.TowardZero)      //1.234

= Number.Round( - 1.2345,3,3)                         // - 1.234
```

2. Number.RoundUp()

Number.RoundUp()函数为向上舍入函数,共两个参数。如果第一个参数为 null,则返回的值为 null;第二个参数为可选参数,用于指定小数点的位数,代码如下:

```
= Number.RoundUp(1.2345,3)          //1.235

= Number.RoundUp( - 1.2345,3)       // - 1.234
```

Number.RoundDown()函数等效于 Number.Round()函数,有使用第三个参数 RoundingMode.Down 的情形,代码如下:

```
= Number.Round(1.2345,3,0)          //1.235, 第三个参数的 0 代表 RoundingMode.Up

= Number.Round( - 1.2345,3,0)       // - 1.234
```

3. Number.RoundDown()

Number.RoundDown()函数为向下舍入函数,共两个参数。如果第一个参数为 null,则返回的值为 null;第二个参数为可选参数,用于指定小数点的位数,代码如下:

```
= Number.RoundDown(1.2345,3)          //1.234

= Number.RoundDown( - 1.2345,3)       // - 1.235
```

Number.RoundDown()函数等效于 Number.Round()函数,有使用第三个参数 RoundingMode.Down 的情形,代码如下:

```
= Number.Round(1.2345,3,1)          //第三个参数的 1 代表 RoundingMode.Down

= Number.Round( - 1.2345,3,1)
```

4. Number.RoundAwayFromZero()

Number.RoundAwayFromZero()函数为向远离 0 的方向舍入,"向上舍入正数、向下舍入负数"。当值≥0 时,返回 Number.RoundUp(value);当值＜0 时,返回 Number.RoundDown(value)。该函数共有两个参数。如果第一个参数为 null,则返回的值为 null;第二个参数为可选参数,用于指定小数点的位数,代码如下:

```
= Number.RoundAwayFromZero(1.2345,3)    //1.235

= Number.RoundAwayFromZero ( - 1.2345,3) // - 1.235
```

该函数等效于 Number. Round()函数,有使用第三个参数 RoundingMode. AwayFromZero
的情形。

5. Number.RoundTowardZero( )

Number. RoundTowardZero()函数为向靠近 0 的方向舍入。该函数共有两个参数。
如果第一个参数为 null,则返回的值为 null;第二个参数为可选参数,用于指定小数点的位
数,代码如下:

```
= Number.RoundTowardZero(1.2345,3)       //1.234

= Number.RoundTowardZero( - 1.2345,3)    // - 1.234
```

该函数等效于 Number. Round()函数,有使用第三个参数 RoundingMode. TowardZero
的情形。

5.3 不常用数值函数

5.3.1 常量

1. Number.E
e 是数学中自然对数的底数,是一个无限不循环小数。Number. E 的常量值约为
2.7182818284590451。

2. Number.PI
Pi 是数学中的圆周率(π),是一个无限不循环小数。Number. PI 的常量值约为
3.1415926535897931。

3. Number.Epsilon
Number. Epsilon 的常量值约为 4.94065645841247E-324。

4. Number.PositiveInfinity
正无穷大为大于 0 的有理数或无理数(符号为+∞),没有具体的数值,表示的是比任何
一个数字都要大的值,它来自正数除以 0 的值(例如 1/0)。

5. Number.NegativeInfinity
负无穷大为小于 0 的有理数或无理数(符号为-∞),没有具体的数值,表示的是比任何
一个数字都要小的值,它来自负数除以 0 的值(例如-1/0)。

5.3.2 计算

在数学中:ln 是以 e 为底的自然对数;lg 是以 10 为底的常用对数;log 是以任意数为

底的一般对数,可以以任何大于 0 且不等于 1 的数为底;log10=lg10,ln=loge。

在 M 语言中,与对数相关的函数有 Number.Ln()、Number.Exp()、Number.Log()、Number.Log10()。应用与示例如下:

```
= Number.Log(10) = Number.Ln(10)               //true

= Number.Log(Number.E) = Number.Ln(Number.E)   //true
```

5.3.3 三角函数

正弦(Number.Sin())、余弦(Number.Cos())、正切(Number.Tan())等是最常用的三角函数。其他与正弦定理相关的扩展函数有 Number.Asin()、Number.Sinh()、Number;与余弦定理相关的扩展函数有 Number.Acos()、Number.Cosh();与正弦定理相关的扩展函数有 Number.Atan()、Number.Atan2()、Number.Tanh()。

在日常工作与生活中,在依据起止地的经纬度而计算出两地的距离时需要用到三角函数。如图 5-1 所示,依据"发货地经度、发货地纬度、收货地经度、收货地纬度"计算两地的距离。

	A	B	C	D	E
1	发货地经度	发货地纬度	收货地经度	收货地纬度	两地距离(千米)
2	93.341639	44.246048	99.82576	39.383646	761.8
3	104.143809	30.800075	116.666784	23.391161	1486.7
4	105.946251	27.1679	101.853877	27.273446	404.8
5	108.658567	19.101105	114.340055	37.750333	2145.6
6	111.776976	30.480651	112.239019	30.401957	45.2

图 5-1   计算两地的距离

在 Excel 工作表的 E2 单元格中,依据经纬度测算两地直线距离(单位:千米)的公式如下(为了便于阅读与理解,公式已被格式化):

```
E2 = ROUND(
  6371 *
    ACOS(1 -
    (
        POWER(
        (
            SIN((90 - B2) * PI()/180) * COS(A2 * PI()/180) -
            SIN((90 - D2) * PI()/180) * COS(C2 * PI()/180)
        ),
        2)
            +
        POWER(
        (
            SIN((90 - B2) * PI()/180) * SIN(A2 * PI()/180) -
            SIN((90 - D2) * PI()/180) * SIN(C2 * PI()/180)
```

```
        ),
    2)
    +
    POWER(
        (
            COS((90 − B2) * PI()/180) − COS((90 − D2) * PI()/180)
        ),
    2)
    )/2
    ),
    1
)
```

在 Excel 中,通过"数据"→"从表格"将数据("表 1")导入 Power Query,如图 5-2 所示。

	A	B	C	D
1	发货地经度	发货地纬度	收货地经度	收货地纬度
2	93.341639	44.246048	99.82576	39.383646
3	104.143809	30.800075	116.666784	23.391161
4	105.946251	27.1679	101.853877	27.273446
5	108.658567	19.101105	114.340055	37.750333
6	111.776976	30.480651	112.239019	30.401957

图 5-2　数据源

在 Power Query 编辑器中,选择"添加列"→"自定义列"。在"自定义列"对话框中输入计算公式,在高级编辑器中查看到的完整代码如下:

```
//ch503 − 022
let
    源 = Excel.CurrentWorkbook(){[Name = "表 1"]}[Content],

    两地距千米 = Table.AddColumn(
        源,
        "两地距离", each
        Number.Round(
            6371 *                        //地球的半径为 6371 千米
            Number.Acos(1 −
                (
                Number.Power(
                    (
                    Number.Sin((90 − [发货地纬度]) * Number.PI/180) *
                    Number.Cos([发货地经度] * Number.PI/180)
                    −
                    Number.Sin((90 − [收货地纬度]) * Number.PI/180) *
                    Number.Cos([收货地经度] * Number.PI/180)
                    ),
                2)
```

```
            +
      Number.Power(
          (
            Number.Sin((90 - [发货地纬度]) * Number.PI/180) *
            Number.Sin([发货地经度] * Number.PI/180)
              -
            Number.Sin((90 - [收货地纬度]) * Number.PI/180) *
            Number.Sin([收货地经度] * Number.PI/180)
          ),
        2)
        +
      Number.Power(
          (
            Number.Cos((90 - [发货地纬度]) *
            Number.PI/180) - Number.Cos((90 - [收货地纬度]
            )
            * Number.PI/180)
          ),
        2)
      )/2
      ),
      1
      )
    )

in
    两地距千米
```

两地距离的单位为千米，返回值如图 5-3 所示。

	A	B	C	D	E
1	发货地经度	发货地纬度	收货地经度	收货地纬度	两地距离
2	93.341639	44.246048	99.82576	39.383646	761.8
3	104.143809	30.800075	116.666784	23.391161	1486.7
4	105.946251	27.1679	101.853877	27.273446	404.8
5	108.658567	19.101105	114.340055	37.750333	2145.6
6	111.776976	30.480651	112.239019	30.401957	45.2

图 5-3　两地距离

5.4　数值转换函数

5.4.1　Number.From()

Number.From()函数用于从某个值返回一个数值。该函数共有两个参数，第二个参数为可选参数，用于区域指定，语法如下：

```
Number.From(
    value as any,
    //第一个参数可为逻辑值、文本数值、日期、日期时间、日期时区时间、时间、持续时间
    optional culture as nullable text
) as nullable number
```

该函数的用法较为简单,例如 Number.From("12")返回的值为 12。

5.4.2　Number.FromText()

Number.FromText()函数用于从文本值返回一个数值。第一个参数只能为文本数值,不可以为"逻辑值、日期、日期时间、日期时区时间、时间、持续时间"。

5.4.3　Number.ToText()

Number.ToText()函数用于根据 format 指定的格式,将数值 number 格式化为文本值。该函数共有三个参数,其中第二个参数和第三个参数为可选参数。第二个参数的格式是单个字符代码,后面可能带一个数字精度说明符,第三个参数是区域语言选项,语法如下:

```
Number.ToText(
    number as nullable number,
    optional format as nullable text,
    optional culture as nullable text
) as nullable text
```

第二个参数的格式代码及用途如表 5-1 所示。

表 5-1　格式代码与用途说明

参　数　代　码	用　　　途
"D"或"d"	(十进制)　将结果格式化为整数。精度说明符控制输出中的位数
"E"或"e"	(指数/科学)　指数表示法。精度说明符控制最大小数的位数(默认值为 6)
"F"或"f"	(固定点)　整数和小数位
"G"或"g"	(常规)　固定点或科学记数法的最简洁形式
"N"或"n"	(数字)　带组分隔符和小数分隔符的整数和小数位
"P"或"p"	(百分比)　乘以 100 并显示百分号的数字
"R"或"r"	(往返)　可往返转换同一数字的文本值。将忽略精度说明符
"X"或"x"	(十六进制)　十六进制文本值

1. 参数为"D"

第二个参数以代码 D 为例,将结果格式化为整数,代码如下:

```
= Number.ToText(10, "D")        //10
```

第一个参数必须为整数数值,如果值为文本型数值,则会报错,代码如下:

```
= Number.ToText("10","d")
```

错误提示如下:

```
Expression.Error: 无法将值 "10" 转换为类型 Number。
详细信息:
    Value = 10
    Type = [Type]
```

如果第一个参数为带小数点的数值,则将返回错误提示,代码如下:

```
= Number.ToText(10.6, "D")
```

错误提示如下:

```
Expression.Error: 应为整数值。
详细信息:
    10.6
```

2. 参数为"f"

```
= Number.ToText(12.345, "f1")   //12.3
```

```
= Number.ToText(12.345, "f2")   //12.35
```

3. 参数为"P"

```
= Number.ToText(0.12345, "P1")   //12.3%
```

```
= Number.ToText(0.12345, "P2")   //12.35%
```

4. 参数为"n"

```
= Number.ToText(12345.6789, "n")    //12,345.68
```

```
= Number.ToText(12345.6789, "n1")   //12,345.7
```

```
= Number.ToText(12345.6789, "n3")   //12,345.679
```

5. 参数为"g"

```
= Number.ToText(12345.6789, "g")            //12345.6789
```

```
= Number.ToText(12345.6789, "g1")          //1e + 04

= Number.ToText(12345.6789, "g2")          //1.2e + 04
```

6．手动指定格式

```
= Number.ToText(12345.6789,"0.0")     //12345.7,一位小数

= Number.ToText(12345.6789,"0.0%")  //1234567.9%,一位小数的百分比

= Number.ToText(12345.6789,"0000.00")
//12345.68,数位补全(如整数不足 4 位,则用 0 补充显示)
```

第三篇 强 化 篇

第6章

日 期 时 间

6.1 日期和时间

6.1.1 日期和时间基础知识

1. 常用日期和时间函数

与文本、数值函数一样,M语言中常用的日期和时间函数与 Excel 中的日期和时间函数具备较高的类似性,如表 6-1 所示。

表 6-1 常用日期和时间函数

Now()值为:2021/916 15:38:28

Excel 函数	PQ M 语言函数	语法举例	返回的值
NOW()	DateTime. LocalNow()	源 = DateTime. LocalNow()	2021/9/6 15:38:28
TODAY()	Date. From(DateTime. LocalNow())	d = Date. From(DateTime. LocalNow())或 Date = DateTime. Date(源)	2021/9/6
DATE()	DateTime. Date()	Date = DateTime. Date(源)	2021/9/6
YAEAR()	Date. Year()	年 = Date. Year(Date)或 年 = Date. Year(d)	2021
MONTH()	Date. Month()	月 = Date. Month(d)	9
DAY()	Date. Day()	日 = Date. Day(d)	6
TIME()	Time. From()	t = Time. From(d)	15:38:28
HOUR()	Time. Hour()	时 = Time. Hour(t)	15
MINUTE()	Time. Minute()	分 = Time. Minute(t)	38
SECOND()	Time. Second()	秒 = Time. Second(t)	28
WEEKDAY()	Date. WeekOfYear()	#"(年)周" = Date. WeekOfYear(d)	37
WEEKNUM()	Date. DayOfWeekName()	星期几 = Date. DayOfWeekName(d)	星期一

在 M 语言函数中,日期时间(DateTime)、日期(Date)、时间(Time)有严格的类型区分。以当前日期时间(2021/9/6 15:38:28)为例,在"高级编辑器"中查看各函数的返回值,代码如下:

```
//ch601 - 001
let
    //源 = DateTime.LocalNow(),
    源 = #datetime(2021,9,6,15,28,38),    //2021/9/6 15:28:38
    Date = DateTime.Date(源),             //2021/9/6
    d = Date.From(DateTime.LocalNow()),   //2021/9/6
    t = Time.From(源),                    //15:28:38
    年 = Date.Year(Date),                 //2021
    月 = Date.Month(Date),                //9
    日 = Date.Day(Date),                  //6
    时 = Time.Hour(t),                    //15
    分 = Time.Minute(t),                  //38
    秒 = Time.Second(t),                  //28
    #"(年)周" = Date.WeekOfYear(Date),    //37
    星期几 = Date.DayOfWeekName(Date)     //星期一
in
    星期几
```

继续以当前日期时间(2021/9/6 15:38:28)为例,以下是 now()函数在 Excel 单元格中的不同输出形式及对应的格式说明,如表 6-2 所示。

表 6-2　单元格格式设置

函　　数	结果呈现(举例)	单元格格式类型	说　　明
now()	44445.6448842593	G/通用格式	浮点数
	2021/9/6 15:38:28	yyyy/m/d h:mm:ss	日期时间
	2021/9/6	yyyy/m/d	日期
	9/6/21	m/d/yy	月份排前
	9-6-21	d-m-yy	日期排前
	15:38:28	h:mm:ss	时间
	3:38 PM	h:mm AM/PM	12h 每天

更多有关 Excel 中的日期时间设置,可通过所在单元格右击,选择"设置单元格格式",在"设置单元格格式"弹出框的"数字"菜单栏中,选择"日期"、"时间"或"自定义"字段,相关设置界面如图 6-1 所示。

通过查看"设置单元格格式"弹出框,在使用过程中可以依据需求选择或自定义日期时间格式,从而具备高度的灵活性。同时,由于 Excel 操作的过度灵活性,从而也增加了数据整合的难度。

2. 常见的非法值

在 Excel 的单元格中,默认情况下,字符数据自动沿单元格左边对齐,数值自动沿单元格右边对齐。日期和时间是特殊的数值,正常情况下也是沿单元格自动右对齐。当单元格中存在非法格式的日期与时间时,单元格会将其视为字符串数据(在单元格左边对齐)。如

图 6-1　设置单元格格式

果将这些字符串型的日期与时间数据导入 Power Query 后,系统无法正常解析,则会形成
error 错误值。

　　在 Excel 中,通过"数据"→"从表格"将数据导入 Power
Query。在 Power Query 编辑器中,通过"添加列"→"日期"→
"分析",生成"分析"列,如图 6-2 所示。

	日期	分析
1	2021/8/32	Error
2	2021.8/31	2021/8/31
3	2021/9/31	Error
4	2021.9.6	2021/9/6
5	2021.9.6	2021/9/6
6	2021_9_6	Error

　　在表 6-3 中,2021.8/31、2021.9.6 及 2021/9/6 已被正确解
析为日期,但 2021/8/32、2021/9/31 及 2021_9_6 则没有被解
析。单击表格中的 error,错误提示如下:

图 6-2　添加日期分析列

> **DataFormat.Error:** 无法分析作为 **DateTimeZone** 值提供的输入。
> 详细信息:
> 　　**2021/8/32 //或者 2021、9/31 或者 2021_9_6**

　　究其原因:2021/8/32 及 2021/9/31 为日期超过了当月最大值,而 2021_9_6 中则为日
期中存在下画线(_)。

　　Power Query 中正常的日期与时间范围为 1≤年≤9999,1≤月≤12,1≤日≤31(依据
各月的最大天数而定),0≤小时≤23,0≤分钟≤59,0≤秒≤59。如图 6-2 所示,超出范围的

日期与时间值会提示 error。

6.1.2　M 语言的日期时间

1. 函数的获取

获取 Power Query 中的所有"日期、日期时间、日期时区时间、时间、持续时间",代码如下:

```
//ch601-002
let
    源 = Record.ToTable(#shared),

    筛选 = Table.SelectColumns(
            Table.SelectRows(
                源,
                each Text.StartsWith([Name], "Date")
                or Text.StartsWith([Name], "Time")
                or Text.StartsWith([Name], "Duration")),"Name"),

    组合 = Table.Combine(
            List.Transform(
                {1..Number.RoundUp(Table.RowCount(筛选)/4,0)},
                each Table.Transpose(
                    Table.Range(筛选, _ * 4 - 4,4)
                )
            )
        )

in
    组合
```

获取的函数(合计 123 个),如表 6-3 所示。

对表 6-3 中的函数按类别进行统计,如图 6-3 所示。

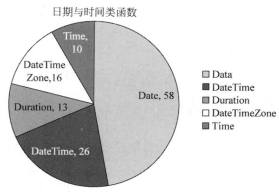

图 6-3　日期与时间类函数

表6-3 M语言时间相关函数一览

Column1	Column2	Column3	Column4
Date.IsInPreviousDay()	Date.IsInPreviousNDays()	Date.IsInCurrentDay()	Date.IsInNextDay()
Date.IsInNextNDays()	Date.IsInPreviousWeek()	Date.IsInPreviousNWeeks()	Date.IsInCurrentWeek()
Date.IsInNextWeek()	Date.IsInNextNWeeks()	Date.IsInPreviousMonth()	Date.IsInPreviousNMonths()
Date.IsInCurrentMonth()	Date.IsInNextMonth()	Date.IsInNextNMonths()	Date.IsInPreviousQuarter()
Date.IsInPreviousNQuarters()	Date.IsInCurrentQuarter()	Date.IsInNextQuarter()	Date.IsInNextNQuarters()
Date.IsInPreviousYear()	Date.IsInPreviousNYears()	Date.IsInCurrentYear()	Date.IsInNextYear()
Date.IsInNextNYears()	Date.IsInYearToDate()	DateTime.IsInPreviousSecond()	DateTime.IsInPreviousNSeconds()
DateTime.IsInNextSecond()	DateTime.IsInNextNSeconds()	DateTime.IsInCurrentSecond()	DateTime.IsInPreviousMinute()
DateTime.IsInPreviousNMinutes()	DateTime.IsInNextMinute()	DateTime.IsInNextNMinutes()	DateTime.IsInCurrentMinute()
DateTime.IsInPreviousHour()	DateTime.IsInPreviousNHours()	DateTime.IsInNextHour()	DateTime.IsInNextNHours()
DateTime.IsInCurrentHour()	Date.MonthName()	Date.DayOfWeekName()	Duration.Type()
Duration.FromText()	Duration.From()	Duration.ToText()	Duration.ToRecord()
Duration.Days()	Duration.Hours()	Duration.Minutes()	Duration.Seconds()
Duration.TotalDays()	Duration.TotalHours()	Duration.TotalMinutes()	Duration.TotalSeconds()
Date.FromText()	Date.From()	Date.ToText()	Date.ToRecord()
Date.Year()	Date.Month()	Date.Day()	Date.AddDays()
Date.AddWeeks()	Date.AddMonths()	Date.AddQuarters()	Date.AddYears()
Date.IsLeapYear()	Date.StartOfYear()	Date.StartOfQuarter()	Date.StartOfMonth()
Date.StartOfWeek()	Date.StartOfDay()	Date.EndOfYear()	Date.EndOfQuarter()
Date.EndOfMonth()	Date.EndOfWeek()	Date.EndOfDay()	Date.DayOfWeek()
Date.DayOfYear()	Date.DaysInMonth()	Date.QuarterOfYear()	Date.WeekOfMonth()
Date.WeekOfYear()	DateTime.FromText()	DateTime.From()	DateTime.ToText()
DateTime.ToRecord()	DateTime.Date()	DateTime.Time()	DateTime.AddZone()
DateTime.LocalNow()	DateTime.FixedLocalNow()	DateTime.FromFileTime()	DateTimeZone.FromText()
DateTimeZone.From()	DateTimeZone.ToText()	DateTimeZone.ToRecord()	DateTimeZone.ZoneHours()
DateTimeZone.ZoneMinutes()	DateTimeZone.LocalNow()	DateTimeZone.UtcNow()	DateTimeZone.FixedLocalNow()
DateTimeZone.FixedUtcNow()	DateTimeZone.ToLocal()	DateTimeZone.ToUtc()	DateTimeZone.SwitchZone()
DateTimeZone.RemoveZone()	DateTimeZone.FromFileTime()	Time.FromText()	Time.From()
Time.ToText()	Time.ToRecord()	Time.Hour()	Time.Minute()
Time.Second()	Time.StartOfHour()	Time.EndOfHour()	Time.Type()
DateTime.Type()	DateTimeZone.Type()	Time.Type()	TimeZone.Current()

从图 6-3 不难发现：与 Excel 中的类别能对应的,Date 类函数最多,其次是 DateTime 类,最少的是 Time 类;Excel 中不存在的类别有 DateTimeZone 类和 Duration 类。

Excel 没有严格的类型要求,因此 = TODAY() + 3,= TODAY() + TIME(10,6,2)、= TODAY() * 2,= TIME(10,6,2) * 1.5 之类的运算都能正常返回结果。在 M 语言中,类似这种不同类型间的直接操作则会报错(因为 TODAY 是 Date 类的函数,TIME 是 Time 类的函数,Date 类与 Time 类的函数是不可以直接运算的,而且,不管是 Date 类还是 Time 类函数都不可以直接进行乘除运算),但是,Date 类、DateTime 类、Time 类、DateTimeZone 类的函数都可以直接与 Duration 类的函数进行运算,这就是为什么要引入 Duration 类函数的原因,而且,Duration 类的函数是可以直接进行乘除运算的。

2. 表达式与运算

查阅表 3-8 可知,图 6-3 中的 5 种类型,相同类型的数据间可进行对比运算及部分的算术表达式运算。

在 Excel 中,通过"数据"→"从表格"将数据导入 Power Query。在 Power Query 编辑器中,通过"添加列"→"自定义列",依次添加"相等、不相等、大于或等于、大于、小于或等于、小于"5 列,如图 6-4 所示。

	ABC 123 订单下单时间	ABC 123 运单确认时间	ABC 123 相等	ABC 123 不相等	ABC 123 大于等于	ABC 123 大于	ABC 123 小于等于	ABC 123 小于
1	2021-09-02 00:00:00	2021-09-04 14:53:56	FALSE	TRUE	TRUE	TRUE	TRUE	TRUE
2	2021-09-03 00:00:00	2021-09-04 14:53:58	FALSE	TRUE	TRUE	TRUE	TRUE	TRUE
3	2021-09-03 00:00:00	2021-09-04 14:53:58	FALSE	TRUE	TRUE	TRUE	TRUE	TRUE
4	2021-09-02 00:00:00	2021-09-04 14:53:58	FALSE	TRUE	TRUE	TRUE	TRUE	TRUE

图 6-4　添加自定义列

在 Power Query 编辑器中,通过"主页"→"高级编辑器"或"视图"→"高级编辑器"查看的完整代码如下:

```
//ch601 - 003
let
    源 = Excel.CurrentWorkbook(){[Name = "表 1"]}[Content],
    # " = " = Table.AddColumn(源, "相等", each
                [订单下单时间] = [运单确认时间]),
    # "<>" = Table.AddColumn( # " = ", "不相等", each
                [订单下单时间]<>[运单确认时间]),
    # ">= " = Table.AddColumn( # "<>", "大于或等于", each
                [运单确认时间]>= [订单下单时间]),
    # ">" = Table.AddColumn( # ">= ", "大于", each
                [运单确认时间]>[订单下单时间]),
    # "<= " = Table.AddColumn( # ">", "小于或等于", each
                [订单下单时间]<= [运单确认时间]),
    # "<" = Table.AddColumn( # "<= ", "小于", each
                [订单下单时间]<[运单确认时间])
in
    # "<"
```

复制上面代码中的第 1 行和第 2 行,然后在 Power Query 编辑器的左侧查询区的空白处,右击,"新建查询"→"其他源"→"新查询",再通过"主页"→"高级编辑器"或"视图"→"高级编辑器"选中空查询中的第 1 行和第 2 行,按 Ctrl＋V 进行代码替换,单击"完成"按钮,重新回到"Power Query 编辑器"界面。选择"订单下单时间"列,通过选择"主页"→"数据类型"→"日期",将"订单下单时间"列的数据类型转换为"日期",如图 6-5 所示。

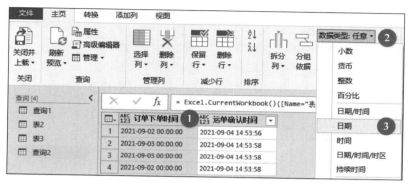

图 6-5　数据类型转换

通过"添加列"→"自定义列",依次添加"相等、小于"两列。返回的值如图 6-6 所示。

	订单下单时间	运单确认时间	等于	不等于	小于	小于等于	大于	大于等于
1	2021/9/2	2021/9/4 14:53:56	FALSE	TRUE	Error	Error	Error	Error
2	2021/9/3	2021/9/4 14:53:58	FALSE	TRUE	Error	Error	Error	Error
3	2021/9/3	2021/9/4 14:53:58	FALSE	TRUE	Error	Error	Error	Error
4	2021/9/2	2021/9/4 14:53:58	FALSE	TRUE	Error	Error	Error	Error

图 6-6　不同数据类型间的运算

从图 6-6 输出的结果来看,不同的时间类型之间可以运用相等表达式(＝、<>),但不可以运用关系表达式(>＝、>、<＝、<)。

3. 日期&时间列

在 Power Query 编辑器的菜单中,单击"转换"或"添加列"两个功能按钮进入后都能发现"从日期和时间"子组,里面有"日期、时间、持续时间"3 个选择按钮,如图 6-7 所示。

图 6-7　从日期和时间(1)

如 2.2.1 节所讲,在"转换"与"添加列"中有很多完全相同的功能,其区别在于:"转换"是在当前数据的基础上完成(不会产生新列)的,而"添加列"是在新增的列的基础上完成的,例如,"文本的格式、日期/时间、数据统计"等。所有与添加相关的函数,函数中一般会带有"Add"这个单词。例如,Table. AddColumn()、Table. AddIndexColumn()。

从"添加列"→"从日期和时间"查看"日期、时间、持续时间"的所有菜单内容,如图 6-8 所示。

图 6-8　从日期和时间(2)

查看图 6-8 中各菜单及子菜单的内容,以"日期"类函数为例,代码如下:

```
//ch601 - 004
let
    源 = #table({"Date"},{{ #date(2021,9,8)}}),
    年限 = Table.AddColumn(源,
            "年限",          //对应图 6 - 8 中的"年限"菜单
            each Date.From(DateTime.LocalNow()) - [Date],
            type duration),//0.00:00:00
    仅日期 = Table.AddColumn(年限,
            "仅日期",        //对应图 6 - 8 中的"仅日期"菜单
            each DateTime.Date([Date]),
            type date),    //2021/9/8
    年 = Table.AddColumn(仅日期,
            "年",
            each Date.Year([Date]),
            Int64.Type),   //2021
    年份开始值 = Table.AddColumn(年,
            "年份开始值",
            each Date.StartOfYear([Date]),
            type date),    //2021/1/1
    年份结束值 = Table.AddColumn(年份开始值,
```

```
                    "年份结束值",
                    each Date.EndOfYear([Date]),
                    type date),            //2021/12/31
      月  = Table.AddColumn(年份结束值,
             "月",
             each Date.Month([年份结束值]),
             Int64.Type),            //12
      月份开始值 = Table.AddColumn(月,
             "月份开始值",
             each Date.StartOfMonth([Date]),
             type date),            //2021/9/1
      月份结束值 = Table.AddColumn(月份开始值,
             "月份结束值",
             each Date.EndOfMonth([Date]),
             type date),            //2021/9/30
   一个月的某些日 = Table.AddColumn(月份结束值,
             "一个月的某些日",
             each Date.DaysInMonth([Date]),
             Int64.Type),            //30
      月份名称 = Table.AddColumn(一个月的某些日,
             "月份名称",
             each Date.MonthName([Date]),
             type text),            //九月
   一年的某一季度 = Table.AddColumn(月份名称,
             "一年的某一季度",
             each Date.QuarterOfYear([Date]),
             Int64.Type),            //3
      季度开始值 = Table.AddColumn(一年的某一季度,
             "季度开始值",
             each Date.StartOfQuarter([日期]),
             type date),
      季度结束值 = Table.AddColumn(季度开始值,
             "季度结束值",
             each Date.EndOfQuarter([Date]),
             type date),            //2021/9/30
   一年的某一周 = Table.AddColumn(季度结束值,
             "一年的某一周",
             each Date.WeekOfYear([Date]),
             Int64.Type),            //37
   一个月的某一周 = Table.AddColumn(一年的某一周,
             "一个月的某一周",
             each Date.WeekOfMonth([Date]),
             Int64.Type),            //2
      星期开始值 = Table.AddColumn(一个月的某一周,
             "星期开始值",
             each Date.StartOfWeek([Date]),
```

```
               type date),              //2021/9/6
        星期结束值 = Table.AddColumn(星期开始值,
               "星期结束值",
               each Date.EndOfWeek([Date]),
               type date),              //2021/9/12
        天 = Table.AddColumn(星期结束值,
               "天", each Date.Day([Date]),
               Int64.Type),             //8
        每周的某一日 = Table.AddColumn(天,
               "每周的某一日",
               each Date.DayOfWeek([Date]),
               Int64.Type),             //2
        一年的某一日 = Table.AddColumn(每周的某一日,
               "一年的某一日",
               each Date.DayOfYear([Date]),
               Int64.Type),             //251
        一天开始值 = Table.AddColumn(一年的某一日,
               "一天开始值",
               each Date.StartOfDay([Date]),
               type date),              //2021/9/8
        一天结束值 = Table.AddColumn(一天开始值,
               "一天结束值",
               each Date.EndOfDay([Date]),
               type date),              //2021/9/8
        星期几 = Table.AddColumn(一天结束值,
               "星期几",
               each Date.DayOfWeekName([Date]),
               type text)               //星期三
    in
        星期几
```

在日常的数据分析过程中,"年、月、日"(year、month、day)是最常用最基础的分析单位,在此基础上衍生的"季、周"(quarter、week)也是较常用的分析单位,但是,随着数据内容越来越丰富及时间智能的应用,出于对同比(年)、环比(月)、YTD(年度累计)、MTD(月度累计)等多维度的观测的需要,基础的年、月、日、季、周等函数已远不能满足分析的需要,在上述代码中类似 Date.EndOfYear()、Date.DaysInMonth()、Date.DayOfWeek()等更多的与日期相关的函数出现了。

需要提醒读者的是:在 M 语言中,日期和时间类的函数虽然数量较多但有规律可循,切不可因死记硬背而失去了学习的乐趣或动力,或因动力不足而未了解到某些待定场合下能快速解决问题的函数。

6.1.3　共性总结

日期常用的单位为"年、月、日",较常用的单位有"季、周";时间的常用单位为"时、分、秒",这些单位是日期和时间单位的核心。

日期和时间之间相辅相成，具备很多共性。以某一日期点或某一时间点为依据（IsIn），可有"过去、现在、将来"之分（Previous、Current、Next）；或以某一段日期或某一段时间为依据（PreviousN、CurrentN、NextN）。在此划分依据基础上加上常用的日期或时间单位（Year、Quarter、Month、Week、Day；Years、Quarters、Months、Weeks、Days；Hour、Minute、Second；Hours、Minutes、Seconds），从而形成了完整的日期和时间智能体系。例如，Date.IsInPreviousYear()、Date.IsInPreviousNYears()。

当面对的是某一段日期或某一段时间时，其必定会有一个开始日期与时间（StartOf）及结束日期与时间（EndOf），示意说明如图 6-9 所示。

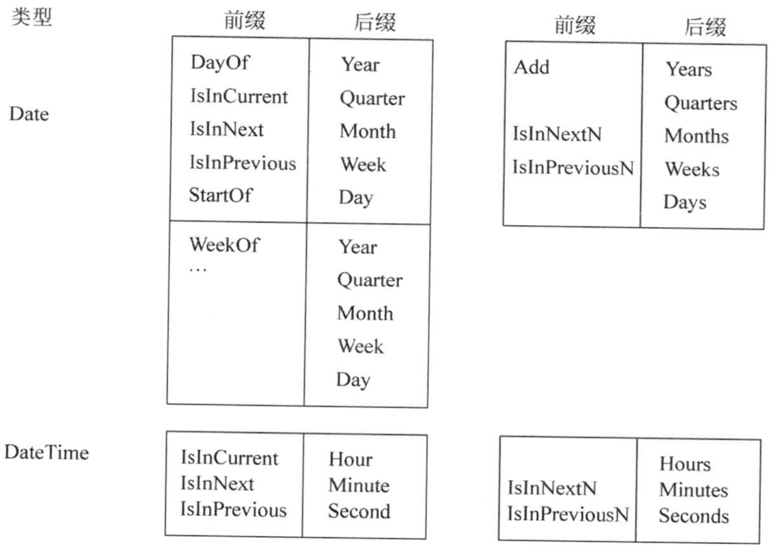

类型	前缀	后缀		前缀	后缀
Date	DayOf IsInCurrent IsInNext IsInPrevious StartOf	Year Quarter Month Week Day		Add IsInNextN IsInPreviousN	Years Quarters Months Weeks Days
	WeekOf …	Year Quarter Month Week Day			
DateTime	IsInCurrent IsInNext IsInPrevious	Hour Minute Second		IsInNextN IsInPreviousN	Hours Minutes Seconds

图 6-9　M 语言的时间智能函数体系

"无动态，不智能"。在了解了以上时间智能函数的构成规律及应用原理后，读者才能真正体会这些时间智能函数所带来的便利与乐趣。例如，从动态数据源中筛选本周的数据，代码如下：

```
= Table.SelectRows(源, each Date.IsInCurrentWeek([日期]))
```

详细说明与语法讲解见本章 6.3 节（日期）及 6.4 节（日期时间）。

6.2　日期

6.2.1　基本单位

年（Date.Year()）、月（Date.Month()）、日（Date.Day()）三者的语法结构类似。

以 Date.Day()函数的语法为例：

```
Date.Day(dateTime as any) as nullable number
```

语法说明：参数可为 date、datetime、datetimezone，返回的值为数字，代码如下：

```
= Date.Day( # date(2021,9,8))                              //8
= Date.Day( # datetime(2021,9,8,15,38,28))                //8
= Date.Day( # datetimezone(2021, 9, 8, 15, 38, 28, 8, 0)) //8
```

Date.Month()、Date.Year()函数的应用，代码如下：

```
= Date.Month( # date(2021,9,8))                              //9
= Date.Month( # datetime(2021,9,8,15,38,28))                //9
= Date.Month( # datetimezone(2021, 9, 8, 15, 38, 28, 8, 0)) //9
= Date.Year( # date(2021,9,8))                               //2021
= Date.Year( # datetime(2021,9,8,15,38,28))                 //2021
= Date.Year( # datetimezone(2021, 9, 8, 15, 38, 28, 8, 0))  //2021
```

6.2.2 含有 Name 的 Date 类函数

月份名(Date.MonthName())、星期几(Date.DayOfWeekName())二者的语法结构类似。

以 Date.MonthName()函数的语法为例：

```
Date.MonthName(date as any, optional culture as nullable text) as nullable text
```

应用举例，代码如下：

```
= Date.MonthName( # date(2021,9,8))                              //九月
/ * culture 参数说明：可省参数.
中文版第二个参数默认为"cn"或"cn-zh"；英文区域码可用"en"或"en-us".区域码对大小写不敏感.
用"en"、"en-us"、"EN"、"EN-US"或"eN"等各类情形都是允许的. * /

= Date.MonthName( # date(2021,9,8),"en")                        //September
= Date.MonthName( # datetime(2021,9,8,15,38,28))                //九月
= Date.MonthName( # datetimezone(2021,9,8,15,38,28,8,0))        //九月

= Date.DayOfWeekName( # date(2021,9,8))                         //星期三
= Date.DayOfWeekName( # datetime(2021,9,8,15,38,28))           //星期三
= Date.DayOfWeekName( # datetimezone (2021,9,8,15,38,28,8,0))  //星期三
```

6.2.3 含有 Add 的 Date 类函数

增加天数(Days)、星期数(Weeks)、月数(Months)、季数(Quarters)、年数(Years)的语

法结构类似。

以 Date.AddDays() 函数的语法为例：

```
Date.AddDays(dateTime as any, numberOfDays as number) as any
```

应用举例,代码如下:

```
= Date.AddDays( #date(2021, 9, 8), 3)        //2021/9/11
= Date.AddWeeks( #date(2021, 9, 8),3)        //2021/9/29
= Date.AddMonths( #date(2021, 9, 8),3)       //2021/12/8
= Date.AddQuarters( #date(2021, 9, 8),3)     //2022/6/8
= Date.AddYears( #date(2021, 9, 8),3)        //2024/9/8
```

在面临实际工作中不同的会计结算周期时,以上或后续类似的日期与时间智能函数将给计算与分析带来极大的便利。

6.2.4　含有 Start 的 Date 类函数

开始的日(Date.StartOfDay())、星期(Date.StartOfWeek())、月(Date.StartOfMonth())、季(Date.StartOfQuarter())、年(Date.StartOfYear())的语法结构类似。

以 Date.StartOfDay() 函数的语法为例：

```
Date.StartOfDay(dateTime as any) as any
```

应用举例,代码如下:

```
= Date.StartOfDay( #date(2021, 9, 8))        //2021/9/8
= Date.StartOfWeek( #date(2021, 9, 8))       //2021/9/6
= Date.StartOfMonth( #date(2021, 9, 8))      //2021/9/1
= Date.StartOfQuarter( #date(2021, 9, 8))    //2021/7/1
= Date.StartOfYear( #date(2021, 9, 8))       //2021/1/1
```

6.2.5　含有 End 的 Date 类函数

结束的日(Date.EndOfDay())、星期(Date.EndOfWeek())、月(Date.EndOfMonth())、季(Date.EndOfQuarter())、年(Date.EndOfYear())的语法结构类似。

以 Date.EndOfDay() 函数的语法为例：

```
Date.EndOfDay(dateTime as any) as any
```

应用举例,代码如下:

```
= Date.EndOfDay(#date(2021, 9, 8))        //2021/9/8
= Date.EndOfWeek(#date(2021, 9, 8))       //2021/9/12
= Date.EndOfMonth(#date(2021, 9, 8))      //2021/9/30
= Date.EndOfQuarter(#date(2021, 9, 8))    //2021/9/30
= Date.EndOfYear(#date(2021, 9, 8))       //2021/12/31
```

6.2.6　含有 IsIn 的 Date 类函数

1. IsInCurrent

所有含 Is 的函数返回的值均为 true 或 false,这些布尔值(true/false)在条件表达式中常作为判定的条件,Is 为"是否"的意思;In 为"在……内",IsIn 用于查看是否包含符合条件的值。

是否包含:当前日(Date.IsInCurrentDay())、当前星期(Date.IsInCurrentWeek())、当前月(Date.IsInCurrentMonth())、当前季(Date.IsInCurrentQuarter())、当前年(Date.IsInCurrentYear())及年初值(Date.IsInYearToDate())的语法结构类似。

以 Date.IsInCurrentDay()函数的语法为例:

```
Date.IsInCurrentDay(dateTime as any) as nullable logical
```

应用举例,代码如下:

```
= Date.IsInCurrentDay(DateTime.FixedLocalNow())      //true
= Date.IsInCurrentWeek(DateTime.FixedLocalNow())     //true
= Date.IsInCurrentMonth(DateTime.FixedLocalNow())    //true
= Date.IsInCurrentQuarter(DateTime.FixedLocalNow())  //true
= Date.IsInCurrentYear(DateTime.FixedLocalNow())     //true
= Date.IsInYearToDate(DateTime.FixedLocalNow())      //true
```

在以上代码中 DateTime.FixedLocalNow()函数的语法说明如下:

```
DateTime.FixedLocalNow() as datetime
```

说明:返回并设置为系统的当前日期和时间的 datetime 固定值,它不会随着连续调用而更改,这是有别于 DateTime.LocalNow()函数的地方。

在 Excel 中,通过"数据"→"从表格"将数据导入 Power Query。在 Power Query 编辑器中,通过"添加列"→"自定义列"依次生成"日、周、月、季、年"5 列,如图 6-10 所示。

	📅 日期	ABC 123 日	ABC 123 周	ABC 123 月	ABC 123 季	ABC 123 年
1	2021/9/6	FALSE	TRUE	TRUE	TRUE	TRUE
2	2021/9/2	FALSE	FALSE	TRUE	TRUE	TRUE
3	2021/9/1	FALSE	FALSE	TRUE	TRUE	TRUE
4	2021/8/31	FALSE	FALSE	FALSE	TRUE	TRUE

图 6-10　当年日期判断(1)

在 Power Query 编辑器中,通过"主页"→"高级编辑器"或"视图"→"高级编辑器"查看的完整代码如下:

```
//ch602 - 012
let
    源 = Excel.CurrentWorkbook(){[Name = "表 2"]}[Content],
    类型 = Table.TransformColumnTypes(源,{{"日期", type date}}),
    当前日 = Table.AddColumn(类型, "日", each Date.IsInCurrentDay([日期])),
    当前周 = Table.AddColumn(当前日, "周", each Date.IsInCurrentWeek([日期])),
    当前月 = Table.AddColumn(当前周, "月", each Date.IsInCurrentMonth([日期])),
    当前季 = Table.AddColumn(当前月, "季", each Date.IsInCurrentQuarter([日期])),
    当前年 = Table.AddColumn(当前季, "年", each Date.IsInCurrentYear([日期]))
in
    当前年
```

true 与 false 值在条件表达式中常作为判定的条件。在 Excel 中,通过"数据"→"从表格"将数据导入 Power Query。在 Power Query 编辑器中,通过"添加列"→"自定义列"依次生成"日、周、月、季、年"5 列,如图 6-11 所示。

	合同到...	日	周	月	季	年
1	2021/9/6	null	本周到期	本月到期	本季到期	今年到期
2	2021/10/12	null	null	null	null	今年到期
3	2021/11/21	null	null	null	null	今年到期
4	2022/1/30	null	null	null	null	null

图 6-11 当年日期判断(2)

在 Power Query 编辑器中,通过"主页"→"高级编辑器"或"视图"→"高级编辑器"查看的完整代码如下:

```
//ch602 - 013
let
    源 = Excel.CurrentWorkbook(){[Name = "表 3"]}[Content],
    类型 = Table.TransformColumnTypes(源,{{"合同到期日", type date}}),
    //当前日期为 2021/9/9
    日 = Table.AddColumn(类型, "日", each if Date.IsInCurrentDay([合同到期日]) then "今日
到期" else null),
    周 = Table.AddColumn(日, "周", each if Date.IsInCurrentWeek([合同到期日])  then "本周
到期" else null),
    月 = Table.AddColumn(周, "月", each if Date.IsInCurrentMonth([合同到期日])  then "本月
到期" else null),
    季 = Table.AddColumn(月, "季", each if Date.IsInCurrentQuarter([合同到期日])  then "本
季到期" else null),
    年 = Table.AddColumn(季, "年", each if Date.IsInCurrentYear([合同到期日])  then "今年
到期" else null)
in
    年
```

2. IsInNext

明日(Date. IsInNextDay())、下周(Date. IsInNextWeek())、下月(Date. IsInNextMonth())、下季(Date. IsInNextQuarter())、明年(Date. IsInNextYear())的语法结构类似。

以 Date. IsInNextDay()函数的语法为例:

```
Date. IsInNextDay(dateTime as any) as nullable logical
```

应用举例,代码如下:

```
= Date. IsInNextDay(Date. AddDays(DateTime. FixedLocalNow(), 1))          //true
= Date. IsInNextDay(Date. AddDays(DateTime. FixedLocalNow(), 2))          //false
= Date. IsInNextWeek(Date. AddDays(DateTime. FixedLocalNow(), 7))         //true
= Date. IsInNextMonth(Date. AddMonths(DateTime. FixedLocalNow(), 1))      //true
= Date. IsInNextQuarter(Date. AddQuarters(DateTime. FixedLocalNow(), 1))  //true
= Date. IsInNextYear(Date. AddYears(DateTime. FixedLocalNow(), 1))        //true
```

在 Excel 中,通过"数据"→"从表格"将数据导入 Power Query。在 Power Query 编辑器中,通过"添加列"→"自定义列"依次生成"明日、下周、下月、下季、明年"5 列,如图 6-12 所示。

▦	▦ 日期 ▼	ABC 123 明日 ▼	ABC 123 下周 ▼	ABC 123 下月 ▼	ABC 123 下季 ▼	ABC 123 明年 ▼
1	2021/9/6	FALSE	FALSE	FALSE	FALSE	FALSE
2	2021/9/12	FALSE	FALSE	FALSE	FALSE	FALSE
3	2021/10/1	FALSE	FALSE	TRUE	TRUE	FALSE
4	2022/1/31	FALSE	FALSE	FALSE	FALSE	TRUE

图 6-12　当年日期判断(3)

在 Power Query 编辑器中,通过"主页"→"高级编辑器"或"视图"→"高级编辑器"查看的完整代码如下:

```
//ch602 - 015
let
    源 = Excel.CurrentWorkbook(){[Name = "表 4"]}[Content],
    类型 = Table. TransformColumnTypes(源,{{"日期", type date}}),
    明日 = Table. AddColumn(类型, "明日", each Date. IsInNextDay([日期])),
    下周 = Table. AddColumn(明日, "下周", each Date. IsInNextWeek([日期])),
    下个月 = Table. AddColumn(下周, "下月", each Date. IsInNextMonth([日期])),
    下季 = Table. AddColumn(下个月, "下季", each Date. IsInNextQuarter([日期])),
    明年 = Table. AddColumn(下季, "明年", each Date. IsInNextYear([日期]))
in
    明年
```

3. IsInNextN

N 是 Number 的缩写,代表的是数量。例如,NextNDays 代表的是接下来的天数。接下来的天数(Date.IsInNextNDays())、接下来的周数(Date.IsInNextNWeeks())、接下来的月数(Date.IsInNextNMonths())、接下来的季数(Date.IsInNextNQuarters())、接下来的年数(Date.IsInNextNYears())的语法结构类似。

以 Date.IsInNextNDays() 函数的语法为例:

```
Date.IsInNextNDays(dateTime as any, days as number) as nullable logical
```

应用举例,代码如下:

```
= Date.IsInNextNDays(Date.AddDays(DateTime.FixedLocalNow(),1),2)
//true
= Date.IsInNextNWeeks(Date.AddDays(DateTime.FixedLocalNow(),7),2)
//true
= Date.IsInNextNMonths(Date.AddMonths(DateTime.FixedLocalNow(),1),2)
//true
= Date.IsInNextNQuarters(Date.AddQuarters(DateTime.FixedLocalNow(),1),2)
//true
= Date.IsInNextNYears(Date.AddYears(DateTime.FixedLocalNow(),1),2)
//true
```

4. IsInPrevious

时间是有过去(Previous)、现在(Current)和未来(Next)之分的。时间的周期有日(Day)、星期(Week)、月(Month)、季(Quarter)、年(Year)之分。

在 M 语言中,Date.IsInPreviousDay()、Date.IsInPreviousWeek()、Date.IsInPreviousMonth()、Date.IsInPreviousQuarter()、Date.IsInPreviousYear()这 5 种函数的语法结构类似。

以 Date.IsInPreviousDay() 函数的语法为例:

```
Date.IsInPreviousDay(dateTime as any) as nullable logical
```

假如今天是 2021/9/10。在 Power Query 编辑器中,通过"添加列"→"自定义列"依次生成"明日、下周、下月、下季、明年"5 列,如图 6-13 所示。

	日期	昨日	上周	上月	上季	去年
1	2021/9/9	是				
2	2021/9/2		是			
3	2021/8/10			是		
4	2021/6/11				是	
5	2020/8/25					是

图 6-13　新增列

在 Power Query 编辑器中,通过"主页"→"高级编辑器"或"视图"→"高级编辑器"查看的完整代码如下:

```
//ch602 - 017
let
    源 = #table(
            {"日期"},
            {
                {Date.From(Date.AddDays(DateTime.FixedLocalNow(), - 1))},
                {Date.From(Date.AddDays(DateTime.FixedLocalNow(), - 8))},
                {Date.From(Date.AddDays(DateTime.FixedLocalNow(), - 31))},
                {Date.From(Date.AddDays(DateTime.FixedLocalNow(), - 91))},
                {Date.From(Date.AddDays(DateTime.FixedLocalNow(), - 381))}
            }),
    昨天 = Table.AddColumn(源, "昨日", each
            if Date.IsInPreviousDay([日期]) then "是" else ""
            ),
    上星期 = Table.AddColumn(昨天, "上周", each
            if Date.IsInPreviousWeek([日期]) then "是" else ""
            ),
    上个月 = Table.AddColumn(上星期, "上月", each
            if Date.IsInPreviousMonth([日期]) then "是" else ""
            ),
    上季 = Table.AddColumn(上个月, "上季", each
            if Date.IsInPreviousQuarter([日期]) then "是" else ""
            ),
    去年 = Table.AddColumn(上季, "去年", each
            if Date.IsInPreviousYear([日期]) then "是" else ""
            )
in
    去年
```

5. IsInPreviousN

NextNDays 代表的是接下来的天数,PreviousN 代表的是在此之前的天数。在此之前的 N 天数(Date.IsInPreviousNDays())、在此之前的 N 周数(Date.IsInPreviousWeeks())、在此之前的 N 月数(Date.IsInPreviousNMonths())、在此之前的 N 季数(Date.IsInPreviousNQuarters())、在此之前的 N 年数(Date.IsInPreviousNYears())的语法结构类似,其语法与用法与 Date.IsInNextNDays()等函数类似。

6.2.7 含有 DayOf 的 Date 类函数

Date.DayOfWeek()函数返回数字(介于 0~6)以指明提供的值是星期几。Date.DayOfYear()函数从 DateTime 值返回一个数字,此数字表示一年中的第几日。

Date.DayOfWeek()函数的语法如下:

```
Date.DayOfWeek(
    dateTime as any,
    optional firstDayOfWeek as nullable number
) as nullable number
```

Date.DayOfWeek()函数应用举例,代码如下:

```
= Date.DayOfWeek( # date(2021,9,10),Day.Sunday)      //5, 将星期日视为一周的第一天
= Date.DayOfWeek( # date(2021,9,10),Day.Monday)      //4, 将星期一视为一周的第一天
```

Date.DayOfYear()函数应用举例,代码如下:

```
= Date.DayOfYear( # date(2021,9,10))      //253
```

6.2.8　含有 WeekOf 的 Date 类函数

Date.WeekOfMonth()函数返回一个介于 1～5 的数值,该数值指示日期 dateTime 属于月份中的哪一周。Date.WeekOfYear()函数返回一个介于 1～54 的数值,该数值指示日期 dateTime 属于年份中的哪一周。

Date.WeekOfMonth()函数应用举例,代码如下:

```
= Date.WeekOfMonth( # date(2021,9,10))      //2
```

Date.WeekOfYear()函数应用举例,代码如下:

```
= Date.WeekOfYear( # date(2021,9,10))      //37
```

6.2.9　含有 To 的 Date 类函数

1. Date.ToText()

Date.ToText()函数的语法如下:

```
Date.ToText(
    date as nullable date,
    optional format as nullable text,
    optional culture as nullable text
) as nullable text
```

第一个参数为日期值,必选参数;第二个和第三个参数为可选参数。第二个参数为"y(年)、M(月)、d(日)"格式文本;第三个参数为"cn、en"等区域文本。

第二个参数的各种用法举例,参数值为年(y)的用法,如图 6-14 所示。

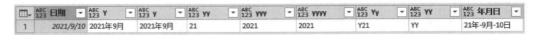

图 6-14　年

在"高级编辑器"中查看的完整代码如下：

```
//ch602 - 020
let
    源 = #table({"日期"},{{ #date(2021,9,10)}}),
    Y = Table.AddColumn(源, "Y", each Date.ToText([日期],"Y")),
    y = Table.AddColumn(Y, "y", each Date.ToText([日期],"y")),
    yy = Table.AddColumn(y, "yy", each Date.ToText([日期],"yy")),
    yyy = Table.AddColumn(yy, "yyy", each Date.ToText([日期],"yyy")),
    yyyy = Table.AddColumn(yyy, "yyyy", each Date.ToText([日期],"yyyy")),
    Yy = Table.AddColumn(yyyy, "Yy", each Date.ToText([日期],"Yy")),
    YY = Table.AddColumn(Yy, "YY", each Date.ToText([日期],"YY")),
    yMd = Table.AddColumn(YY, "年月日", each Date.ToText([日期],"y年-M月-d日"))
in
    yMd
```

第二个参数的各种用法举例，参数值为月（M）的用法，如图 6-15 所示。

日期	m	M	MM	MMM	MMMM	Mm	mm
2021/9/10	9月10日	9月10日	09	9月	九月	90	00

图 6-15　月

在"高级编辑器"中查看的完整代码如下：

```
//ch602 - 021
let
    源 = #table({"日期"},{{ #date(2021,9,10)}}),
    m = Table.AddColumn(源, "m", each Date.ToText([日期],"m")),
    M = Table.AddColumn(m, "M", each Date.ToText([日期],"M")),
    MM = Table.AddColumn(M, "MM", each Date.ToText([日期],"MM")),
    MMM = Table.AddColumn(MM, "MMM", each Date.ToText([日期],"MMM")),
    MMMM = Table.AddColumn(MMM, "MMMM", each Date.ToText([日期],"MMMM")),
    Mm = Table.AddColumn(MMMM, "Mm", each Date.ToText([日期],"Mm")),
    mm = Table.AddColumn(Mm, "mm", each Date.ToText([日期],"mm"))
in
    mm
```

第二个参数的各种用法举例，参数值为日（d）的用法，如图 6-16 所示。

参数值为日（d）的完整代码类似于年（y）的用法，此处省略。

图 6-16　日

2. Date.ToRecord()

Date.ToRecord()函数的语法如下：

```
Date.ToRecord(date as date) as record
```

说明：Date.ToRecord()函数返回包含 Date 值的各部分的记录。

应用举例，代码如下：

```
Date.ToRecord(#date(2021,9,10))
```

返回的值为[Year=2021,Month=9,Day=10]。

6.3　日期时间语法

在 M 语言中，构建日期时间的语法为 #datetime(年,月,日,时,分,秒)，它由年、月、日、时、分、秒这 6 个最基础的必选参数构成，代码如下：

```
#datetime(2021,9,10,18,38,28)          //2021/9/10 18:38:28
```

6.3.1　基本单位

在 2021/9/10 18:38:28 中，它由日期（2021/9/10）和时间（18:38:28）两部分构成。对应的函数为 DateTime.Date()和 DateTime.Time()。

应用举例，代码如下：

```
= DateTime.Date(#datetime(2021,9,10,18,38,28))   //2021/9/10
= DateTime.Time(#datetime(2021,9,10,18,38,28))   //18:38:28
```

6.3.2　含有 Add 的 DateTime 类函数

DateTime.AddZone()函数将 timezonehours 添加为输入日期时间值的偏移量，并返回新的 datetimezone 值，语法如下：

```
DateTime.AddZone(
    dateTime as nullable datetime,
    timezoneHours as number,
```

```
    optional timezoneMinutes as nullable number
) as nullable datetimezone
```

应用举例,代码如下:

```
= DateTime.AddZone(#datetime(2021,9,10,18,38,28),1,30)
//2021/9/10 18:38:28 + 01:30
```

将 #datetime(2021,9,10,18,38,28)的时区信息设置为 1 小时 30 分钟。

6.3.3 含有 IsIn 的 DateTime 类函数

与 Date 类函数类似,DateTime 类函数中也有 IsIn(是否在……里面)的智能函数,并且同样存在 Current(当前的)、Next(接下来的)、Previous(以前的)、NextN 和 Previous 等。

与 Date 类函数的区别,DateTime 类函数智能分析的对象为时(Hour)、分(Minute)、秒(Second)。

1. 含有 Current 的 DateTime 类函数

在 M 语言中,与 Current 相关的 DateTime 类函数共有 3 个,分别为 DateTime.IsInCurrentHour()、DateTime.IsInCurrentMinute()、DateTime.IsInCurrentSecond()。

应用举例,代码如下:

```
= DateTime.IsInCurrentHour(#datetime(2021,9,10,18,38,28))
= DateTime.IsInCurrentMinute(#datetime(2021,9,10,18,38,28))
= DateTime.IsInCurrentSecond(#datetime(2021,9,10,18,38,28))
```

2. 含有 Next 的 DateTime 类函数

在 M 语言中,与 Next 相关的 DateTime 类函数共有 3 个,分别为 DateTime.IsInNextHour()、DateTime.IsInNextMinute()、DateTime.IsInNextSecond()。

应用举例,代码如下:

```
= DateTime.IsInNextHour(#datetime(2021,9,10,18,38,28))
= DateTime.IsInNextMinute(#datetime(2021,9,10,18,38,28))
= DateTime.IsInNextSecond(#datetime(2021,9,10,18,38,28))
```

3. 含有 NextN 的 DateTime 类函数

与 NextN 相关的 DateTime 类函数共有 3 个,分别为 DateTime.IsInNextNHours()、DateTime.IsInNextNMinutes()、DateTime.IsInNextNSeconds()。

应用举例,代码如下:

```
= DateTime.IsInNextNHours(#datetime(2021,9,10,18,38,28),3)
= DateTime.IsInNextNMinutes(#datetime(2021,9,10,18,38,28),3)
= DateTime.IsInNextNSeconds(#datetime(2021,9,10,18,38,28),3)
```

4. 含有 Previous 的 DateTime 类函数

与 Previous 相关的 DateTime 类函数共有 3 个,分别为 DateTime. IsInPreviousHour()、DateTime. IsInPreviousMinute()、DateTime. IsInPreviousSecond()。

应用举例,代码如下:

```
= DateTime.IsInPreviousHour( # datetime(2021,9,10,18,38,28))
= DateTime.IsInPreviousMinute( # datetime(2021,9,10,18,38,28))
= DateTime.IsInPreviousSecond( # datetime(2021,9,10,18,38,28))
```

5. 含有 PreviousN 的 DateTime 类函数

与 PreviousN 相关的 DateTime 类函数共有 3 个,分别为 DateTime. IsInPreviousNHours()、DateTime. IsInPreviousNMinutes()、DateTime. IsInPreviousNSeconds()。

应用举例,代码如下:

```
= DateTime.IsInPreviousNHours( # datetime(2021,9,10,18,38,28),3)
= DateTime.IsInPreviousNMinutes( # datetime(2021,9,10,18,38,28),3)
= DateTime.IsInPreviousNSeconds( # datetime(2021,9,10,18,38,28),3)
```

6.3.4 含有 From 的 DateTime 类函数

在 M 语言中,与 From 相关的 DateTime 类函数共有 4 个,用于不同数据类型间的转换,分别为 DateTime. From()、DateTime. FromText()、DateTime. FromFileTime()、DateTime. FixedLocalTime()。最常用的两个函数为 DateTime. From()、DateTime. FromText()。

DateTime. From()函数的语法如下:

```
DateTime.From(
    value as any,
    optional culture as nullable text
) as nullable datetime
```

说明:第一个参数为必选参数,可为文本(格式:y/M/d)、date、datetimezone、time、number、null。第二个参数为区域选项参数,为可选参数,可为 en、cn 等,返回的值为 datetime。

应用举例,代码如下:

```
= DateTime.From( # time(18, 38, 28))      //1899/12/30 18:38:28
= DateTime.From( # date(2021,9, 10))      //2021/9/10 0:00:00
= DateTime.From("2021/9/10")              //2021/9/10 0:00:00
= DateTime.From("2021/9/10","en")         //2021/9/10 0:00:00
= DateTime.From(44449)                     //2021/9/10 0:00:00
```

DateTime.FromText()函数的语法如下：

```
DateTime.FromText(
    text as nullable text,
    optional culture as nullable text
) as nullable datetime
```

应用举例，代码如下：

```
= DateTime.FromText("2021－9－10T18:38:28")    //2021/9/10 18:38:28
= DateTime.FromText("2021－9－10T18:38")       //2021/9/10 18:38:00
= DateTime.FromText("20210910T183828")        //2021/9/10 18:38:28

= DateTime.FromText(Text.Middle("968888202109100886",6,8)&("T183828"))
//2021/9/10 18:38:28
```

6.4　时间

时间的基本单位为时（Hour）、分（Minute）、秒（Second）。

6.4.1　基本单位

Time.Hour()、Time.Minute()、Time.Second()三者的语法结构类似。
以 Time.Hour()函数的语法为例：

```
Time.Hour(dateTime as any) as nullable number
```

参数 dateTime 的数据类型可为 time、datetime、datetimezone，返回的值为 hour。
应用举例，代码如下：

```
= Time.Hour(#datetime(2021,9,10,18,38,28))     //18
= Time.Minute (#datetime(2021,9,10,18,38,28))  //38
= Time.Second (#datetime(2021,9,10,18,38,28))  //28
```

6.4.2　起止

与 Date 类函数中的 Date.StartOfYear()、Date.EndOfYear()函数的规则类似，Time 类函数中的 Time.StartOfHour()、Time.EndOfHour()函数用于返回时间期间（hour）的起始值和结束值。
以 Time.Hour()函数的语法为例：

```
Time.StartOfHour(dateTime as any) as any
```

应用举例,代码如下:

```
= Time.StartOfHour(#datetime(2021,9,10,18,38,28))
//2021/9/10 18:00:00

= Time.StartOfHour(#time(18,38,28))   //18:00:00

= Time.EndOfHour(#datetime(2021,9,10,18,38,28))
//2021-09-10T18:59:59.9999999

= Time.EndOfHour(#time(18,38,28))   //18:59:59.9999999
```

6.4.3 含有 From 的 Time 类函数

M 语言函数中含 From 单词的函数多用于不同数据类型或不同数据结构间的转换。Time 类函数中存在 From 的函数有两个: Time.From()、Time.FromText()。

Time.From()函数的语法如下:

```
Time.From(
    value as any,
    optional culture as nullable text
) as nullable time
```

说明:第一个参数为必选参数,可为文本(格式:h、m、s)、datetime、datetimezone、number、null。第二个参数为区域选项参数,为可选参数,可为 en、cn 等,返回的值为 time。

应用举例,代码如下:

```
= Time.From(0.776713)                          //18:38:28.0032000
= Time.From(#datetime(2021,9,10,18,38,28))     //18:38:28
```

Time.FromText()函数的语法如下:

```
Time.FromText(
    text as nullable text,
    optional culture as nullable text
) as nullable time
```

应用举例,代码如下:

```
= Time.FromText("18:38:28")   //18:38:28
= Time.FromText("183828")     //18:38:28
= Time.FromText("18")         //18:00:00
```

6.4.4　含有 To 的 Time 类函数

与 From 类似，M 语言函数中含 To 单词的函数多用于不同数据类型或不同数据结构间的转换。Time 类函数中存在 To 的函数有两个：Time.ToRecord()、Time.ToText()。Time.ToRecord()函数的语法如下：

```
Time.ToRecord(time as time) as record
```

应用举例，代码如下：

```
= Time.ToRecord( #time(18, 38, 28))
```

返回的值为[Hour=18,Minute=38,Second=28]。
Time.ToText()函数的语法如下：

```
Time.ToText(
    time as nullable time,
    optional format as nullable text,
    optional culture as nullable text
) as nullable text
```

应用举例，代码如下：

```
= Time.ToText( #time(18,38,28))          //18:38
= Time.ToText( #time(18,38,28),"hh:mm")  //18:38
= Time.ToText( #time(18,38,28),"hh:mm:ss") //18:38:28
```

6.5　时区时间

UTC(协调世界时)，即世界标准时间，是格林尼治所在地的标准时间。时区(TimeZone)是根据世界各国家与地区不同的经度而划分的时间定义，全球共分为 24 个时区。时区每隔 15°划分为一个。例如，北京在东半球的第 8 个时区，东八区(UTC/GMT+08:00)是比世界协调时间(UTC)/格林尼治时间(GMT)快 8h 的时区(格林尼治时间比北京时间晚 8h)，北京时间为 UTC+8，它是 DateTimeZone 类函数的来源。

6.5.1　基本单位

在 M 语言中,基本的时区单位有 ZoneHours、ZoneMinutes。相关函数共有两个,分别为 DateTimeZone. ZoneHours ( )（从 DateTime 值返回时区小时值）、DateTimeZone. ZoneMinutes()（从 DateTime 值返回时区分钟值）。

以 DateTimeZone. ZoneHours()函数为例,语法如下：

```
DateTimeZone.ZoneHours(
    dateTimeZone as nullable datetimezone
) as nullable number
```

应用举例,代码如下：

```
= DateTimeZone.ZoneHours(DateTimeZone.From("2021 - 9 - 10T18:38:28 + 08:00") )
//8

= DateTimeZone.ZoneMinutes(DateTimeZone.From("2021 - 9 - 10T18:38:28 + 08:00") )
//0
```

6.5.2　含有 From 的 DateTimeZone 类函数

函数中含 From 单词的函数多用于数据类型或结构的转换。

DateTimeZone 类函数中含 From 的函数共有两个,分别为 DateTimeZone. From()（从给定值返回 datetimezone 值）、DateTimeZone. FromText()（从给定值返回 datetimezone 值）。

DateTimeZone. From()函数的语法如下：

```
DateTimeZone.From(
    value as any,
    optional culture as nullable text
) as nullable datetimezone
```

说明：第一个参数为必选参数,可为文本（datetimezone）、date、datetime、time、number、null。第二个参数为区域选项参数,为可选参数,可为 en、cn 等,返回的值为 datetimezone。

应用举例,代码如下：

```
= DateTimeZone.From("2021 - 9 - 10T18:38:28 + 08:00")
//2021/9/10 18:38:28 + 08:00
```

DateTimeZone. FromText()函数的语法如下：

```
DateTimeZone.FromText(
    text as nullable text,
```

```
    optional culture as nullable text
) as nullable datetimezone
```

应用举例,代码如下:

```
= DateTimeZone.FromText("2021 - 9 - 10T18:38:28 + 08:00")
//2021/9/10 18:38:28 + 08:00
```

6.5.3　含有 To 的 DateTimeZone 类函数

与 From 类似,M 语言函数中含 To 单词的函数多用于不同数据类型或不同数据结构间的转换。DateTimeZone 类函数中存在 To 的函数共有 4 个,分别为 DateTimeZone. ToLocal()、DateTimeZone. ToRecord()、DateTimeZone. ToText()、DateTimeZone. ToUtc()。相关语法不再赘述。

6.5.4　含有 Now 的 DateTimeZone 类函数

DateTimeZone 类函数中存在 Now 的函数共有两个(使用频率很低),分别为 DateTimeZone. UtcNow()、DateTimeZone. LocalNow(),相关语法不再赘述。

6.5.5　含有 Fixed 的 DateTimeZone 类函数

DateTimeZone 类函数中存在 Fix + Now 的函数共有两个(使用频率很低),分别为 DateTimeZone. FixedLocalNow()、DateTimeZone. FixedUtcNow(),相关语法不再赘述。

6.6　持续时间

持续时间的基本单位为日(Day)、时(Hour)、分(Minute)、秒(Second),其基本语法结构为：#duration(日,时,分,秒)。

M 语言的函数是强类型的,不同类型的函数不可做加减等运算,并且在一些同类型的非文本的函数间也不可以做加法运算,例如,Date 与 Date 函数之数值的相加。为了解决强日期与时间函数类型间的运算问题,在 M 语言中引入了 Duration 类函数。通过 Duration 类函数,可解决的问题如表 6-4 所示。

表 6-4　Duration 类函数的运算

运　算　符	可进行运算的数据类型
＋	(date、time、datetime、datetimezone) + duration
	duration + (date、time、datetime、datetimezone)
	duration + duration

续表

运　算　符	可进行运算的数据类型
—	(date、time、datetime、datetimezone) — duration
	duration — duration
*	duration * number（乘法）
	number * duration（乘法）
/	duration / number（除法）

注意：在 M 语言中，date-date、datetime-datetime、time-time、datetimzone-datetimezone 是允许的；date&time 也是允许的。

6.6.1　持续时间基础知识

1. 基本单位

获取持续时间中的日（Day）、时（Hour）、分（Minute）、秒（Second）数据，可用 Duration. Days()（获取天数）、Duration. Hours()（获取小时数）、Duration. Minutes()（获取分钟数）、Duration. Seconds()（获取秒数），这 4 个函数的语法结构类似。

以 Duration. Days()函数为例，语法如下：

```
Duration.Days(duration as nullable duration) as nullable number
```

应用举例，代码如下：

```
= Duration.Days( #duration(10,18,38,28))       //10
= Duration.Hours( #duration(10,18,38,28))      //18
= Duration.Minutes( #duration(10,18,38,28))    //38
= Duration.Seconds( #duration(10,18,38,28))    //28
```

在 Excel 中，通过"数据"→"从表格"将数据导入 Power Query。在 Power Query 编辑器中，通过"添加列"→"自定义列"依次生成"相减值、持续天数、小时数、分钟数、秒数"5 列，如图 6-17 所示。

	发车时间 ▼	收货时间 ▼	ABC 123 相减值 ▼	ABC 123 持续天数 ▼	ABC 123 小时数 ▼	ABC 123 分钟数 ▼	ABC 123 秒数 ▼
1	2021/9/2 0:00:00	2021/9/4 15:01:53	2.15:01:53	2	15	1	53
2	2021/9/3 0:00:00	2021/9/4 14:55:05	1.14:55:05	1	14	55	5
3	2021/9/1 0:00:00	2021/9/4 14:55:05	3.14:55:05	3	14	55	5
4	2021/8/31 9:49:01	2021/9/3 9:51:27	3.00:02:26	3	0	2	26

图 6-17　持续时间(1)

在 Power Query 编辑器中，通过"主页"→"高级编辑器"或"视图"→"高级编辑器"查看的完整代码如下：

```
//ch606 - 042
let
    源 = Excel.CurrentWorkbook(){[Name = "表5"]}[Content],
    类型 = Table.TransformColumnTypes(源,{{"发车时间", type datetime}, {"收货时间", type
datetime}}),
    相减 = Table.AddColumn(类型, "相减值", each [收货时间]-[发车时间]),
    天数 = Table.AddColumn(相减, "持续天数", each Duration.Days([相减值])),
    小时数 = Table.AddColumn(天数, "小时数", each Duration.Hours([相减值])),
    分钟数 = Table.AddColumn(小时数, "分钟数", each Duration.Minutes([相减值])),
    秒数 = Table.AddColumn(分钟数, "秒数", each Duration.Seconds([相减值]))
in
    秒数
```

2. 基本单位与总时间

在 M 语言中，获取持续时间中的总时间的函数共有 4 个，分别为 Duration.TotalDays()（总天数）、Duration.TotalHours()（总小时数）、Duration.TotalMinutes()（总分钟数）、Duration.TotalSeconds()（总秒数），这 4 个函数的语法结构类似。

以 Duration.TotalDays()函数为例，语法如下：

```
Duration.TotalDays(duration as nullable duration) as nullable number
```

继续上面的以"表6"的数据源为例，通过"添加列"→"自定义列"依次生成"相减值、总天数、总小时数、总分钟数、总秒数"5 列，如图 6-18 所示。

	发车时间	收货时间	相减值	总天数	总小时数	总分钟数	总秒数
1	2021/9/2 0:00:00	2021/9/4 15:01:53	2.15:01:53	2.62630787	63.03138889	3781.883333	226913
2	2021/9/3 0:00:00	2021/9/4 14:55:05	1.14:55:05	1.621585648	38.91805556	2335.083333	140105
3	2021/9/1 0:00:00	2021/9/4 14:55:05	3.14:55:05	3.621585648	86.91805556	5215.083333	312905
4	2021/8/31 9:49:01	2021/9/3 9:51:27	3.00:02:26	3.001689815	72.04055556	4322.433333	259346

图 6-18　持续时间(2)

在 Power Query 编辑器中，通过"主页"→"高级编辑器"或"视图"→"高级编辑器"查看的完整代码如下：

```
//ch606 - 043
let
    源 = Excel.CurrentWorkbook(){[Name = "表5"]}[Content],
    类型 = Table.TransformColumnTypes(源,{{"发车时间", type datetime}, {"收货时间", type
datetime}}),
    相减 = Table.AddColumn(类型, "相减值", each [收货时间]-[发车时间]),
    总天数 = Table.AddColumn(相减, "总天数", each Duration.TotalDays([相减值])),
    总小时数 = Table.AddColumn(总天数, "总小时数", each Duration.TotalHours([相减值])),
```

```
    总分钟数 = Table.AddColumn(总小时数, "总分钟数", each Duration.TotalMinutes([相减
值])),
    总秒数 = Table.AddColumn(总分钟数, "总秒数", each Duration.TotalSeconds([相减值]))
in
    总秒数
```

6.6.2　含有 From 的 Duration 类函数

在 M 语言中,From 与 To 经常用于数据类型及数据结构间的转换。在 Duration 类函数中,与 From 相关的函数共有两个,分别为 Duration.From()和 Duration.FromText()。
Duration.From()函数的语法如下:

```
Duration.From(value as any) as nullable duration
```

说明:参数可为 text、duration、number、null,返回的值为 duration。
应用举例,代码如下:

```
= Duration.From(2.626)  //2.15:01:26.4000000
```

Duration.FromText()函数的语法如下:

```
Duration.FromText(text as nullable text) as nullable duration
```

说明:文本(text)的格式可为 ddd(天数)、hh(小时)、mm(分数)、ss(秒数)、ff(纳秒数)。
应用举例,代码如下:

```
= Duration.FromText("2.15:01:26")  //2.15:01:26
```

6.6.3　含有 To 的 Duration 类函数

在 Duration 类函数中,与 To 相关的函数共有两个,分别为 Duration.ToRecord()和 Duration.ToText()。
Duration.ToRecord()函数的语法如下:

```
Duration.ToRecord(duration as duration) as record
```

应用举例,代码如下:

```
= Duration.ToRecord(#duration(2, 15, 1, 26))
```

返回的值为[Days=2,Hours=15,Minutes=1,Second=26]。

Duration.ToText()函数的语法如下：

```
Duration.ToText(
    duration as nullable duration,
    optional format as nullable text
) as nullable text
```

应用举例，代码如下：

```
= Duration.ToText(#duration(2, 15, 1, 26))   //2.15:01:26
```

第7章

列表与记录

M 语言引入了"表、记录、列表"这三大容器。在 Excel 中,单元格中是无法容纳表、记录、列表的,而在 M 语言中,单元格中嵌套表、记录、列表是没有问题的,这让 M 语言的功能瞬间高了很多档,所以只有在了解并灵活应用"表、记录、列表"这三大容器后才能发现 M 语言的精妙所在。

在 M 语言中,列表用{}表示,记录用[]表示;如果对某一行进行深化(例如,源{0})则返回的值为一个记录(记录是带有列标题的),而对表的某一列数据进行调用(例如,源[城市]),返回的是一个列表。这是刚学 M 语言时易混淆的地方,需仔细琢磨。

7.1 列表基础

以下是 M 语言中连续型列表的表示方法,如表 7-1 所示。

表 7-1　连续型列表

分　类	表　达　式	说　明
数字序列	{1..9}	数字型的 1～9
文本型数字序列	{"0".."9"}	文本型数字(只能 0～9)
大写字母	{"A".."Z"}	26 个大写的英文字母
小写字母	{"a".."z"}	26 个小写的英文字母
所有的字母	{"A".."Z","a".."z"}	52 个英文字母(含大小写)
所有的汉字	{"一".."龥"}、{"一".."龟"}	二选一

注意:{"A".."z"}是不等于{"A".."Z"}&{"a".."z"}的,因为{"A".."z"}较这二者又多出了 6 个标点符号([、\、]、^、_、`)。

与列表相关的 3 个知识要点:①列表的内容是有顺序的,所以可以对其按索引进行取值;②同一列表内的数据可以是不同的类型,如文本、数值、逻辑、日期等可以同处于一个列表内(当不同的数据类型同处一列时,在 Power Query 编辑器中,数据类型显示为"任意");③列表内的数据可以反复地嵌套,可以嵌套不同的数据结构、不同的数据类型。

以下是列表基础知识的应用举例：

```
= {"0".."9"}              //同一数据类型

= {"0".."9",0..9}         //不同数据类型

= {"0".."9"}&{0..9}       //列表可以追加,等效于{"0".."9",0..9}

= List.Combine( {{"0".."9"},{0..9}})
//列表追加的方式有多种,等效于{"0".."9"}&{0..9}
```

7.2　信息函数

在 M 语言的各类函数中,包含单词 Is 的函数均为信息函数,例如,Number. IsNaN()、List. IsEmpty()、Date. IsInNextDay()等,返回的值为 true 或 false,用于表达式中的逻辑条件判断。

7.2.1　List. IsEmpty()

List. IsEmpty()函数用于判断列表的长度是否大于或等于 0。当列表长度大于 0 时返回的值为 false,代表着列表非空,否则列表为空。该函数较为简单,语法如下：

```
List.IsEmpty(list as list) as logical
```

应用举例,代码如下：

```
= List.IsEmpty({})     //true

= List.IsEmpty({1, 2})//false
```

7.2.2　List. IsDistinct()

List. IsDistinct()函数用于判断列表中是否存在重复值,返回的值为 true 或者 false,该函数共有两个参数,其中第二个参数为可选控制比较参数。第二个参数中的 equationCriteria 为指定的可选条件值,用于控制相等测试,语法如下：

```
List.IsDistinct(
    list as list,
    optional equationCriteria as any
) as logical
```

在 M 语言中，函数的参数中存在可选的 equationCriteria，用于控制相等测试的函数有很多，例如，List. ContainsAll()、List. Difference()、List. Intersect()、List. Mode()、List. PositionOf()等。

应用举例，不应用第二个参数的情形，代码如下：

```
= List.IsDistinct({1,2,3,4})     //true

= List.IsDistinct({1,1,2,3,4})   //false
```

以下是第二个可选参数的应用举例，代码如下：

```
= List.IsDistinct({1,2,3,4}, each Number.Mod(_,2) )     //false
```

返回值为 false 的原因。上式中 Number. Mod(1,2)与 Number. Mod(3,2)返回的值均为 1，Number. Mod(2,2)与 Number. Mod(3,2)返回的值均为 0。

继续举例，代码如下：

```
= List.IsDistinct({{1,2,3,4},{1,3,5,7}}, each _{0} )     //false
```

返回值为 false 的原因：列表中{1,2,3,4}{0}的返回值为 1，{1,3,5,7}{0}的返回值也为 1。

将以下代码稍做调整：

```
= List.IsDistinct({{1,2,3,4},{1,3,5,7}}, each _{1} )     //true
```

返回值为 true 的原因：列表中{1,2,3,4}{1}的返回值为 2，{1,3,5,7}{1}的返回值为 3。最终比较的为 List. IsDistinct({1,3})，所以返回值为 true。

7.2.3 List. NonNullCount()

List. NonNullCount()函数用于统计列表中非空值的个数。该函数较为简单，语法如下：

```
List.NonNullCount(list as list) as number
```

应用举例，代码如下：

```
= List.NonNullCount({1,null,3,null,5,7})
```

返回的值为 4。

如果统计的是列表的所有值，则可以用 List. Count()函数。List. Count()函数与 List.

NonNullCount()函数的语法结构类似,语法如下:

```
List.Count(list as list) as number
```

应用举例,代码如下:

```
= List.Count({1,null,3,null,5,7})    //6,此函数在 Excel 中属统计类函数
```

7.3　成员运算符

7.3.1　列表内的所有值判断(All)

M 语言中含 All 单词的函数,其 All 代表的是所有值,只有当所有值满足给定的条件时,返回的值方可为 true;当部分值或没有值满足条件时,返回的值为 false,语法如下:

```
List.AllTrue(list as list) as logical
```

应用举例,代码如下:

```
= List.AllTrue({"A"<>"a" , null = null })        //true

= List.AllTrue({true, false, 2 < 0})             //false

= List.AllTrue({true, true, 2 > 0})              //true

= List.AllTrue({Logical.From(1.2), Logical.From(1)})   //true

= List.AllTrue({Logical.From(1), Logical.From(0)})     //false
```

7.3.2　列表内的任意值判断(Any)

M 语言中含 Any 单词的函数,其 Any 代表的是任意值。当运算对象部分或全部满足条件时,返回的值均为 true,完全不满足条件时返回的值为 false,语法如下:

```
List.AnyTrue(list as list) as logical
```

应用举例,代码如下:

```
= List.AnyTrue({"A"<>"a" , null = null })        //true

= List.AnyTrue({true, false, 2 < 0})             //true
```

```
= List.AnyTrue({Logical.From(1.2), Logical.From(1)})      //true
```

```
= List.AnyTrue({Logical.From(1.2), Logical.From(0)})      //true
```

7.3.3 列表内是否包含的值(Contains)

1. List.Contains()

List.Contains()函数用于检测列表中是否包含指定的值,返回的值为 true 或 false,语法如下:

```
List.Contains(
    list as list,
    value as any,              //第二个参数为 value
    optional equationCriteria as any
) as logical
```

应用举例,代码如下:

```
= List.Contains({1..3}, 3)                      //true
```

```
= List.Contains({1..3}, 0)                      //false
```

```
= List.Contains({"A".."G","0".."3"}, "F")       //true
```

```
= List.Contains({"A".."G","0".."3"}, "a")       //false
```

列表中的运算必须符合 M 语言的强类型要求。例如,逻辑值与数值无法直接进行乘法运算,代码如下:

```
= List.Contains({2..3,true * 1}, 1)
```

相关错误提示如下:

```
Expression.Error: 无法将运算符 * 应用于类型 Logical 和 Number。
详细信息:
    Operator = *
    Left = TRUE
    Right = 1
```

在以下代码中,Number.From(true)返回的值为 1,代码如下:

```
= List.Contains({2..3,Number.From(true)}, 1)    //true
```

2. List.ContainsAll()

List.ContainsAll()函数用于判断能否在列表中找到所有指定的值,该函数与List.Contains()函数的区别在于第二个参数为values列表,语法如下:

```
List.ContainsAll(
    list as list,
    values as list,              //第二个参数为 values 列表
    optional equationCriteria as any
) as logical
```

应用举例,代码如下:

```
= List.ContainsAll({1..3}, {1,3})                        //true

= List.ContainsAll({2..3,Number.From(true)}, {1,3})      //true

= List.ContainsAll({1..3}, {3,5})                        //false

= List.ContainsAll({"A".."G","0".."3"}, {"F","2"})       //true

= List.ContainsAll({"A".."G","0".."3"}, {"F",2})         //false

= List.ContainsAll({"A".."G","0".."3"}, {"f","2"})       //false
```

3. List.ContainsAny()

List.ContainsAny()函数用于判断能否在列表中找到任一指定的值,该函数与List.Contains()函数的区别在于第二个参数为values列表,语法如下:

```
List.ContainsAny(
    list as list,
    values as list,              //第二个参数为 values 列表
    optional equationCriteria as any
) as logical
```

应用举例,代码如下:

```
= List.ContainsAny({1..3}, {1,3})                        //true

= List.ContainsAny({1..3}, {3,5})                        //true

= List.ContainsAny({"A".."G","0".."3"}, {"F","2"})       //true

= List.ContainsAny({"A".."G","0".."3"}, {"F",2})         //false

= List.ContainsAny({"A".."G","0".."3"}, {"f","2"})       //true
```

7.3.4 数据的位置索引(Position)

1. List.PositionOf()

在 M 语言的 Text、List、Table 数据类型中均存在位置索引的需求。在列表类函数中，存在 Position 单词的函数共有两个：List.PositionOf()及 List.PositionOfAny()，二者的区别在于第 2 个参数，前者为 value 后者为 values(列表)。这两个函数均有 4 个参数，第 1 个和第 2 个参数为必选参数，第 3 个和第 4 个参数为可选参数。其中第 3 个参数 occurrence 有 3 种匹配规范(Occurrence.First、Occurrence.Last、Occurrence.All，即首次、末次、全部；可用 0、1、2 简写)；第 4 个参数为条件控制方式。以 List.PositionOf()函数为例，语法如下：

```
List.PositionOf(
    list as list,
    value as any,
    optional occurrence as nullable number,
    optional equationCriteria as any
) as any
```

List.PositionOf()函数可适用于各类应用场景，代码如下：

```
= List.PositionOf({1, 2, 3}, 3)                              //2

= List.PositionOf( Text.ToList("白日依山尽") ,"山")            //3

= List.PositionOf( {1..3,false,true},true)                   //4

= List.PositionOf( {1..3,false,if 3 > 2 then true else 0},true)  //4

= List.PositionOf(
    {
        1..3,
        false,
        if Text.Contains("白日依山尽","山") then "好诗" else null
    },
    "好诗"
)  //4

= List.PositionOf({1, 2, 3}, 0)                              //-1

= List.PositionOf({1, 2, 3}, {1,3})                         / -1
```

2. List.PositionOfAny()

List.PositionOfAny()函数的语法如下：

```
List.PositionOfAny(
    list as list,
    values as list,
    optional occurrence as nullable number,
    optional equationCriteria as any
) as any
```

List.PositionOfAny()函数可适用于各类应用场景,代码如下:

```
= List.PositionOfAny({1, 2, 3}, {1,3})                              //0

= List.PositionOfAny( Text.ToList("白日依山尽") ,{"白","山"})        //0

= List.PositionOfAny({"A" is text}, {true, false})                 //0

= List.PositionOfAny({1, 2, 3}, {0,4})                             //－1

= List.PositionOfAny({Text.StartsWith("ABC","A"),1..3}, {true, false,1})

= List.PositionOfAny( {1..3,false,true},{3,true})                  //2

= List.PositionOf(
    {
      1..3,
      false,
      if Text.Contains("白日依山尽","山") then "好诗" else null
    },
    {2,"好诗"}
  )   //1

= List.PositionOfAny({1, 2, 3}, {1,3},2)                           //{0,2}

= List.PositionOfAny(
    {Text.StartsWith("ABC","A"),1..3},
    {true, false,1},
    2
) //{0,1}
```

List.PositionOfAny()函数的第二个参数必须为列表,否则会报错提示,代码举例:

```
= List.PositionOfAny({1, 2, 3}, 1)
```

错误提示：

```
Expression.Error: 无法将值 1 转换为类型 List。
详细信息：
      Value = 1
Type = [Type]
```

7.4 排序

7.4.1 List.Sort()

Sort 中文的意思为"排序"，在 M 语言中与 Sort 相关的函数有 List.Sort() 及 Table.Sort()。List.Sort() 函数的第二个参数为可选参数，默认值为升序（Order.Ascending，简写为 0），语法如下：

```
List.Sort(
    list as list,
    optional comparisonCriteria as any
) as list
```

应用举例，代码如下：

```
= List.Sort({2, 3, 1})                            //{1,2,3}

= List.Sort({2,3,1}, {each 1 /_, Order.Ascending } )   //{3,2,1}

= List.Sort({"c", "B", "a"}) //{"B","a","c"}

= List.Sort({"c", "B", "a"},0) //{"B","a","c"}

= List.Sort({"c", "B", "a"},Order.Ascending)       //{"B","a","c"}

= List.Sort({"c", "B", "a"},1) //{"c","a","B"}

= List.Sort({"c", "B", "a"},Order.Descending)      //{"c","a","B"}
```

7.4.2 List.Max()

List.Max() 函数与 List.Min() 函数的语法结构类似，共有 4 个参数；第 2 个、第 3 个和第 4 个为可选参数。以 List.Max() 函数为例，返回列表中的最大项；如果列表为空，则返回可选默认值，语法如下：

```
List.Max(
    list as list,
    optional default as any,                    //当 list 为 null 时,返回这个备选值
    optional comparisonCriteria as any,         //排序方式,0 或 1
    optional includeNulls as nullable logical   //true 表示接受,false 表示不接受
) as any
```

在 Power Query 编辑器中,对应的图形化操作界面为"转换"→"统计信息"→"最大值"或"添加列"→"统计信息"→"最大值",如图 7-1 所示。

图 7-1　统计信息

List.Max()函数应用举例,代码如下:

```
= List.Max({1, null, 2, 0, -2, 5})          //5

= List.Max({}, -1)                          //-1,如果列表为空,则返回-1

= List.Max({1, null, 2, 0, -2, 5},0,0)      //5

= List.Max({1, null, 2, 0, -2, 5},0,1)      //-2

= List.Max({1, null, 2, 0, -2, 5},1,1)      //-2
```

List.Min()函数与 List.Max()函数互为反运算,List.Min()函数的应用举例如下:

```
= List.Min({}, -1)                          //-1

= List.Min({1, null, 2, 0, -2, 5})          //-2

= List.Min({1, null, 2, 0, -2, 5},0,1)      //5
```

7.4.3　List. MaxN( )

在 M 语言中带 N 字母的函数一般含有 countOrCondition 参数。Count 代表的是个数，例如，前 n 个、前 n 行等；condition 代表的是条件表达式。在 M 语言中，List. MaxN( )函数与 List. MinN( )函数的语法结构类似，共有 4 个参数，其中第 3 个和第 4 个参数为可选参数。以 List. MaxN( )函数为例，语法如下：

```
List. MaxN(
    list as list,
    countOrCondition as any,              //可为数字或条件表达式
    optional comparisonCriteria as any,   //排序方式
    optional includeNulls as nullable logical  //true 表示接受,false 表示不接受
) as list
```

应用举例，代码如下：

```
= List. MaxN({1, null, 2, 0, - 2, 5},each _ > 1)      //{5,2}

= List. MaxN({1, null, 2, 0, - 2, 5},each _ > 1,0)    //{5,2}

= List. MaxN({1, null, 2, 0, - 2, 5},each _ > 1,1)    //{}
```

7.4.4　List. Percentile( )

List. Percentile( )函数用于返回 list 列表的一个或多个示例百分数。该函数共有 3 个参数，第 2 个参数 Percentile 的值介于 0～1，第 3 个参数为可选参数，语法如下：

```
List. Percentile(
    list as list,
    percentiles as any,
    optional options as nullable record
) as any
```

应用举例，代码如下：

```
= List. Percentile({5, 3, 1, 7, 9}, 0.25)            //3

= List. Percentile({5, 3, 1, 7, 9}, {0.25, 0.5, 0.75})   //{3,5,7}

= List. Percentile(
    {5, 3, 1, 7, 9},
    {0.25, 0.5, 0.75},
    [PercentileMode = PercentileMode. ExcelExc]
) //{2,5,8}
```

7.5 统计

7.5.1 求和

List.Sum()函数用于求和,是使用频率较高的一个函数,语法如下:

```
List.Sum(
    list as list,
    optional precision as nullable number
) as any
```

应用举例,代码如下:

```
= List.Sum({1, 2, 3})                                        //6

= List.Sum({1.13, Number.E, Number.PI},0)                   //6.9898744820488385

= List.Sum({1.13, Number.E, Number.PI},1)                   //6.98987448204883

= List.Sum({ Number.Round(3.16/6,2), 2, 3})                 //5.53

= List.Sum({ Number.Round(3.16/6,2), if 2 > 1 then 2 else "不二", 3})
//5.53

= List.Sum({List.Sum({1..3}),List.Sum({2,5}),List.Sum({3,6})})   //22
```

如果存在列表中嵌套列表的情形,则不允许直接进行求和运算,举例如下:

```
= List.Sum({{1..3},{2,5},{3,6}})
```

以上代码返回的错误提示如下:

```
Expression.Error: 无法将运算符 - 应用于类型 List 和 List。
详细信息:
    Operator = -
    Left = [List]
    Right = [List]
```

对于列表中嵌套列表的情形,必须采用 List.Transform()函数进行遍历,简单地用 List.Sum()函数嵌套 List.Sum()函数是不能解决问题的,举例如下:

```
= List.Sum({List.Sum({1..3},{2,5},{3,6})})
```

错误提示如下：

```
Expression.Error: 3 参数传递到了一个函数,该函数应介于1～2。
详细信息:
    Pattern =
    Arguments = [List]
```

7.5.2　平均值

1. List.Average()

求和、求平均是最常见的统计方式。List.Average()函数与List.Sum()函数的语法结构类似,第二个参数表示精度,为可选参数precision(该参数共有两个匹配选项:Precision.Double、Precision.Decimal)。List.Average()函数的语法如下：

```
List.Average(
    list as list,
    optional precision as nullable number
) as any
```

应用举例,代码如下：

```
= List.Average({1, 2, 3})              //2

= List.Average({1,2,4})                //2.333333333333333

= List.Average({1,2,4},0)              // 2.333333333333333

= List.Average({1,2,4},1)              // 2.33333333333333333333333333333333

= Number.Round(List.Average({1,2,4},1),2)   //2.33
```

Duration类的值是可以求平均值的,代码如下：

```
= List.Average(
    {
        #duration(1,0,0,0),
        #duration(2,0,0,0),
        #duration(3,0,0,0)
    }
) //2.00:00:00
```

2. List.Mode()

众数(Mode)是指一组数据中出现次数最多的那个数据,当有两个最高频次出现的对象时,取最后出现的对象语法如下：

```
List.Mode(
    list as list,
    optional equationCriteria as any
) as any
```

应用举例,代码如下:

```
= List.Mode(Text.ToList("山外有山"))              //山

= List.Mode(Text.ToList("山外有山人外有人"))        //人
```

3. List.Modes()

List.Modes()函数与 List.Mode()函数的语法结构类似,它与 List.Mode()函数的区别:当列表中存在多个众数时,返回的值可以为列表。

应用举例,代码如下:

```
= List.Modes(Text.ToList("山外有山人外有人"))     //{"山","外","有","人"}
```

4. List.StandardDeviation()

标准差(Standard Deviation)是统计学中的一个专业术语,在概率统计中常用作统计分布程度上的测量依据,它是方差的算术平方根。List.StandardDeviation()函数的语法较为简单,语法如下:

```
List.StandardDeviation(numbersList as list) as nullable number
```

应用举例,代码如下:

```
= List.StandardDeviation({1..4})              //1.2909944487358056
```

标准差的数据对象必须是连续型数值,当列表中存在文本或其他数据类型时会报错,举例如下:

```
= List.StandardDeviation({1..4,"2"})
```

返回的错误提示如下:

```
Expression.Error: 无法将运算符 - 应用于类型 Text 和 Number。
详细信息:
    Operator = -
    Left = 2
    Right = 2.5
```

7.5.3 数字

1. List.Product()

List.Product()函数用于返回列表内各数值的乘积,语法如下:

```
List.Product(
    numbersList as list,
    optional precision as nullable number
) as nullable number
```

应用举例,代码如下:

```
= List.Product({2..5})                      //120

= List.Product({1.1,3.1415, 2.817})         //9.7345660500000015

= List.Product({1.1,3.1415, 2.817},0)       //9.7345660500000015

= List.Product({1.1,3.1415, 2.817},1)       //9.73456605
```

2. List.Covariance()

协方差(Covariance)在概率论和统计学中用于衡量两个变量的总体误差,而方差是协方差的一种特殊情况,即当两个变量是相同的情况。List.Covariance()函数的语法如下:

```
List.Covariance(
    numberList1 as list,
    numberList2 as list
) as nullable number
```

应用举例,代码如下:

```
= List.Covariance({1,2,3},{2,3,8})          //2.0000000000000018

= List.Covariance({1..4},{2..5})            //1.25
```

进行协方差比较的两组数据的个数必须相等,否则会报错,举例如下:

```
= List.Covariance({1..4},{2..4})
```

返回的错误提示如下:

```
Expression.Error: 枚举中没有足够的元素来完成该操作。
详细信息:
    [List]
```

7.6 选择

7.6.1 List.Distinct()

List.Distinct()函数用于去除列表内数据的重复值,语法如下:

```
List.Distinct(list as list, optional equationCriteria as any) as list
```

应用举例,代码如下:

```
= List.Distinct({1, 1, 2, 3, 3, 3})        //{1,2,3}

= List.Distinct({1..3,2..4},each _)        //{1,2,3,4}
```

7.6.2 List.FindText()

在 M 语言中存在 List.FindText()函数与 Table.FindText()函数,这两个函数用于文本搜索,List.FindText()函数搜索的对象是列表,而 Table.FindText()函数搜索的对象是表。List.FindText()函数的语法如下:

```
List.FindText(list as list, text as text) as list
```

应用举例,代码如下:

```
= List.FindText({"a", "b", "ab"}, "a")
//{"a", "ab"}

= List.FindText({"山外有山", "人外有人", "山人"}, "有")
//{"山外有山", "人外有人"}

= List.FindText({"山外有山", "人外有人", "山人"}, "有人")
//{"人外有人"}
```

7.6.3 列表中匹配值判断(Matches)

1. List.MatchesAll()

List.MatchesAll()函数与 List.MatchesAny()函数的语法结构类似。对于 List.MatchesAll()函数,如果列表中的所有项均满足某一条件,则返回 true,语法如下:

```
List.MatchesAll(
    list as list,
```

```
    condition as function
) as logical
```

应用举例,代码如下:

```
= List.MatchesAll({3,4, 5}, each _ > 2)  //true
```

继续举例,代码如下:

```
= List.MatchesAll(
    {Text.Length("沁园春"), Text.Length("雪"), Text.Length("北国风光")},
    each _ > 2
)  //false
```

2. List.MatchesAny()

对于 List.MatchesAny()函数,如果列表中有任何项满足某一条件,则返回值为 true,语法如下:

```
List.MatchesAny(
    list as list,
    condition as function
) as logical
```

应用举例,代码如下:

```
= List.MatchesAny({1,2, 3}, each _ > 2)            //true
```

继续举例,代码如下:

```
= List.MatchesAny(
    {Text.Length("沁园春"), Text.Length("雪"), Text.Length("北国风光")},
    each _ > 2
)    //true
```

更多举例,代码如下:

```
= List.MatchesAny({1,2, 3}, each _ is number)       //true

= List.MatchesAny({"沁园春","雪"}, each _ is text)     //true

= List.MatchesAll(
    {"北京路","a2 幢","Aa2 楼","AA",201},
    each _ is text or _ is number
```

```
    )                                      //true

= List.MatchesAll(
    {"北京路","a2 幢","Aa2 楼","AA",201},
    each _ is text and _ is number
    )                                      //false
```

7.6.4　列表中的单一值(Single)

1. List.Single()

对于 List.Single()函数,如果列表 list 中只有一项,则返回该项。如果有多个项或列表为空,则该函数将引发异常。

列表中为单值,代码如下:

```
= List.Single({1})                  //1

= List.Single({2})                  //2
```

列表内含两个值,应用 List.Single()函数的代码如下:

```
= List.Single({1,2})
```

返回的错误提示如下:

```
Expression.Error: 枚举中用于完成该操作的元素过多。
详细信息:
    [List]
```

2. List.SingleOrDefault()

List.SingleOrDefault()函数用于返回单值或指定默认值,语法如下:

```
List.SingleOrDefault(
    list as list,
    optional default as any
) as any
```

应用举例,代码如下:

```
= List.SingleOrDefault({1})         //1

= List.SingleOrDefault({})          //null

= List.SingleOrDefault({}, -1)      //-1
```

7. 6. 5　List. First()

List. First()函数与 List. Last()函数的语法结构类似。以 List. First()函数为例,用于返回列表的第一个值;如果为空,则返回指定的默认值,语法如下:

```
List.First(
    list as list,
    optional defaultValue as any
) as any
```

List. First()函数的应用举例,代码如下:

```
= List.First({1, 2, 3})          //1

= List.First({}, -1)             //-1, 如果列表为空,则返回 -1
```

List. Last()函数的应用举例,代码如下:

```
= List.Last({1, 2, 3})           //3

= List.Last({}, -1)              //-1, 如果列表为空,则返回 -1
```

7. 6. 6　List. FirstN()

List. FirstN()函数与 List. LastN()函数的语法结构类似。在 M 语言中,如果函数中带 N 关键字,则第二个参数多为 countOrCondition,count 代表常量值,Condition 代表条件表达式,第二个参数可为 count 常量值或者 Condition 条件表达式。以 List. FirstN()函数为例,语法如下:

```
List.FirstN(
    list as list,
    countOrCondition as any
) as any
```

应用举例,代码如下:

```
= List.FirstN({3, 4, 5, -1, 7, 8, 2}, 2)          //{3,4}

= List.FirstN({3, 4, 5, -1, 7, 8, 2}, each _ > 0)  //{3,4,5}

= List.LastN({3, 4, 5, -1, 7, 8, 2}, each _ > 0)   //{7, 8, 2}
```

7.6.7 List.Positions()

List.Positions()函数用于给列表中的每个值添加一个序列,序号值是从 0 开始的,语法如下:

```
List.Positions(list as list) as list
```

应用举例,代码如下:

```
= List.Positions({1, "A", [a = 12], null, 3})          //{0,1,2,3,4}
```

7.6.8 List.Skip()

List.Skip()函数共有两个参数,第二个参数为可选参数。当第二个参数缺省时,跳过列表中的第一个值;如果指定值,则从列表中跳过指定的个数;当第二个参数为条件表达式时,返回的列表将以满足条件的列表的第一个元素开头,语法如下:

```
List.Skip(
    list as list,
    optional countOrCondition as any
) as list
```

应用举例,代码如下:

```
= List.Skip({1, 2, 3, 4, 5}, 3)                          //{4,5}

= List.Skip(List.Reverse({1, 2, 3, 4, 5}), each _ > 3 )  //{3,2,1}

= List.Skip({22, 11, 3, 24, 5}, each _ > 3)              //{3, 24, 5}

= List.Skip({"北京路","a2 幢","Aa2 楼","AA",201}, each _ is text)  //{201}
```

7.6.9 List.Select()

List.Select()函数是一个重要的列表类函数,用于返回符合条件的列表。使用的场景较多且用法较为灵活,语法如下:

```
List.Select(list as list, selection as function) as list
```

当第二个参数的筛选条件为数值时,用法举例:

```
= List.Select({1, − 1, null, 0, 2}, each _ > 0)                    //{1,2}

= List.Select(List.Range({1..5},2), each _ > 3)                    //{4,5}

= List.Select(List.Range({1..5},2), each _ > 5)                    //{}

= List.Select(List.Positions({1, "A", [a = 12], null, 3}), each _ > 3)    //{4}
```

当第二个参数的筛选条件为文本时,用法举例:

```
= List.Select(
      List.FindText({"a", "b", "ab"}, "a"),
      each Text.Contains(_,"a")
  ) //{{"a","ab"}

= List.Select(
      List.FindText({"山外有山", "人外有人", "山人"}, "有"),
      each Text.Contains(_,"人")
  ) //{"人外有人"}

= List.Select(
      List.FindText({"山外有山", "人外有人", "山人"}, "有"),
      each Text.Contains(_,"有")
  ) //{"山外有山","人外有人"}

= List.Select(
      List.FindText(List.Range({"山外有山", "人外有人", "山人"}, 1),"人"),
      each Text.Contains(_,"人")
  )  ////{"人外有人","山人"}
```

7.6.10 List. Range()

在 M 语言中,函数中包含 Range 单词的函数有很多;与 Range 相关联的函数,一般有一个代表起始位置的参数(offset)和一个代表结束位置的参数(count)。很多情况下,只需指定起始位置(值从 0 开始),结束位置采用缺省方式(获取列表末尾的全部数据)。List. Range()函数使用的频率较高,语法如下:

```
List.Range(
    list as list,
    offset as number,
    optional count as nullable number
) as list
```

应用举例,代码如下:

```
= List.Range({1..5},2)  //{3,4,5}
```

7.6.11　List.InsertRange()

List.InsertRange()函数用于按指定的索引位置在列表中插值,语法如下:

```
List.InsertRange(
    list as list,
    index as number,
    values as list
) as list
```

应用举例,代码如下:

```
= List.InsertRange({1, 2, 5}, 2, {3, 4})          //{1,2,3,4,5}

= List.InsertRange({1, 2, 5}, 0, {1})
```

List.InsertRange()函数的第二个参数为数值。双引号("")中的值代表的是文本,如果将文本用于第二个参数,则将报错,举例如下:

```
= List.InsertRange({1, 2, 5}, "", {1})
```

返回的错误提示如下:

```
Expression.Error: 无法将值 "" 转换为类型 Number。
详细信息:
    Value =
Type = [Type]
```

继续举例,代码如下:

```
= List.InsertRange(
{1, 2, 5},
    if Number.From(List.IsDistinct({1,2,3,3}))<> 0 then 0 else 1,
  {Number.From(List.IsDistinct({1,2,3,3})) + Text.Length("PowerQuery")})
//{1,10,2,5}
```

7.6.12　List.Alternate()

List.Alternate()函数用于在列表中交替取数,第 1 个和第 2 个参数为必选参数;第 3 个和第 4 个参数为可选参数,语法如下:

```
List.Alternate(
    list as list,
    count as number,                                    //跳过的行数
    optional repeatInterval as nullable number,         //获取的行数
    optional offset as nullable number                  //预先保留的行数
) as list
```

应用举例,代码如下:

```
= List.Alternate({1..6}, 1)                    //{2,3,4,5,6}

= List.Alternate({1..6}, 1,2)                  //{2,3,5,6}

= List.Alternate({1..6}, 1,1)                  //{2,4,6}
```

List. Alternate()函数与 Table. AlternateRows()函数的第 2~4 个参数的用法有所差异,易混淆。Table. AlternateRows()函数的语法为 Table. AlternateRows(表,预先保留的行数,跳过的行数,获取的行数)。

7.7 转换

7.7.1 列表内元素的移除(Remove)

1. List.RemoveFirstN()

List. RemoveFirstN()函数用于从列表中删除指定数量的元素,即从第一个元素开始到指定数量的元素将被删除,被删除的元素数取决于可选的 countOrCondition 参数,语法如下:

```
List.RemoveFirstN(
    list as list,
    optional countOrCondition as any
) as list
```

应用举例,列表内元素为数值型,代码如下:

```
//第二个参数为 Count
= List.RemoveFirstN({1, 2, 3, 4, 5}, 3)                    //{4, 5}

//第二个参数为 Condition
= List.RemoveFirstN({1, 2, 3, 4, 5}, each _ > 3)           //{1,2,3,4,5}

= List.RemoveFirstN(List.Reverse({1, 2, 3, 4, 5}), each _ > 3)  //{3,2,1}
```

应用举例,列表内元素为文本型,第二个参数为 Condition,代码如下:

```
= List.RemoveFirstN({"北京路","null","Aa2 楼",null,201}, each _ is text)
//{201}

= List.RemoveFirstN({"北京路","null","Aa2 楼",null,201}, each _<> null)
//{null,201}
```

2. List.RemoveLastN()

List.RemoveLastN()函数与 Table.RemoveFirstN()函数的语法结构类似,用于从列表中删除指定数量的元素,即从最后一个元素到指定数量的元素将被删除。应用举例,代码如下:

```
= List.RemoveLastN({1, 2, 3, 4, 5}, 3)                    //{1, 2}

= List.RemoveLastN({1, 2, 3, 4, 5}, each _ > 3)           //{1,2,3}
```

3. List.RemoveItems()

List.RemoveItems()函数用于从 list1 中删除在 list2 中出现的所有给定值。如果 list1 中不存在 list2 中的值,则返回原始列表,语法如下:

```
List.RemoveItems(list1 as list, list2 as list) as list
```

应用举例,代码如下:

```
= List.RemoveItems({1..3,2..5},{2..4})                    //{1,5}
```

4. List.RemoveMatchingItems()

List.RemoveMatchingItems()函数用于从列表 list1 中删除在 list2 中出现的所有给定值。如果 list1 中不存在 list2 中的值,则返回原始列表。可以指定可选相等条件值 equationCriteria 来控制相等测试,语法如下:

```
List.RemoveMatchingItems(
    list1 as list,
    list2 as list,
    optional equationCriteria as any
) as list
```

应用举例,代码如下:

```
= List.RemoveMatchingItems({1..3, 2..5}, {1,2, 5})        //{3,3,4}
```

说明：List.RemoveMatchingItems()函数比 List.RemoveItems()函数的功能更强大，可完全取代 List.RemoveItems()函数。

5．List.RemoveNulls()

List.RemoveNulls()函数用于删除列表中的 null 值，该函数的用法较为简单，语法如下：

```
List.RemoveNulls(list as list) as list
```

应用举例，代码如下：

```
= List.RemoveNulls({1,null,2,null,3})          //{1,2,3}
```

6．List.RemoveRange()

List.RemoveRange()函数用于在列表中删除从指定位置开始的指定个数的值，语法如下：

```
List.RemoveRange(
    list as list,
    index as number,
    optional count as nullable number
) as list
```

应用举例，代码如下：

```
= List.RemoveRange({1..6}, 2, 3)          //删除从索引 2 开始的 3 个值, {1,2,6}

= List.RemoveRange({1..6}, 3)             //{1,2,3,5,6}
//当第三个参数省略时，只会删除第二个参数指定位置的值
```

7.7.2　List.ReplaceValue()

List.ReplaceValue()函数用于替换列表中的新旧值，该函数共有 4 个参数，其中第 4 个参数 replacer 是替换器函数，可用于 List.ReplaceValue()函数和 Table.ReplaceValue()函数中值的替换，语法如下：

```
List.ReplaceValue(
    list as list,
    oldValue as any,
    newValue as any,
    replacer as function
) as list
```

replacer 替换器函数有 Replacer. ReplaceText( )和 Replacer. ReplaceValue( )之分。Replacer. ReplaceText( )函数用于模糊替换，而 Replacer. ReplaceValue( )函数用于精确匹配。

1. Replacer. ReplaceText( )

Replacer. ReplaceText( )替换器函数的语法如下：

```
Replacer.ReplaceText(
    text as nullable text,                        //x
    old as text,                                  //y
    new as text                                   //z
) as nullable text
```

Replacer. ReplaceText( )替换器函数的应用举例，代码如下：

```
= Replacer.ReplaceText("山外－有山－人外－有人","－","\")
```

返回的值为"山外\有山\人外\有人"。返回的值与"Text. Replace("山外-有山-人外-有人","-","\")"完全相同。

将 Replacer. ReplaceText 作为第 4 个参数放置于 List. ReplaceValue( )函数中，应用举例：

```
= List.ReplaceValue(
    {"3 外有 3","人外有人","33 得九","39"},
    "3",
    "山",
    Replacer.ReplaceText
    )
```

返回的值为{"山外有山","人外有人","山山得九","山 9"}。以上 Replacer. ReplaceText 其实是(x,y,z)=> Replacer. ReplaceText(x,y,z)的缺省写法。如果用代码 (x,y,z)=> Replacer. ReplaceText(x,y,z)替换以上代码中的 Replacer. ReplaceText，则返回的值相同。当采用(x,y,z)=>替换函数时，替换的方式将变得更加多元与丰富，举例如下：

```
= List.ReplaceValue(
    {"33 得九","39"},
    "3",
    "三",
    (x,y,z) => x&y&z
    )
```

返回的值为{"33 得九 3 三","393 三"}。如果将上述代码中的(x,y,z)=> x&y&z 换成(x,y,z)=> x&z&y&"(M 语言)",则返回的值为{"33 得九三 3(M 语言)"," 39 三 3(M 语言)"}。总之,如何排列 x、y、z 及取舍 x、y、z 取决于替换的需求。同理,在 x、y、z 中,它们可以是文本,也可以是列表数据,举例如下:

```
= List.ReplaceValue({"33 得九","39"},{"3"},"三",(x,y,z) => x&y&z)
//第 2 个参数为列表

= List.ReplaceValue({"33 得九","39"},"3",{"三"},(x,y,z) => x&y&z)
//第 3 个参数为列表

= List.ReplaceValue({"33 得九","39"},{"3"},{"三"},(x,y,z) => x&y&z)
//第 2 个和第 3 个参数为列表

= List.ReplaceValue({"33 得九","39"},{"3"},{"三"},(x,y,z) =>{x}&y&z)
//第 4 个参数的 x 为列表
```

2. Replacer.ReplaceValue()

Replacer.ReplaceValue()替换器函数的语法如下:

```
Replacer.ReplaceValue(
    value as any,      //x
    old as any,        //y
    new as any         //z
) as any
```

继续执行上一节的代码,并将第 4 参数中的 ReplaceText 改为 ReplaceValue,代码如下:

```
= List.ReplaceValue(
    {"3 外有 3","人外有人","33 得九","39"},
    "3",
    "山",
    Replacer.ReplaceValue
  )
```

执行代码后,返回的值为原值,未报错但也未做任何替换。这是因为 Replacer.ReplaceValue 是精准替换,需要 100%匹配时方可发生替换。如果列表中的某个值与第 2 个参数的值完全一致,则采用 Replacer.ReplaceValue 后替换一定会发生,示例代码如下:

```
= List.ReplaceValue(
    {"3 外有 3","人外有人","33 得九","39"},
    "39",
    "三九",
    Replacer.ReplaceValue
  )
```

返回的值"39"被替换为"三九"。如果将第 4 个参数进行自定义操作也是允许的,代码如下:

```
= List.ReplaceValue(
    {"北京路","a2 幢","Aa2 楼","AA","201" },
    "A",
    "其他",
    (x,y,z) => Replacer.ReplaceValue(x, Text.Start(x,2),z)
)
```

返回的值为{ "北京路","a2 幢","Aa2 楼","其他","201" },表明相关内容已被替换。当然,如果用 Text.Replace()函数来替换 Replacer.ReplaceValue()函数也是允许的,示例代码如下:

```
= List.ReplaceValue(
    {"北京路","a2 幢","Aa2 楼","AA","201" },
    "A",
    "其他",
    (x,y,z) => Text.Replace(x, Text.Start(x,2),z))
```

返回的值为{"其他路","其他幢","其他 2 楼","其他","其他 1"}。

3. List.ReplaceRange()

List.Replace()函数用于将列表中某一范围内的值替换为指定值,语法如下:

```
List.ReplaceRange(
    list as list,
    index as number,
    count as number,
    replaceWith as list
) as list
```

应用举例,代码如下:

```
= List.ReplaceRange({1, 2, 7, 8, 9, 5}, 2, 3, {3, 4})
//使用{3, 4}替换{1, 2, 7, 8, 9, 5}中的{7,8,9}
//结果为{1, 2, 3, 4, 5}
```

继续举例,代码如下:

```
= List.ReplaceRange({"北京路","2 幢 2 楼",201},3,0,{"新楼盘"})
//{"北京路","2 幢 2 楼",201, "新楼盘"}
// 0 代表不替换,插入
```

4. List.ReplaceMatchingItems()

List.ReplaceMatchingItems()函数用于替换列表中符合条件的值,语法如下:

```
List.ReplaceMatchingItems(
    list as list,
    replacements as list,
    optional equationCriteria as any
) as list
```

应用举例(第2个参数的应用),代码如下:

```
= List.ReplaceMatchingItems({1, 2, 3, 4, 5}, {{5, - 5}, {1, - 1}})
//把5替换为-5,把1替换为-1,结果为{-1, 2, 3, 4, - 5}
```

继续举例,(第3个参数的应用)替换时忽略大小写,代码如下:

```
= List.ReplaceMatchingItems(
    {"北京路","a2 幢","Aa2 楼","AA","201"},
    {{"a",1},{"AA",2}},
    Comparer.OrdinalIgnoreCase
    ) //{"北京路","a2 幢","Aa2 楼",2,"201"}
```

在以上代码中,Comparer.OrdinalIgnoreCase 参数不能用 0 或 1 替换,当省略 Comparer.OrdinalIgnoreCase 参数时,不区分大小写。

继续举例,第3个参数为表达式,把列表中的"AA"替换为2,代码如下:

```
= List.ReplaceMatchingItems(
    {"北京路","a2 幢","Aa2 楼","AA","201"},
    {{"AA",2}}, //特别说明: 此处只能用{{"AA",2}},不能用{"AA",2}
    each Text.Contains(_,"AA")
    ) // {"北京路","a2 幢","Aa2 楼",2,"201"}
```

替换时,第3个参数为多条件表达式,代码如下:

```
= List.ReplaceMatchingItems(
{"北京路","a2 幢","Aa2 楼","AA","201"},
{{"a",2}, {"","b"} },
each Text.Contains(_,"A") or Text.Contains(_,"a" )
) //{"b",2,2,2, "b"}
```

满足条件的相关内容被替换成2,不满足条件的相关内容被替换成"b",返回的值为 {"b",2,2,2, "b"}。

7.7.3　List. Repeat()

List. Repeat()函数用于按第二个参数指定的次数对第一个参数的列表进行重复,该函数用法较为简单,语法如下:

```
List.Repeat(list as list, count as number) as list
```

应用举例,代码如下:

```
= List.Repeat({1, 2}, 3)                    //{1,2,1,2,1,2}
```

7.7.4　List. Reverse()

列表是有顺序的,List. Reverse()函数用于对现有列表进行反序排列,语法如下:

```
List.Reverse(list as list) as list
```

应用举例,代码如下:

```
= List.Reverse({1..3})                      //{3,2,1}
```

7.7.5　List. Combine()

List. Combine()函数用于将一系列列表合并成一个新的列表。该函数的用法较为简单,但使用的频率及场合较多,语法如下:

```
List.Combine(lists as list) as list
```

应用举例,代码如下:

```
= List.Combine({{1, 2}, {3, 4}})            //{1,2,3,4}
//以上语句等同于{1, 2}&{3, 4}                //{1,2,3,4}
```

7.8　设置操作

在集合运算过程中,差集、交集、并集是最常见的 3 种集合运算。

以下是在 M 语言中的差集(List. Difference)、交集(List. Intersect)、并集(List. Union)的图解说明,如图 7-2 所示。

图 7-2 数据的集合运算

7.8.1 List. Difference()

List. Difference()函数用于返回仅在第 1 个列表中出现的数据,语法如下:

```
List.Difference(
    list1 as list,
    list2 as list,
    optional equationCriteria as any
) as list
```

注意:如果 List1、List2 摆放的顺序不同,则返回的值也不同。
应用举例,代码如下:

```
= List.Difference({1, 2}, {1, 2, 3})            //{}
= List.Difference({1,2,3},{2,4,5})              //{1,3}
```

7.8.2 List. Intersect()

List. Intersect()函数用于返回列表间的交集,语法如下:

```
List.Intersect(lists as list, optional equationCriteria as any) as list
```

应用举例,代码如下:

```
= List.Intersect({{1..5}, {2..6}, {3..7}})      //{3,4,5}
```

7.8.3 List. Union()

List. Union()函数用于返回列表的并集,语法如下:

```
List.Union(
    lists as list,
    optional equationCriteria as any
) as list
```

应用举例,代码如下:

```
= List.Union({{1..5}, {2..6}, {3..7}})          //{1..7}
```

7.8.4 List.Zip()

List.Zip()函数用于对多个列表中相同索引位置的值进行压缩与位置交换,然后组成新的列表,语法如下:

```
List.Zip(lists as list) as list
```

应用举例,代码如下:

```
= List.Zip({{1, 2}, {3, 4}})                    //{{1, 3},{2, 4}}
= List.Zip({{1, 2}, {3}})                       //{{1,3},{2,null}}
```

7.9 生成器

7.9.1 List.Dates()

List.Dates()函数用于生成一个给定开始日期和持续时间的日期列表,语法如下:

```
List.Dates(
     start as date,
     count as number,
     step as duration
) as list
```

应用举例,代码如下:

```
= List.Dates(#date(2021, 10, 1), 5, #duration(1, 0, 0, 0))
```

返回的列表为{2021/10/1,2021/10/2,2021/10/3,2021/10/4,2021/10/5}。
List.Dates()函数的第 3 个参数是必不可少的,示例代码如下:

```
= List.Dates(#date(2021, 10, 1), 5)
```

缺少第 3 个参数,错误提示如下:

```
Expression.Error: 2 参数传递到了一个函数,该函数应为 3。
详细信息:
    Pattern =
    Arguments = [List]
```

7.9.2 List.DateTimes()

List.DateTimes()函数用于生成一个给定开始日期时间和持续时间的日期时间列表,语法如下:

```
List.DateTimes(
    start as datetime,
    count as number,
    step as duration
) as list
```

应用举例,代码如下:

```
= List.DateTimes(
#datetime(2021, 10, 1, 10, 1, 0),
3,
#duration(0, 1, 0, 0)
)
```

返回的列表为{ 2021/10/1 10:01:00, 2021/10/1 11:01:00, 2021/10/1 12:01:00}。

7.9.3 List.DateTimeZones()

List.DateTimeZone()函数用于从 start 开始,返回大小为 count 的 datetimezone 值的列表。给定增量 step 是与每个值相加的 duration 值,语法如下:

```
List.DateTimeZones(
    start as datetimezone,
    count as number,
    step as duration
) as list
```

应用举例,代码如下:

```
= List.DateTimeZones(
    #datetimezone(2021, 10, 1, 10, 1, 0, -8,0),
    3,
    #duration(0, 0, 1, 0)
)
```

返回的列表为{2021/10/1 10:01:00 -08:00，2021/10/1 10:02:00 -08:00，2021/10/1 10:03:00 -08:00}。

7.9.4 List. Durations()

List. Durations()函数用于创建一个指定开始持续时间、数量的持续时间和步长持续时间列表，语法如下：

```
List.Durations(
    start as duration,
    count as number,
    step as duration
) as list
```

应用举例，代码如下：

```
= List.Durations(
  #duration(0, 1, 0, 0),
  3,
  #duration(0, 1, 0, 0)
)
```

返回的列表为{ 0.01:00:00，0.02:00:00，0.03:00:00}。

7.9.5 List. Times()

List. Times()函数用于创建一个指定开始时间、数量、步长的时间列表，语法如下：

```
List.Times(
    start as time,
    count as number,
    step as duration
) as list
```

应用举例，代码如下：

```
= List.Times(
    #time(12, 0, 0),
    3,
    #duration(0, 1, 0, 0)
  )
```

返回的列表为{ 12:00:00，13:00:00，14:00:00}。

7.9.6　List. Numbers()

List. Numbers()函数用于生成一个给定起始值、数量、增量的数值列表,语法如下:

```
List.Numbers(
    start as number,
    count as number,
    optional increment as nullable number
) as list
```

应用举例,代码如下:

```
= List.Numbers(1, 3)      //{1,2,3}

= List.Numbers(1,3,5)     //{1,6,11}
```

7.9.7　List. Random()

List. Random()函数用于给定要生成的值数量和可选种子值,返回介于 0～1 的随机数的列表,语法如下:

```
List.Random(
    count as number,
    optional seed as nullable number
) as list
```

应用举例,代码如下:

```
= List.Random(3)
//{0.29401539792028042, 0.61798831709566915, 0.76661542885313527}

= List.Random(3, 2)
//{ 0.77109389834622566, 0.4041625947710884, 0.16599867034982829}
```

7.10　记录

Record 是一组字段(Field)的集合,它是 M 语言中 3 个重要容器之一。在 M 语言中,Record 类的函数如表 7-2 所示。

在 Record 中,字段(Field)是由一个字段名(Field Name)和对应的字段值(Field Value)用等号(=)构成的。例如,记录[a=2,b=a*3]中,a 和 b 是字段名,2 和 a*3 是字段值。

表 7-2　Record 类函数

函　　数	函数 2	函数 3	函数 4
Record. Type()	Record. AddField()	Record. Field()	Record. FieldCount()
Record. FieldNames()	Record. FieldOrDefault()	Record. FieldValues()	Record. FromTable()
Record. HasFields()	Record. RemoveFields()	Record. RenameFields()	Record. ReorderFields()
Record. SelectFields()	Record. ToTable()	Record. TransformFields()	Record. Combine()
Record. FromList()	Record. ToList()		

在 Record 中,字段间不存在顺序关系,同一记录中,字段顺序的先后一般情况下不会影响最终结果的输出。例如,[a＝2, b＝a＊3][b]与[b＝a＊3, a＝2][b]的结果是一致的。因为在记录中,字段 a 与 b 存在的是计算顺序关系而非顺序关系。

7.10.1　基础应用

在 M 语言中,通过[]来构建记录,然后可通过另一个[]实现记录内的字段调用,它与 let…in…表达式有异曲同工之妙,应用举例:

```
= [a = 2, b = a * 3] [b]                          //6

= [a = {2,8}, b = a{0} * 3] [b]                   //6

= [a = {2,8}, b = a{1} * 3] [b]                   //24

= [a = {2,8}, b = a&{1..5}] [b]                   //{2,8,1,2,3,4,5}

= [a = {"月份"}, b = a&{1..5}] [b]                 //"月份",1,2,3,4,5

= [a = {2,8}, b = a{1} * 3, c = a{0} + b] [c]     //26

= [A = List.Zip({{1,2},{3,4},{5,6},{7,8}})][A]    // {{1,3,5,7},{2,4,6,8}}
```

7.10.2　Record. FromList()

如表 7-2 所示,目前在 Excel 中 Record 类函数共有 18 个。本节仅以 Record. FromList()函数进行简要举例,更多有关 Record 类函数的用法可结合后续案例查阅 M 语言的官方文档。

Record. FromList()函数的语法如下:

```
Record.FromList(list as list, fields as any) as record
```

应用举例,在编辑栏输入的代码如下(为了便于阅读与理解,代码已做格式化处理):

```
= [
    A = Record.FromList(
```

```
        List.Zip({{1,2},{3,4},{5,6},{7,8}}),
    {"a","b"})
][A][b]
```

返回的值为{2,4,6,8}。以下是该运算过程的图解,如图 7-3 所示。

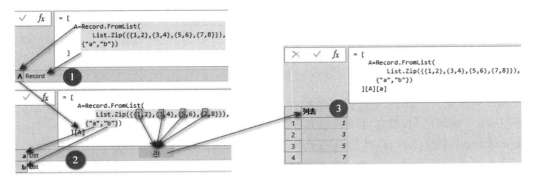

图 7-3　图解说明

第 8 章

列表进阶应用

在计算机语言中,最常见的循环结构有 for 循环和 while 循环。在 Power Query 中没有 for 循环与 while 循环语句,但它可以通过其他方式进行循环操作,例如,List. TransformMany()、List. Accumulate()、List. Generate() 函数等。

这几个函数在 Power Query 中功能十分强大但却也十分晦涩与难以理解,属于 M 语言函数中的高阶函数;众多的 M 语言函数使用者也因其难于理解而止步于此。为了便于读者掌握相关内容,本章的案例将尽可能简单化,以便于学习过程中的溯源、深究及举一反三,让抽象的知识具体化。

在 Power Query 中,想要实现 for 或者 for each 双循环,一般使用 List. Transform() 函数嵌套 List. Transform() 函数或者 List. TransformMany() 函数。想要实现 while 循环,一般使用 List. Generate() 函数。

8.1   List. Transform

List. Transform() 函数是 M 语言中相当重要的函数之一,用于遍历原有列表,转换后返回新的列表,该函数的重点在于第二个参数,语法如下:

```
List. Transform(
    list as list,
    transform as function
) as list //通过第二个参数应用到第一个参数来返回值的新列表
```

说明:第一个参数为 list;第二个参数为转换函数。

8.1.1   文本型运算

在文本运算过程中,允许_&_操作、允许对_&_中的某几个或全部的_进行相关转换操作,代码如下:

```
//ch08 - 001
= List. Transform(
```

```
    {"A".."C"},
    each _&Text.Lower(_)
)
```

返回的值为{"Aa","Bb","Cc"}。

在文本运算过程中,允许类似_{_,_}{0}的项进行访问操作,代码如下:

```
//ch08 - 002
= List.Transform(
    {"A".."C"},
    each _&{_,Text.Lower(Text.Repeat(_,3))}{1}
)
```

返回的值为{"Aaaa","Bbbb","Cccc"}。

8.1.2 数值型运算

List.Transform()函数的第二个参数为 function,可扩展性相当强,可为各类表达式,代码如下:

```
//ch08 - 003
= List.Transform({1..3}, each _ * 3 - 1)
//List.Transform({1..3},(x) => x * 3 - 1)
//上述两种写法等效
```

返回的值为{2,5,8}。

List.Transform()函数返回的值为 List;当返回的 List 值全部为数值型时,可以进行 List 的聚合类相关运算,例如,List.Sum()、List.Average()、List.Max()等,代码如下:

```
//ch08 - 004
= List.Max(
    List.Transform({1..5},
    (x) => Number.Mod(7,x)
  )
)
```

在上述代码中,List.Transform()函数的返回值为{0,1,1,3,2};外部添加 List.Max()函数之后,最终结果为 3。

8.1.3 实例应用

九九乘法口诀表

以下是 List.Transform()函数的嵌套循环,以生成一部分九九乘法口诀表,代码如下:

```
//ch08 - 005
let
    源 = Table.FromColumns(
          List.Transform({1..3},(x) =>
             List.Transform({1..3},(y) =>
                  if x <= y
                  then Text.Format("#{0} × #{1} = #{2}",{x,y,x * y})
                  else null)))
in
    源
```

结果如图 8-1 所示。

	Column1	Column2	Column3
1	1×1=1	null	null
2	1×2=2	2×2=4	null
3	1×3=3	2×3=6	3×3=9

图 8-1　九九乘法口诀表(1)

以下是 List.Transform()函数的另一种嵌套循环，以生成一部分九九乘法口诀表，代码如下：

```
//ch08 - 006
let
    源 = Table.Combine(
          List.Transform(
            {1..3},
           each Table.FromRows(
                {List.Transform(
                     List.FirstN({1..3},_),
                   (x) => Text.Format("#{0} × #{1} = #{2}",{x,_,x * _}))
                }
    )))
in
    源
```

结果如图 8-2 所示。

	Column1	Column2	Column3
1	1×1=1	null	null
2	1×2=2	2×2=4	null
3	1×3=3	2×3=6	3×3=9

图 8-2　九九乘法口诀表(2)

由图 8-1 和图 8-2 可知，这两种嵌套循环生成的九九乘法口诀表完全相同。

8.2 List. TransformMany

语法如下：

```
List.TransformMany(
    list as list,                        //x
    collectionTransform as function,     //y
    resultTransform as function          //(x,y) => func
)
as list //返回一个列表,其元素基于输入列表投射而来
```

说明：第一个参数 list 为 x；第二个参数 collectionTransform 为 y；第三个参数 resultTransform 为（x,y），采用的是（x,y）=>…或（x as Any）=> …或（x as Any，y as Any）=> …传递方式。第二个参数和第三个参数均可为 function（函数），故扩展性相当强。

List. TransformMany()函数是 List. Transform()函数的升级版,适用于双重循环等复杂环境。为了便于读者理解 function 的扩展性,本章将列举大量的简易案例,供读者在实际应用过程中参考。

8.2.1 文本型运算

1. 第三个参数为 x 或 y

第三个参数为（x,y）=> x,代码如下：

```
//ch08 - 007
= List.TransformMany(
    {"M 语言","SQL 语言"},                //x
    each {"上","中","下"},                //y
    (x,y) => x
)
```

返回的值为{"M 语言","M 语言","M 语言","SQL 语言","SQL 语言","SQL 语言"}。注意：列表对顺序有要求,例如,{1,2}={2,1}返回的值为 false。

如果把 List. TransformMany()函数中的第一个参数的各值对应于 x/y 坐标轴中的 x 轴上的各个值,将第二个参数的各值对应于 y 轴上的各个值,（x,y）=> x 则相当于以 x 为依据沿着 y 轴进行映射。相关原理阐述如图 8-3 所示,阅读的顺序：先 y 值由低到高,再推移到 x 值由低到高。

第三个参数为（x,y）=> y,代码如下：

图 8-3 TransformMany 的用法（1）

```
//ch08 - 008
= List.TransformMany(
    {"M语言","SQL语言"},
    each {"上","中","下"},
    (x,y) => y
)
```

返回的值为{"上","中","下","上","中","下"},相关原理阐述如图 8-4 所示。

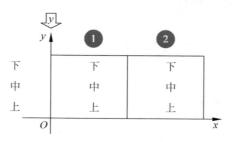

图 8-4　TransformMany 的用法(2)

将第二个参数的列表长度改为 2,代码如下:

```
//ch08 - 009
= List.TransformMany(
    {"M语言","SQL语言"},
    each {"上","下"},
    (x,y) => y
)
```

返回的值为{"上","下","上","下"}。读者思考一下:上一段代码的返回值的列表长度为 6,而这一段代码的返回值的列表长度为什么是 4 呢?

2. 第三个参数为 x&y 样式

第三个参数为(x,y)=> x&y,代码如下:

```
//ch08 - 010
= List.TransformMany(
    {"M语言","SQL语言"},
    each {"上","中","下"},
    (x,y) => x&y&"册"
)
```

返回的值为{"M语言上册","M语言中册","M语言下册","SQL语言上册","SQL语言中册","SQL语言下册"},相关原理阐述如图 8-5 所示。

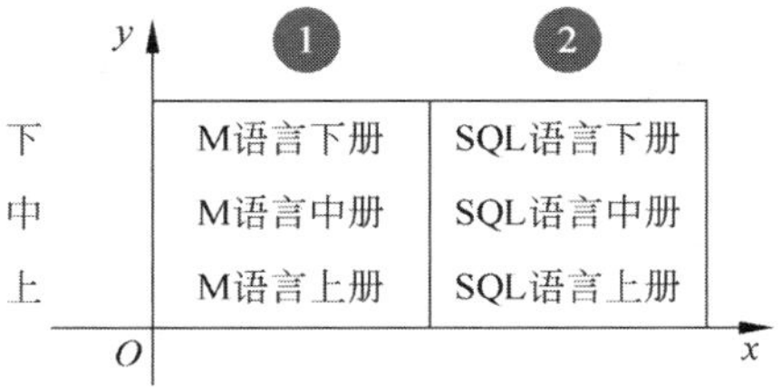

图 8-5　TransformMany 的用法（3）

读者测试环节。不假思索，说出代码的返回值，代码如下：

```
//ch08 - 011
= List.TransformMany(
    {"M 语言","SQL 语言"},
    each {"(上册)","(下册)"},
    (x,y) => x&y
)
```

将上述代码中的第三个参数逐个替换并进行测试，代码如下：

```
(x,y) => y&x
(x,y) => x&x
(x,y) => y&y
(x,y) => x&"_"&y
```

依据上面代码的运行结果，举一反三总结其中的规律。

在日常工作与生活中，年级班级、几幢几层、仓库储位、仓储货架号等描述可以采用 List.TransformMany()函数轻松完成。年级班级表示，代码如下：

```
//ch08 - 012
= List.TransformMany(
    {"高一","高二"},
    (x) => {"1".."3"},
    (x, y) => x & y & "班"
)
```

返回的结果为{"高一 1 班","高一 2 班","高一 3 班","高二 1 班","高二 2 班","高二 3 班"}。

楼层表示，代码如下：

```
//ch08 - 013
= List.TransformMany(
    {1..3},
    (x) => {x + 100},
    (x, y) => Text.From(x) & "楼" & Text.From(y)
)
```

返回的结果为{"1 楼 101","2 楼 102","3 楼 103"},相关原理阐述如图 8-6 所示。

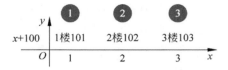

图 8-6 TransformMany 的用法(4)

具体位置的表示(几幢几楼几层),代码如下:

```
//ch08 - 014
= List.TransformMany(
    {"1".."2"}, each
    List.TransformMany(
      {3..4}, each
      {"5".."6"},
      (x,y) => Text.From(x)&"楼"&y&"号"
    ),
    (a,b) => a&"幢"&b
)
```

返回的值为{"1 幢 3 楼 5 号","1 幢 3 楼 6 号","1 幢 4 楼 5 号","1 幢 4 楼 6 号","2 幢 3 楼 5 号","2 幢 3 楼 6 号","2 幢 4 楼 5 号","2 幢 4 楼 6 号"}。

8.2.2 数值型运算

1. 第二个参数的列表长度为 1

在数值运算过程中,同一结果有多种解决办法,代码如下:

```
//ch08 - 015
= List.TransformMany(
    {1..3},
    each {2},
    (x,y) => x * y
)
```

返回的值为{2,4,6},相关原理阐述如图 8-7 所示。

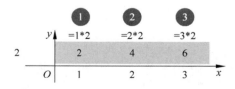

图 8-7 TransformMany 的用法(5)

以下代码与上一段代码的返回值相同,代码如下:

```
//ch08 - 016
= List.TransformMany(
    {1..3},
    each {_},
    (x,y) = > x + y
)
```

返回的值为{2,4,6},相关原理阐述如图 8-8 所示。

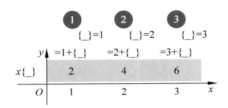

图 8-8   TransformMany 的用法(6)

第二个参数为 function 类型,具备丰富的扩展性,代码如下:

```
//ch08 - 017
= List.TransformMany(
    {1..3},
    each {_ * 3 - 1},
    (x,y) = > x + y
)
```

返回的值为{3,7,11}。

2. 第二个参数的列表长度为 2

在 Power Query 中, each _ 中的_代表的是每个当前值,{_,_}这种写法是允许的,在此基础上的拓展写法也是允许的。在此代码中,{_,_}代表的是列表长度为 2,代表的值是动态变化的,代码如下:

```
//ch08 - 018
= List.TransformMany(
    {1..3},
    each {_,_},
    (x,y) = > x
)
```

返回的值为{1,1,2,2,3,3},相关原理阐述如图 8-9 所示。

第一个参数的列表长度为 3,第二个参数的列表长度为 2,返回第一个参数的值,代码

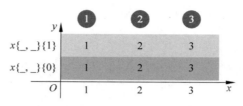

图 8-9　TransformMany 的用法（7）

如下：

```
//ch08 - 019
= List.TransformMany(
    {1..3},
    each {1,2},
    (x,y) => x
)
```

返回的值为{1,1,2,2,3,3}。

比照上一段代码,仍将第一个参数的列表长度设置为3,将第二个参数的列表长度设置为2,但列表内容已更改,仍要求返回第一个参数的值,代码如下：

```
//ch08 - 020
= List.TransformMany(
    {1..3},
    each {6,8},
    (x,y) => x
)
```

返回的值为{1,1,2,2,3,3}。对比两段代码,由于列表 y 的长度未发生变化且需返回的值 x 未发生变化,故返回的值并未发生变化。

比照上一段代码,第一个参数的列表长度仍为3,第二个参数的列表长度修改为3,返回第一个参数的值,代码如下：

```
//ch08 - 021
= List.TransformMany(
    {1..3},            //x
    each {_,10,_},     //y
    (x,y) => x
)
```

返回的值为{1,1,1,2,2,2,3,3,3}。列表 x 未发生变化但列表 y 的长度已发生变化,故返回的值已发生变化。

第一个和第二个参数为常量表达,第三个参数为$(x,y)=>y$,代码如下：

```
//ch08 - 022
= List.TransformMany(
    {1..3},
    each {1,2},
    (x,y) => y
)
```

返回的值为{1,2,1,2,1,2},相关原理阐述如图 8-10 所示。

第一个和第二个参数为常量表达式,第三个参数为(x,y)=>y,代码如下:

```
//ch08 - 023
= List.TransformMany(
    {1..3},
    each {6,8},
    (x,y) => y
)
```

返回的值为{6,8,6,8,6,8},相关原理阐述如图 8-11 所示。

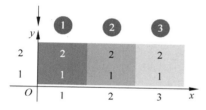
图 8-10　TransformMany 的用法(8)

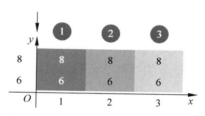
图 8-11　TransformMany 的用法(9)

需读者测试的代码如下:

```
//ch08 - 024
= List.TransformMany(
    {1..3},
    each {6,8,_},
    (x,y) => y
)
```

不假思索,尝试说出返回的结果。

再测试一下以下代码:

```
//ch08 - 025
= List.TransformMany(
    {1..3},
    each {6,8,_,_},
    (x,y) => y
)
```

不假思索,尝试说出返回的结果,读者可总结其中的规律。

再测试一下以下代码:

```
//ch08 - 026
= List.TransformMany(
    {"1".."3"},
    each {"1".._},
    (x, y) = > x&y
)
```

不假思索,尝试说出返回的结果。

第三个参数为简单的运算表达式$(x+y)$,代码如下:

```
//ch08 - 027
= List.TransformMany(
    {1..3},
    each {1,2},
    (x, y) = > x + y
)
```

返回的值为$\{2,3,3,4,4,5\}$。

第三个参数为简单的运算表达式$(x*y)$,代码如下:

```
//ch08 - 028
= List.TransformMany(
    {1..3},
    each {1,2},
    (x, y) = > x * y
)
```

返回的值为$\{1,2,2,4,3,6\}$。

第二个参数可指定为 x 对应的当前值及 null 值,代码如下:

```
//ch08 - 029
= List.TransformMany(
    {1..3},
    each {_,null},
    (x, y) = > y
)
```

返回的值为$\{1,null,2,null,3,null\}$,此代码可衍生为"工资条"样式。例如,代码中的 $\{1..3\}$可来源于 Table.ToRows(源)。如果需要加上表的标题,则可用代码 each { Table. Columns(源),_,null}替换上面代码中的 each {_,null}。因为常见的"工资条"采用的是

"标题＋内容＋空行"的形式。

注意：当引用 null 值时，必须先用｛｝括起来。null 的次数必须与表的列数相等，否则会报错（此错误不会影响结果的导出）。例如，List. Repeat(｛null｝,3)。

第二个参数为动态常量值，代码如下：

```
//ch08 - 030
= List.TransformMany(
    {1..3},
    each {1.._},
    (x,y) => y
)
```

返回的值为｛1,1,2,1,2,3｝。

第二个参数为动态常量，第三个参数为运算表达式($x*y$)，代码如下：

```
//ch08 - 031
= List.TransformMany(
    {1..3},
    each {1.._,null},
    (x,y) => x * y
)
```

返回的值为｛1,null,2,4,null,3,6,9,null｝。

测试一下以下代码：

```
//ch08 - 032
= List.TransformMany(
    {1..3},
    each {1.._},
    (x,y) => Text.From(x)&Text.From(y)
)
```

不假思索，尝试说出返回的结果，并说明原因。

第一个参数为常量，第二个参数为复杂型函数，第三个参数(x，y)=> y，代码如下：

```
//ch08 - 033
= List.TransformMany(
    {1..3},
    (x) =>
        {
            Table.FromRows(
                {   {"A", "a", "Aa"},
                    {"B","b","Bb"},
                    {"C","c","Cc"}
```

```
            },
            {"大写","小写","混合写"}
          )
      },
   (x, y) => y
)
```

返回的值为{Table，Table，Table}，展开任意 Table，获取的表均如图 8-12 所示。

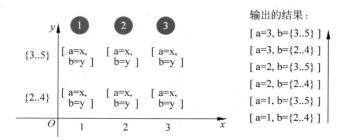

图 8-12　扩展的表

第一个参数为一维列表，第二个参数为二维列表，第三个参数为记录，代码如下：

```
//ch08 - 034
= List.TransformMany(
    {1..3},
    (x) => {{2..4}, {3..5}},
    (x, y) => [a= x, b= y]
)
```

返回的值为{Record，Record，Record，Record，Record，Record}。例如，第一个 Record 的内容为[a＝1，b＝{2，3，4}]。相关原理及结果阐述如图 8-13 所示。

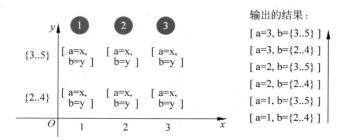

图 8-13　TransformMany 的用法

3. 第一个参数为二维或多维列表

第一个参数为列表嵌套（二维列表），第二个参数为复杂型表达式，代码如下：

```
//ch08 - 035
= List.TransformMany(
    {{1..5}},
    (a) => List.Select(a, each _ > 2),
```

```
        (x,y) => y
    )
```

返回的值为{3,4,5}。

第一个参数为二维列表,第二个和第三个参数同时为复杂型表达式,代码如下:

```
//ch08 - 036
= List.TransformMany(
    {{1..5}},
    (a) => List.Select(a, each _ > 2),
    (x,y) => y + List.Sum(x)
)
```

返回的值为{18,19,20}。

第一个参数为列表嵌套,第二个参数为常量,第三个参数是$(x,y) => x$,代码如下:

```
//ch08 - 037
= List.TransformMany(
    {{1..3},{2..5}},
    each {1,3,5},
    (x,y) => x
)
```

返回的值为{list,list,list,list,list,list}。读者测试:你能否一口气说出这6个list中的值?

第二个参数为常量,第三个参数为$(x,y) => y$,代码如下:

```
//ch08 - 038
= List.TransformMany(
    {{1..3},{2..5}},
    each {1,3,5},
    (x,y) => y
)
```

返回的值为{1,3,5,1,3,5}。

当第一个参数为二维列表,第二个参数为一维列表时,在$(x,y) => func$的过程中,一般情况下x与y要让其处于同一维度,在这种情况下,数据处理与分析中的空间想象能力、不同空间的切换能力显得尤为重要,代码如下:

```
//ch08 - 039
= List.TransformMany(
    {{1..3},{2..5}},
```

```
        each {1,3,5},
        (x,y) => x&{y}
)
```

返回的值为{list,list,list,list,list,list}。读者测试：看一看能否说出这 6 个 list 中的值？

第一个参数为列表嵌套,第二个参数为函数,代码如下：

```
//ch08 - 040
= List.TransformMany(
        {{1..3},{2..5}},
        List.Skip,
        (x,y) => y
)
```

返回的值为{2,3,3,4,5}。

第一个参数为列表嵌套；第二个参数在列表内直接为函数,所以在第三个参数中 $y(x)$ 代表把 x 作为参数代入 $y()$ 函数中,代码如下：

```
//ch08 - 041
= List.TransformMany(
        {{1..3},{2..5}},
        each {List.Sum,List.Average},
        (x,y) => y(x)
)
```

返回的值为{6,2,14,3.5},其中：$1+2+3=6,(1+2+3)/3=2$；$2+3+4+5=14$, $(2+3+4+5)/4=3.5$。

8.2.3 实例应用

1. 九九乘法口诀表

以"九九乘法口诀表"为"文本、数值"的综合运算,代码如下：

```
//ch08 - 042
let
    源 = Table.FromColumns(
        List.TransformMany(
            {1..3},
            each {{1..3}},
            (x,y) => List.Transform(
                y,
                each if _ > x
```

```
                    then null
                    else Text.Format("#{0} * #{1} = #{2}",{_,x,_ * x})
                )
            )
        )
    in
        源
```

返回的值如图 8-14 所示。

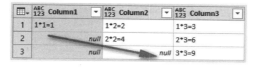

图 8-14　九九乘法口诀表

2. 生成工资条

利用 List.TransformMany() 函数中的第二个参数生成工资条,代码如下:

```
//ch08 - 043
let
    源 = #table(
        {"城市","排名","得分"},
        { {"北京",1,95},
          {"上海",2,93}}),
    A = Table.FromRows(
        List.TransformMany(
            Table.ToRows(源),              //x
            each {Table.ColumnNames(源),_}, //y
            (x,y) => y)
        )
in
    A
```

返回的值如图 8-15 所示。

Column1	Column2	Column3
城市	排名	得分
北京	1	95
城市	排名	得分
上海	2	93

图 8-15　工资条样式

利用 List.TransformMany() 函数中的第二个参数生成工资条,并考虑 null 情形,代码如下:

```
//ch08 - 044
let
    源 = #table(
            {"城市","排名","得分"},
            { {"北京",1,95},
              {"上海",2,93}}),
    A = Table.FromRows(
            List.TransformMany(
                Table.ToRows(源),              //x
                (a) = >{                        //y
                        Table.ColumnNames(源),
                        a,
                        List.Repeat({null},3)    //3 代表的是 3 列；需要重复 3 次
                        },
                (x,y) = > y  )
            )
in
    A
```

返回的值如图 8-16 所示。

	ABC 123 Column1	ABC 123 Column2	ABC 123 Column3
1	城市	排名	得分
2	北京	1	95
3	null	null	null
4	城市	排名	得分
5	上海	2	93
6	null	null	null

图 8-16　工资条样式

8.3　List.Accumulate

语法如下：

```
List.Accumulate(
    list as list,                    //y 的迭代值
    seed as any,                     //x 的起始值
    accumulator as function          //(x,y) = > func 为自定义函数
) as any
```

说明：返回最后一次计算的结果，迭代是一种累计循环，最后只有一个值。

8.3.1　文本型运算

y 为一维文本型列表，返回的值为最终合并后的文本，代码如下：

```
//ch08 - 045
= List.Accumulate(
    {"A".."C"},
    "",              //注意：此处不能用0,否则数值与文本合并时会报错
    (x,y) = > x&y
)
```

返回的值为"ABC"。

y 为二维文本型列表,并且每个列表都类似于 {Key,Value} 的结构,利用 List. Accumulate()函数进行文本的批量替换,代码如下:

```
//ch08 - 046
= List.Accumulate(
    {
        {"北","BJ"},
        {"上","SH"},
        {"广","GZ"},
        {"深","SZ"}
    },
    "北,上,广,深",
    (x,y) = > Text.Replace(x,y{0},y{1})
)
```

返回的值为" BJ,SH,GZ,SZ ",数据结构如图 8-17 所示。

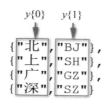

图 8-17 数据结构说明

8.3.2 数值型运算

1. 第二个参数为常量

List.Accumulate()函数的最基础用法,第二个参数为常量,第三个参数为算术表达式,代码如下:

```
//ch08 - 047
= List.Accumulate(
    {1..3},              //y
    0,                   //x,此处不可用"",否则数值与文本相加时会报错
    (x,y) = > x + y
)
```

返回的值为 6,相关原理及结果阐述如图 8-18 所示。

第二个参数为常量,第三个参数为条件表达式,代码如下:

```
//ch08 - 048
= List.Accumulate(
    {1..5},
    2,
    (x, y) = > if x < y then y else x
)
```

返回的值为 5。当条件成立时只需关注 y 值,相关原理及结果阐述如图 8-19 所示。

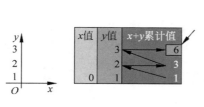

图 8-18　Accumulate 的用法(1)

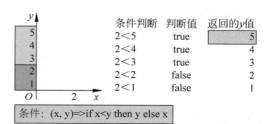

图 8-19　Accumulate 的用法(2)

举例,第二个参数为常量,第三个参数为条件表达式,代码如下:

```
//ch08 - 049
= List.Accumulate(
    {1..5},
    0,
    (x, y) = >
        if Number.IsEven(y)
        then x + y
        else x
)
```

返回的值为 6,相关原理及结果阐述如图 8-20 所示。

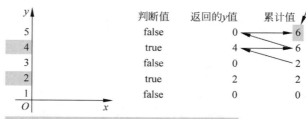

图 8-20　Accumulate 的用法(3)

2. 第二个参数为列表

第二个参数(初始值)为空的 list。将第一个参数中的每个元素依次取出并装进{}中,代码如下:

```
//ch08 - 050
= List.Accumulate(
    {1..3},
    {},
    (x,y) => x&{y}
)
```

返回的值为{1,2,3}。

第二个参数为 List,代码如下:

```
//ch08 - 051
= List.Accumulate(
    {1..3},              //y
    {2,5},               //X
    (x,y) => x
)
```

返回的值为{2,5}。

第二个参数为 List,第三个参数为表达式,代码如下:

```
//ch08 - 052
= List.Accumulate(
    {1..3},              //y
    {2,5},               //X
    (x,y) => x&{y}
)
```

把第一个参数的所有 y 值添加到现有的 x 列表中,返回的值为{2,5,1,2,3}。

注意:第三个参数必须为 x&{y},否则会出现报错提示,即 Expression.Error:无法将运算符 & 应用于类型 List 和 Number。

第二个参数为列表,第三个参数为复杂表达式,代码如下:

```
//ch08 - 053
= List.Accumulate(
    {1..3},
    {2,5},
    (x,y) => x&{x{y}}
)
```

返回的值为{2,5,5,5,5},相关原理阐述如图 8-21 所示。

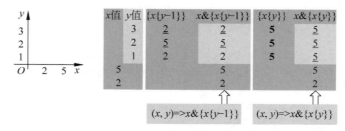

图 8-21　Accumulate 的用法（4）

图 8-21 中 $x \& \{x\{y\}\}$ 的运算过程说明：

开始迭代，$x=\{2,5\}$，将 x 参与运算 $x \& \{x\{y\}\}$，此时 $x\{y\}$ 的 y 值为{1..3}中的 1,这时的 $x \& \{x\{y\}\}$ 即 $x \& \{\{2,5\}\{1\}\}$，即{2,5}&{5}。{2,5}&{5}={2,5,5}。

此时 $x=\{2,5,5\}$，参与运算 $x \& \{x\{y\}\}$，此时 $x\{y\}$ 的 y 值为{1..3}中的 2,这时的 $x \& \{x\{y\}\}$ 即 $x \& \{x\{2\}\}$，具体为{2,5,5}&{{2,5,5}{2}}，即{2,5,5}&{5} = {2,5,5,5}。

此时 $x=\{2,5,5,5\}$，参与运算 $x \& \{x\{y\}\}$，此时 $x\{y\}$ 的 y 值为{1..3}中的 3,即{2,5,5,5}&{{2,5,5,5}{3}},{2,5,5,5}&{5} = {2,5,5,5,5},最后返回的值为{2,5,5,5,5}。

第二个参数为列表，第三个参数为复杂表达式，代码如下：

```
//ch08 - 054
= List.Accumulate(
    {1..3},
    {2,5},
    (x,y) = > x&{x{y - 1} + x{y}}
)
```

返回的值为{2,5,7,12,19},相关原理阐述如图 8-22 所示。

x值	y值	$\{x\{y-1\}\}$	$x\&\{x\{y-1\}\}$	$\{x\{y\}\}$	$x\&\{x\{y\}\}$	$x\&\{x\{y-1\}+x\{y\}\}$
	3	2	2	5	5	19=7+12
	2	5	5	5	5	12=5+7
	1	2	2	5	5	7=2+5
5			5		5	5
2			2		2	2
		$(x,y)=>x\&\{x\{y-1\}\}$		$(x,y)=>x\&\{x\{y\}\}$		$x\&\{x\{y-1\}+x\{y\}\}$

图 8-22　Accumulate 的用法（5）

图 8-22 中 $x \& \{x\{y-1\}+x\{y\}\}$ 的运算过程说明：

开始迭代，初始值 $x=\{2,5\}$，开始迭代 x，将 x 参与 $x \& \{x\{y-1\}+x\{y\}\}$ 的运算，此

时参与迭代的 y 是 $\{1..3\}$ 中的 1,经迭代计算后 $x=\{2,5\}$ 变为 $x=\{2,5\}\&\{\{2,5\}\{1-1\}+\{2,5\}\{1\}\}=\{2,5\}\&\{2+5\}=\{2,5,7\}$。

此时的 $x=\{2,5,7\}$ 开始迭代,x 参与 $x\&\{x\{y-1\}+x\{y\}\}$ 的运算,此时参与迭代的 y 是 $\{1..3\}$ 中的 2,经迭代计算后 $x=\{2,5,7\}$ 变为 $x=\{2,5,7\}\&\{\{2,5,7\}\{2-1\}+\{2,5,7\}\{2\}\}=\{2,5,7\}\&\{5+7\}=\{2,5,7,12\}$。

此时的 $x=\{2,5,7,12\}$ 开始迭代,x 参与 $x\&\{x\{y-1\}+x\{y\}\}$ 的运算,此时参与迭代的 y 是 $\{1..3\}$ 中的 3,经迭代计算后 $x=\{2,5,7,12\}$ 变为 $x=\{2,5,7,12\}\&\{\{2,5,7,12\}\{3-1\}+\{2,5,7\}\{3\}\}=\{2,5,7,12\}\&\{12+7\}=\{2,5,7,12,19\}$。

第二个参数为列表,第三个参数的表达式中存在函数调用,代码如下:

```
//ch08 - 055
= List.Accumulate(
    {1..3},
    {2},
    (x,y) = > x&{List.Last(x) + y}
)
```

List.Last($\{2\}$)返回的值为 2,$\{$List.Last$(x)+y\}$ 的第 1 个返回值为 3。此时 $x=\{2,3\}$,参与 $x\&\{$List.Last$(x)+y\}$ 的运算,此时的 y 为 $\{1..3\}$ 中的 2,List.Last($\{2,3\}$)返回的值为 3,$\{2+3\}=\{5\}$,$\{2,3\}\&\{5\}=\{2,3,5\}$。此时 $x=\{2,3,5\}$ 参与 $x\&\{$List.Last$(x)+y\}$ 的运算,最后返回的值为 $\{2,3,5,8\}$。

第二个参数仍为列表,第三个参数的表达式中存在函数调用,代码如下:

```
//ch08 - 056
= List.Accumulate(
    {1..5},
    {2,5},
    (x,y) = > x&{List.Last(x) + y}
)
```

返回的值为 $\{2,5,6,8,11,15,20\}$。读者测试环节:如果将上述代码中的 $\{2,5\}$ 换成 $\{2,5,8\}$,返回的值将是什么?

第三个参数存在函数嵌套情形也是允许的,代码如下:

```
//ch08 - 057
= List.Accumulate(
    {1..3},
    {2,5},
    (x,y) = > x&{List.Sum(List.LastN(x,2))}
)
```

返回的值为{2,5,7,12,19}。

读者测试环节,测试代码如下:

```
//ch08 - 058
= List.Accumulate(
    {1..5},
    {},
    (x,y) => x&{List.Sum({List.Last(x),y})}
)
```

不假思索,尝试说出返回的结果。

条件分组,将 y 值小于 3 的值添加到一组,将 y 值大于或等于 3 的值添加到另外一组,代码如下:

```
//ch08 - 059
= List.Accumulate(
    {1..5},
    {{},{}},
    (x,y) =>
     if y < 3 then
       {x{0}&{y},x{1}}
     else {x{0},x{1}&{y}}
)
```

返回的值为{{1,2},{3,4,5}}。

条件分组,将 y 值为奇数的值添加到一组,将 y 值为偶数的值添加到另外一组,代码如下:

```
//ch08 - 060
= List.Accumulate(
    {1..5},
    {{},{}},
    (x,y) => if Number.IsEven(y) then
                {x{0}&{y}, x{1}}
              else {x{0}, x{1}&{y}}
)
```

返回的值为{{2,4},{1,3,5}}。

8.3.3 实例应用

1. 生成工资条样式

利用 List.Accumulate()函数生成工资条样式的表格,代码如下:

```
//ch08 - 061
let
    源 = #table(
            {"城市","排名","得分"},
            { {"北京",1,95},
              {"上海",2,93}}),
    B = Table.FromRows(
        List.Accumulate(
            Table.ToRows(源),
                {},
                (x,y) => x&
                    {
                        Table.ColumnNames(源),
                            y,
                            List.Repeat({null},3)
                    }))
in
    B
```

结果如图 8-23 所示。

	ABC 123 Column1	ABC 123 Column2	ABC 123 Column3
1	城市	排名	得分
2	北京	1	95
3	null	null	null
4	城市	排名	得分
5	上海	2	93
6	null	null	null

图 8-23 工资条样式

2. 新增特殊标识列

依据特定条件要求,新增"表现"列,代码如下:

```
//ch08 - 062
let
    源 = #table(
            {"城市","排名","得分","Q1","Q2"},
            { {"北京",1,95,95,94},
              {"上海",2,93,95,96}}),

    评比 = Table.AddColumn(源, "表现", each
            if List.Accumulate(
                List.Range(Record.ToList(_),2,5),
                0,
                (x,y) => Number.From(
```

```
                        y = List.Mode(List.Range(Record.ToList(_),2,5))) + x
                   )>= 2
          then "稳定"
          else ""
              )
    in
        评比
```

返回的值如图 8-24 所示。

	A	B	C	D	E	F
1	城市	排名	得分	Q1	Q2	表现
2	北京	1	95	95	94	稳定
3	上海	2	93	95	96	

图 8-24　新增条件列

8.4　List.Generate

语法如下:

```
List.Generate(
    initial as function,                    //给出列表的起始值
    condition as function,                  //给出列表的结束条件
    next as function,                       //下一个值的生成条件或规则
    optional selector as nullable function  //(可选项)选择最终结果
) as list
```

说明: List.Generate()函数是 while 循环在 Power Query 中的应用。

8.4.1　参数说明

1. 第一个参数为常量

返回的值为升序排列,代码如下:

```
//ch08 - 063
= List.Generate(
    () => 0,            //开始值
    each _ <= 5,        //结束值
    each _ + 1          //运算表达式
)
```

返回的值为{1,2,3,4,5,},相关步骤解释说明如下:当()=>时 0,从 0 开始;当 each _<= 5 时,返回的值必须小于或等于 5;如果条件成立,则执行加 1 操作,作为结果并直接输出。

返回的值为降序排列,代码如下:

```
//ch08 - 064
= List.Generate(
    () = > 5,
    (x) = > x > 0,
    (x) = > x - 1
)
```

返回的值为{5,4,3,2,1}。

返回的值为降序排列,将可选参数的第4个参数用上,代码如下:

```
//ch08 - 065
= List.Generate(
    () = > 5,
    (x) = > x > 0,
    (x) = > x - 1,
    (x) = > Text.Format("倒序#{0}",{x})
)
```

返回的值为{ "倒序 5","倒序 4","倒序 3","倒序 2","倒序 1"}。

2. 第一个参数为列表

初始值为列表,代码如下:

```
//ch08 - 066
= List.Generate(
    () = >{1,0},
    each _{0}< = 5,
    each {_{0} + 1,List.Sum(_)}, each _{0}
)
```

返回的值为{1,2,3,4,5}。

3. 第一个参数为记录

代码如下:

```
//ch08 - 067
= List.Generate(
    () = > [x = 1, y = {}],
    each [x] < = 5,
    each [x = List.Count([y]), y = [y] & {x}],
    each [x]
)
```

返回的值为{1,0,1,2,3,4,5}。

存在记录引用的第4个参数,代码如下:

```
//ch08 - 068
= List.Generate(
 () = >[x = 1, y = 1],
 each [x]< 5,
 each [x = [x] + 1, y = [y] + 1],
 each [x] + [y]
)
```

运行步骤说明：当()=>[x=1,y=1]时，初始记录为[x=1,y=1]；当 each [x]< 5 时，如果得到的 x 值小于 5 且 each [x=[x]+1,y=[y]+1]，则引用上一结果中的值进行 x+1 和 y+1 运算；通过[x]、[y]引用到每个结果的值，然后执行[x]+[y]运算。返回的值为{2,4,6,8}。

读者测试环节。测试一下以下代码：

```
//ch08 - 069
= List.Generate(
    () = >[x = 1, y = 0],
    each [x]< = 5,
    each [x = [x] + 1, y = [x] + [y]],
    each [x]
)
```

尝试说出返回的值。

8.4.2　实例应用

利用 List.Generate()函数生成类似工资条样式的表格，代码如下：

```
//ch08 - 070
let
    源 = #table(
            {"城市","排名","得分","Q1","Q2"},
            { {"北京",1,95,95,94},
              {"上海",2,93,95,96}}),

    C = Table.FromRows(
          List.Combine(
            List.Skip(
              List.Generate(
                () = >[
                    x = Table.ToRows(源),
                    y = 0,
                    z = {}
                  ],
```

```
                    each [y]< = 2,
                    each [x = [x],y = [y] + 1,z = [x]{[y]}],
                    each {
                         Table.ColumnNames(源),[z],
                         List.Repeat({null},5)
                        }
               ))))

in
    C
```

结果如图 8-25 所示。

	A	B	C	D	E
1	Column1	Column2	Column3	Column4	Column5
2	城市	排名	得分	Q1	Q2
3	北京	1	95	95	94
4					
5	城市	排名	得分	Q1	Q2
6	上海	2	93	95	96
7					

图 8-25　工资条样式

第四篇　进　阶　篇

▶▶▶

第 9 章　表的基础应用

第 10 章　表的进阶应用

第 11 章　数据获取

表的基础应用

在 M 语言中,"列表、记录、表"是 Power Query 的三大容器。表是由行值与列值组成的,其中行值为记录(表中带标题的每一行数据),列值由列名对应的列表组成。

9.1 表的创建

在 M 语言中,表的创建有多种方式。可以通过 ♯ table 的方式创建,也可以通过转换的方式(Table. From)创建,例如,Table. FromColumns( )、Table. FromList( )、Table. FromRecords( )、Table. FromRows( )、Table. FromValue( )等。

1. 创建空白表

♯ table( )函数用于表的创建,它由列参数、行参数两个参数组成,语法如下:

```
♯table(columns as any, rows as any) as any
```

♯ table 的第一个参数一般用于指定列名的列表或 null 值、指定列数或列类型,{ }内的值与值之间用逗号分隔;♯ table 的第二个参数为{{{ }}}列表嵌套结构,外层的{ }内有每个{ }代表一行的数据,每一行数据的{ }与{ }之间用逗号分隔。应用举例,创建空白表格,代码如下:

```
//ch9 - 001
let
    源 = ♯table({},{{}}),              //1 行 1 列空白表
    a = ♯table({},{{},{}}),           //2 行 1 列空白表
    b = ♯table({},{{},{},{}}),        //3 行 1 列空白表
    c = ♯table({"A","B"},{{},{}})     //2 行 2 列空白表
in
    c
```

2. 创建普通表

创建表,代码如下:

```
//ch9 - 002
let
    源 = #table(
    {"运单编号","包装方式","数量"},        //列标题
    {
        {"YD001","箱装",2},               //第1行的数据
        {"YD001","散装",3},
        {"YD002","桶装",6}
    }
        )
in
    源
```

运行结果如图 9-1 所示。

	ABC 123 运单编号	ABC 123 包装方式	ABC 123 数量
1	YD001	箱装	2
2	YD001	散装	3
3	YD002	桶装	6

图 9-1　ch9-002 的运行结果

3．创建嵌套表

与 Excel 单元最大的区别在于：M 语言中的单元格内允许存储"列表、记录、表格"。创建表，代码如下：

```
//ch9 - 003
let
    源 = #table(
    {"运单编号","包装方式"},
    {
        {"YD002", #table({"桶装" },{{2}})},   //table
        {"YD001", [散装 = 3]} ,              //record
        {"YD001","桶装"}
    }
        )
in
    源
```

运行结果如图 9-2 所示。

	ABC 123 运单编号	ABC 123 包装方式
1	YD002	Table
2	YD001	Record
3	YD001	桶装

图 9-2　ch9-003 的运行结果

9.2 表函数

查询现有 Excel 版本中 Table 类函数的数量，代码如下：

```
//ch9 - 004
let
    源 = Table.RowCount(
            Table.SelectRows(
                Table.SelectColumns(
                    Table.Skip(Record.ToTable(#shared),5),
                "Name"),
                each Text.StartsWith([Name],"Table")
            )
        )
in
    源
```

返回的值为 108，即现有 Excel 中有 Table 类函数 108 个。如果在 Power BI 中运行代码，则数量会大于 108。

在 M 语言函数中，尽管很多函数所属的类不同（例如，文本、列表、表），但不同类型（文本、列表、表）函数中如果包含相同的单词（例如，Range、Replace、Repeat、Select 等），则其语法规则及参数设置往往存在共同点，如表 9-1 所示。

表 9-1 函数对比与共性归类

关 键 字	文 本 函 数	列 表 函 数	表 函 数
Range	Text.Range()	List.Range()	Table.Range()
Replace	Text.Replace()	List.ReplaceValue()	Table.ReplaceRows()
Repeat	Text.Repeat()	List.Repeat()	Table.Repeat()
PositionOf	Text.PositionOf()	List.PositionOf()	Table.PositionOf()
PositionOfAny	Text.PositionOfAny()	List.PositionOfAny()	Table.PositionOfAny()
Split	Text.Split()	List.Split()	Table.Split()
Insert	Text.Insert()	List.InsertRange()	Table.InsertRows()
Select	Text.Select()	List.Select()	Table.SelectRows()
			Table.SelectColumns()
Combine	Text.Combine()	List.Combine()	Table.Combine()

列表及表类型的 M 语言函数中包含相同的单词（例如，Sort、MaxN、LastN 等），如表 9-2 所示。

表 9-2　函数对比与共性归类

关　键　字	列 表 函 数	表　函　数
Sort	List. Sort()	Table. Sort()
Max	List. Max()	Table. Max()
MaxN	List. MaxN()	Table. MaxN()
Min	List. Min()	Table. Min()
MinN	List. MinN()	Table. MinN()
First	List. First()	Table. First()
FirstN	List. FirstN()	Table. FirstN()
LastN	List. LastN()	Table. LastN()
Last	List. Last()	Table. Last()
RemoveLastN	List. RemoveLastN()	Table. RemoveLastN()
RemoveFirstN	List. RemoveFirstN()	Table. RemoveFirstN()
MatchesAll	List. MatchesAll()	Table. MatchesAllRows()
MatchesAny	List. MatchesAny()	Table. MatchesAnyRows()
RemoveMatching	List. RemoveMatchingItems()	Table. RemoveMatchingRows()
Skip	List. Skip()	Table. Skip()
Alternate	List. Alternate()	Table. AlternateRows()
FindText	List. FindText()	Table. FindText()

以上函数包含相同的单词但归属于不同的函数类型。虽然返回的值不同,但是关键参数存在共同点。通过类比,既可以避免使用中的混淆,也可以提升学习的效率。

9.3　成员关系

9.3.1　判断

在 Excel 中,通过"数据"→"从表格"将数据源导入 Power Query,数据源如图 9-3 所示。

▲	A	B	C
1	运单编号	客户	收货详细地址
2	YD001	王2	北京路2幢2楼201
3	YD001	王2	北京路2幢2楼201
4	YD002	王2	北京路2幢2楼202
5	YD002		北京路2幢2楼202

图 9-3　数据源(1)

在 Power Query 编辑器中,通过"主页"→"高级编辑器"或"视图"→"高级编辑器"查看的完整代码如下:

```
//ch9 - 005
let
```

```
    源 = Excel.CurrentWorkbook(){[Name = "表 1"]}[Content],
    HasColumns = Table.HasColumns(源,"客户"),                    //true
    HasColumns2 = Table.HasColumns(源,{"客户","运单编号"}),       //true
    IsDistinct = Table.IsDistinct(源),                          //false
    IsEmpty = Table.IsEmpty(源)                                 //false
in
    IsEmpty
```

各步骤返回的值见各行代码的注释部分。

9.3.2 检测

检测的值为 true 或 false,可作为后续判断或筛选的依据,应用举例,代码如下:

```
//ch9 - 006
let
    源 = Excel.CurrentWorkbook(){[Name = "表 1"]}[Content],
    mar = Table.MatchesAllRows(源,each Text.Contains([运单编号], "YD001"))
in
    mar //false
```

返回的值为 false。如果将 Table.MatchesAllRows()函数改为 Table.MatchesAnyRows()
函数,则返回的值为 true。

在"高级编辑器"中,完成代码如下:

```
//ch9 - 007
let
    源 = Excel.CurrentWorkbook(){[Name = "表 1"]}[Content],
    mar = Table.MatchesAllRows(
            源,
            each Text.StartsWith([收货详细地址], "北京路")
        )
in
    mar
```

返回的值为 true。如果将 Table.MatchesAllRows()函数改为 Table.MatchesAnyRows()
函数,则返回的值仍为 true。

9.3.3 计算

在"高级编辑器"中,完成代码如下:

```
//ch9 - 008
let
```

```
    源 = Excel.CurrentWorkbook(){[Name = "表1"]}[Content],
    rct = Table.RowCount(源),
    cct = Table.ColumnCount(源)
in
    cct
```

应用的步骤 rct 返回的值为 4，cct 返回的值为 3。

9.3.4 描述

在 Excel 中，通过"数据"→"从表格"将数据源导入 Power Query，数据源如图 9-4 所示。

	ABC 123 城市	ABC 123 排名	ABC 123 Q1	ABC 123 Q2	ABC 123 Q3	ABC 123 Q4
1	北京	1	94	97	95	94
2	上海	2	98	92	91	91
3	广州	3	89	94	92	89
4	深圳	4	91	87	84	86
5	重庆	5	88	85	82	95
6	苏州	6	73	82	85	88
7	成都	7	85	80	80	75
8	杭州	8	78	79	76	83
9	南京	9	81	76	72	71
10	天津	10	77	70	69	72

图 9-4　数据源(2)

在 Power Query 编辑器中，通过"主页"→"高级编辑器"或"视图"→"高级编辑器"查看完成的代码如下：

```
//ch9 - 009
let
    源 = Excel.CurrentWorkbook(){[Name = "表3"]}[Content],
    类型 = Table.TransformColumnTypes(源,{{"Q1", Int64.Type}, {"Q2", Int64.Type}, {"Q3",
Int64.Type}, {"Q4", Int64.Type}}),
    描述 = Table.Profile(类型)
in
    描述
```

在"高级编辑器"中单击"完成"按钮，在"Power Query 编辑器"中，返回的结果如图 9-5 所示。

	ABC Column	ABC 123 Min	ABC 123 Max	ABC 123 Average	1.2 StandardDeviation	1.2 Count	ABC 123 NullCount	ABC 123 DistinctCount
1	Q1	73	98	85.4	8.044321669	10	0	10
2	Q2	70	97	84.2	8.482662056	10	0	10
3	Q3	69	95	82.6	8.617811014	10	0	10
4	Q4	71	95	84.4	8.871928263	10	0	10
5	城市	null	null	null	null	10	0	null
6	排名	null	null	null	null	10	0	null

图 9-5　描述性统计分析

同为数值,为什么排名列返回的值没有像 Q1、Q2、Q3、Q4 列一样返回描述性值呢? 采用 Table.Schema() 函数来观测各列的数据类型,代码如下:

```
//ch9 - 010
let
    源 = Excel.CurrentWorkbook(){[Name = "表 3"]}[Content],
    类型 = Table.TransformColumnTypes(源,{{"Q1", Int64.Type}, {"Q2", Int64.Type}, {"Q3",
Int64.Type}, {"Q4", Int64.Type}}),
    分析 = Table.Schema(类型)
in
    分析
```

在"高级编辑器"中单击"完成"按钮,在"Power Query 编辑器"中,返回的结果如图 9-6 所示(仅截取前 5 列的信息)。

	A^B_C Name	1.2 Position	A^B_C TypeName	A^B_C Kind
1	城市	0	Any.Type	any
2	排名	1	Any.Type	any
3	Q1	2	Int64.Type	number
4	Q2	3	Int64.Type	number
5	Q3	4	Int64.Type	number
6	Q4	5	Int64.Type	number

图 9-6　列的数据类型

从图 9-6 的 TypeName 列可发现,排名列的数据类型为 Any(任意),所以无法进行描述性统计分析。

9.4　行操作

常见的行操作有保留行、删除行、删除重复项、选择行、选择带错误的行、插入行、替换行、合并或追加行等。

9.4.1　保留

在 Table 结构中,当需要保留或删除最前面一行、最后面一行、前几行、后几行时,可以用函数中带单词(First、Last、FirstN、LastN)的函数,返回的值多为 Table。当函数中带 N 关键字时,与 N 对应的参数可以为数值,也可以为指定的条件表达,它在语法中的描述一般为 countOrCondition as any。

1. Table.First()、Table.Last()

Table.First() 函数与 Table.Last() 函数的语法结构类似。以 Table.First() 为例,语法如下:

```
Table.First(table as table, optional default as any) as any
```

应用举例代码如下：

```
//ch9 - 011
let
    源 = Excel.CurrentWorkbook(){[Name = "表 1"]}[Content],
    first = Table.First(源)
in
    first
```

返回的值为 Record([运单编号＝ "YD001",客户＝ "王 2",收货详细地址＝ "北京路 2 幢 2 楼 201"])。

如果将上述代码改为 Table.Last(源)，则返回的 Record 为[运单编号＝ "YD002",客户＝ null,收货详细地址＝ "北京路 2 幢 2 楼 202"]。

2. Table.FirstN()、Table.LastN()

Table.FirstN()函数与 Table.LastN()函数的语法结构类似。以 Table.FirstN()为例，语法如下：

```
Table.FirstN(table as table, countOrCondition as any) as table
```

应用举例，代码如下：

```
//ch9 - 012
let
    源 = Excel.CurrentWorkbook(){[Name = "表 1"]}[Content],
    firstn = Table.FirstN(源,2)
in
    firstn
```

返回的值如图 9-7 所示。

如果将上述代码中的 Table.FirstN(源,2)更改为 Table.LastN(源,2)，则返回的值如图 9-8 所示。

图 9-7　ch9-012 的运行结果　　　　图 9-8　ch9-012 更改后的运行结果

3. Table.Skip()

Table.Skip()函数用于指定跳过表中的行数，跳过的行数取决于第二个参数；缺失值

为跳过第 1 行。返回的值为表,其语法如下:

```
Table.Skip(
    table as table,
    optional countOrCondition as any          //行数或条件
) as table
```

Table.Skip()中的第二个参数指定跳过的行(countOrCondition)与带 N 的函数的参数 countOrCondition 用法类似。此函数较为简单,不另行举例。

4. Table.SingleRow()

Table.SingleRow()函数用于返回表中的单行,语法如下:

```
Table.SingleRow(table as table) as record
```

数据对象必须为只有单行的表,返回的值为 Record,应用举例,代码如下:

```
//ch9 - 013
let
    源 = Table.FirstN(Excel.CurrentWorkbook(){[Name = "表 1"]}[Content],1),
    Single = Table.SingleRow(源)
in
    Single
```

返回的值为[运单编号 = "YD001",客户 = "王 2",收货详细地址 = "北京路 2 幢 2 楼 201"]。

如果数据对象为多行的表,则将报错提示,应用举例,代码如下:

```
//ch9 - 014
let
    源 = Table.FirstN(Excel.CurrentWorkbook(){[Name = "表 1"]}[Content],2),
    Single = Table.SingleRow(源)
in
    Single
```

错误提示如下:

```
Expression.Error: 枚举中用于完成该操作的元素过多。
详细信息:
    [List]
```

9.4.2 删除

1. Table.Distinct()

Table.Distinct()函数用于删除表中的重复行,第二个参数用于指定表中的哪些列需去

重,默认值为对所有的列进行去重,语法如下:

```
Table.Distinct(table as table, optional equationCriteria as any) as table
```

应用举例,代码如下:

```
//ch9 – 015
let
    源 = Excel.CurrentWorkbook(){[Name = "表 1"]}[Content],
    distinct = Table.Distinct(源)
in
    distinct
```

原始数据如图 9-9(a)所示,返回的值如图 9-9(b)所示。

(a) 原始数据   (b) 去重后数据

图 9-9   ch9-015 的原始数据及返回的值

2. Table.RemoveFirstN()、Table.RemoveLastN()

删除表的前 N 行(Table.RemoveFirstN())、后 N 行(Table.RemoveLastN())的语法是类似的。以 Table.RemoveFirstN()为例,语法如下:

```
Table.RemoveFirstN(
    table as table,
    optional countOrCondition as any            //个数或条件
) as table
```

以 Table.RemoveFirstN()函数为例,代码如下:

```
//ch9 – 016
let
    源 = Excel.CurrentWorkbook(){[Name = "表 1"]}[Content],
    firstn = Table.RemoveFirstN(源,2)
in
    firstn
```

运行结果如图 9-10 所示。

若将上述代码中的 firstn 步骤更改为= Table.RemoveFirstN(源,each [客户]<> null),则运行结果如图 9-11 所示。

图 9-10 ch9-016 的运行结果　　　　　图 9-11 ch9-016 修改后的运行结果

以 Table.RemoveLastN() 函数为例,代码如下:

```
//ch9 - 017
let
    源 = Excel.CurrentWorkbook(){[Name = "表 1"]}[Content],
    lastn = Table.RemoveLastN(源,2)
in
    lastn
```

运行结果如图 9-12 所示。

3. Table.RemoveRows()

Table.RemoveRows() 函数用于从指定的行位置删除指定的行数,语法如下:

```
Table.RemoveRows(
    table as table,
    offset as number,
    optional count as nullable number
) as table
```

应用举例,代码如下:

```
//ch9 - 018
let
    源 = Excel.CurrentWorkbook(){[Name = "表 1"]}[Content],
    rmr = Table.RemoveRows(源,1,2)        //从第 2 行开始,删除 2 行
in
    rmr
```

运行结果如图 9-13 所示。

图 9-12 ch9-017 的运行结果　　　　　图 9-13 ch9-018 的运行结果

在 M 语言中,函数中带 Remove 单词的函数多用于删除符合条件的值,它与带 Select 单词的函数互为反操作(Select 用于选择符合条件的值,Remove 用于删除符合条件的值)。

4. Table.RemoveRowsWithErrors()

Table.RemoveRowsWithErrors()函数用于删除单元格中包含错误的行,返回值为表。在 Power Query 编辑器中,可通过"主页"→"删除行"→"删除错误"进行操作,或代码输入,语法如下:

```
Table.RemoveRowsWithErrors(
    table as table,
    optional columns as nullable list
) as table
```

该函数的用法相对简单,只需在数据源的外围嵌套,删除表中的任一包含错误值的行后返回新的表。该函数用法简单,不另行举例。

9.4.3 选择

选择行时可以依据数值(开始的行数、提取的行数、跳过的行数、保留的行数),也可以依据条件(指定的文本、条件表达式)进行选择。

1. Table.Range()

与 M 语言中其他含 Range 单词的各函数类似,Table.Range()函数同样存在起止值,其中开始值是必填参数,语法如下:

```
Table.Range(
    table as table,
    offset as number,                    //开始的行(从 0 开始计算)
    optional count as nullable number    //要提取的行数
) as table
```

应用举例,代码如下:

```
//ch9 - 019
let
    源 = Excel.CurrentWorkbook(){[Name = "表 3"]}[Content],
    选择 = Table.Range(源,4,3)
in
    选择
```

运行结果如图 9-14 所示。

	ABC 123 城市	ABC 123 排名	ABC 123 Q1	ABC 123 Q2	ABC 123 Q3	ABC 123 Q4
1	重庆	5	88	85	82	95
2	苏州	6	73	82	85	88
3	成都	7	85	80	80	75

图 9-14 ch9-019 的运行结果

Table. Range()函数经常与 List. Transform()等函数搭配使用,实现列表的遍历循环。

2. Table. AlternateRows()

Table. AlternateRows()函数用于指定表中行的交替选择,语法如下:

```
Table.AlternateRows(
    table as table,
    offset as number,
    skip as number,
    take as number
) as table
```

应用举例,代码如下:

```
//ch9 - 020
let
    源 = Excel.CurrentWorkbook(){[Name = "表 3"]}[Content],
    选择 = Table.AlternateRows(源,1,3,2)
in
    选择
```

运行结果如图 9-15 所示。

	ABC 123 城市	ABC 123 排名	ABC 123 Q1	ABC 123 Q2	ABC 123 Q3	ABC 123 Q4
1	北京	1	94	97	95	94
2	重庆	5	88	85	82	95
3	苏州	6	73	82	85	88
4	天津	10	77	70	69	72

图 9-15 ch9-020 的运行结果

3. Table. FindText()

Table. FindText()函数用于筛选表中含指定文本的行,返回的值为表,语法如下:

```
Table.FindText(
    table as table,
    text as text      //指定的文本
) as table
```

应用举例,代码如下:

```
//ch9 - 021
let
    源 = Excel.CurrentWorkbook(){[Name = "表 1"]}[Content],
    选择 = Table.FindText( 源, "2 楼 202" )
in
    选择
```

运行结果如图 9-16 所示。

	ABC 123 运单编号	ABC 123 客户	ABC 123 收货详细地址
1	YD002	王2	北京路2幢2楼202
2	YD002	null	北京路2幢2楼202

图 9-16　ch9-021 的运行结果

4. Table.SelectRows()

Table.SelectRows()函数用于筛选表中符合条件的行,该函数的第二个参数为函数,适用的场景较广。该函数为使用频率较高,语法如下:

```
Table.SelectRows(
    table as table,
    condition as function
) as table
```

应用举例,代码如下:

```
//ch9 - 022
let
    源 = Excel.CurrentWorkbook(){[Name = "表3"]}[Content],
    类型 = Table.TransformColumnTypes(源,{
            {"Q1", Int64.Type}, {"Q2", Int64.Type},
            {"Q3", Int64.Type}, {"Q4", Int64.Type}
            }),
    行筛选 = Table.SelectRows(类型,each
            List.Average({[Q1],[Q2],[Q3],[Q4]})> 90 )
in
    行筛选
```

运行结果如图 9-17 所示。

	ABC 123 城市	ABC 123 排名	1²3 Q1	1²3 Q2	1²3 Q3	1²3 Q4
1	北京	1	94	97	95	94
2	上海	2	98	92	91	91
3	广州	3	89	94	92	89

图 9-17　ch9-022 的运行结果

该函数使用频率较高、使用场景较广,需熟练掌握及灵活应用。

5. Table.SelectRowsWithErrors()

Table.SelectRowsWithErrors()函数用于返回表中至少一个单元格包含错误的行的表。在 Power Query 编辑器中,可通过"主页"→"保留行"→"保留错误"进行操作,或代码输入,语法如下:

```
Table.SelectRowsWithErrors(
    table as table,
    optional columns as nullable list
) as table
```

应用举例,代码如下:

```
//ch9 - 023
let
    源 = Excel.CurrentWorkbook(){[Name = "表1"]}[Content],
    新列 = Table.AddColumn(源, "数值", each [客户] + 3),
    选择 = Table.SelectRowsWithErrors(新列)
in
    选择
```

运行结果如图 9-18 所示。

	ABC 123 运单编号	ABC 123 客户	ABC 123 收货详细地址	ABC 123 数值
1	YD001	王2	北京路2幢2楼201	Error
2	YD001	王2	北京路2幢2楼201	Error
3	YD002	王2	北京路2幢2楼202	Error

图 9-18 ch9-023 的运行结果

9.4.4 更改

1. Table.InsertRows()

Table.InsertRows()函数用于在表中指定的索引位置插入一行,共三个参数,第三个参数为核心。第三个参数为{Record}结构,Record 的字段必须与 Table 的字段数量及名称完全一致(字段位置的顺序及先后没有关系),语法如下:

```
Table.InsertRows(
    table as table,
    offset as number,      //为数值类型
    rows as list           //为{Record}结构
) as table
```

应用举例,代码如下:

```
//ch9 - 024
let
    源 = Excel.CurrentWorkbook(){[Name = "表1"]}[Content],
    插入 = Table.InsertRows(源,2,{[运单编号 = "", 收货详细地址 = "",客户 = ""]})
in
    插入
```

运行结果如图 9-19 所示。

图 9-19　ch9-024 的运行结果

2．Table.ReplacRows()

Table.ReplacRows()函数用于替换指定的行，语法如下：

```
Table.ReplaceRows(
    table as table,
    offset as number,      //要跳过的行数
    count as number,       //要替换的行数
    rows as list
) as table
```

应用举例，代码如下：

```
//ch9 - 025
let
    源 =
    Table.FromRecords({
        [运单编号 = "YD001" , 路 = "北京路" ],
        [运单编号 = "YD002" , 路 = "上海路" ],
        [运单编号 = "YD003" , 路 = "广州路" ],
        [运单编号 = "YD004" , 路 = "深圳路" ]
    }),
A = Table.ReplaceRows( 源,
    1,
    2,
    {
        [ 运单编号 = 5688 , 路 = "苏州路"],
        [ 运单编号 =  6688, 路 = "杭州路"]
    }
    )
in
A
```

行值替换前与替换后的对比数据如图 9-20 所示。

3．Table.ReplaceMatchingRows()

Table.ReplaceMatchingRows()函数用于替换符合条件的行，语法如下：

	运单编号	路
1	YD001	北京路
2	YD002	上海路
3	YD003	广州路
4	YD004	深圳路

(a) 替换前

	运单编号	路
1	YD001	北京路
2	5688	苏州路
3	6688	杭州路
4	YD004	深圳路

(b) 替换后

图 9-20　ch9-025 的原始数据及返回的值

```
Table.ReplaceMatchingRows(
    table as table,
    replacements as list,
    optional equationCriteria as any
) as table
```

应用举例，代码如下：

```
//ch9 - 026
let
    源 =
        #table(
          {"运单编号","路"},
          {
            {"YD001","北京路"},
            {"YD002","上海路"},
            {"YD003","广州路"},
            {"YD004","深圳路"}
          }
        ),
A = Table.ReplaceMatchingRows( 源,
     {
        {
            [ 运单编号  =  "YD002" , 路 = "上海路" ],
            [ 运单编号  =  5688 ,     路 = "苏州路" ]
        },
        {
            [ 运单编号  =  "YD003" , 路 = "广州路" ],
            [ 运单编号  =  6688 ,     路 = "杭州路" ]
        }
     }
    )
in
    A
```

行替换前与替换后的对比数据如图 9-20 所示。

4. Table.Repeat()

Table.Repeat()函数用于将表重复指定的次数,语法如下:

```
Table.Repeat(table as table, count as number) as table
```

应用举例,代码如下:

```
//ch9 - 027
let
    源 = #table(
          {"运单编号","路"},
          { {"YD001","北京路"},{"YD002","上海路"} }
        ),
    Repeat = Table.Repeat(源,2)
in
    Repeat
```

通过语句 Table.Repeat(源,2),将原表重复了两次,运行结果如图 9-21 所示。

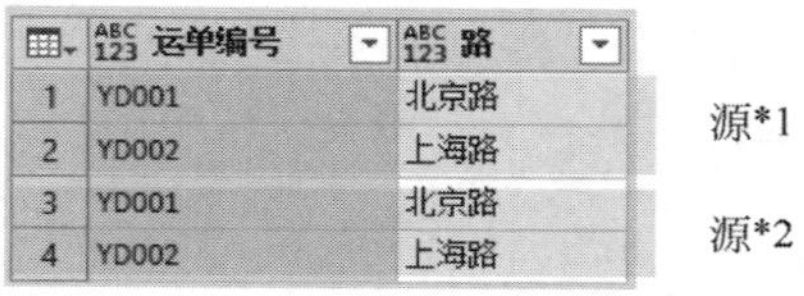

	运单编号	路
1	YD001	北京路
2	YD002	上海路
3	YD001	北京路
4	YD002	上海路

图 9-21　ch9-027 的运行结果

5. Table.ReverseRows()

Reverse 是“颠倒、使完全相反”的意思。Table.ReverseRows()函数用于将表按相反的顺序排列,语法如下:

```
Table.ReverseRows(table as table) as table
```

Table.ReverseRows()函数的用法较为简单,只需嵌套在各类方式所得到的表之上。应用举例,代码如下:

```
//ch9 - 028
let
    源 = #table({"运单编号","路"},{{"YD001","北京路"},{"YD002","上海路"}}),
    颠倒 = Table.ReverseRows(源)
in
    颠倒
```

行逆序排列前与逆序排列后的对比数据如图 9-22 所示。

ABC 123 运单编号	▼	ABC 123 路	▼
1	YD001		北京路
2	YD002		上海路

(a) 逆序前

ABC 123 运单编号	▼	ABC 123 路	▼
1	YD002		上海路
2	YD001		北京路

(b) 逆序后

图 9-22　ch9-028 的运行结果

9.4.5　追加

Table.Combine()函数用于将多个表合并成一个表。这些表可能具备相同的结构,也可能不具备相同的结构,或者可能来自于不同的数据源(例如,创建的表、来自 Excel 的表、来自其他的数据源),语法如下:

```
Table.Combine(
    tables as list,
    optional columns as any
) as table
```

在 Excel 中,通过"数据"→"从表格"将数据导入 Power Query 数据源,如图 9-23 所示。

图 9-23　数据源

如果将其 3 行为一组组成一个地址信息,再将同一组信息放于同一行中,则在 Power Query 编辑器中,可通过"主页"→"高级编辑器"或"视图"→"高级编辑器"查看,完成后的代码如下:

```
//ch9 - 029
let
    源 = Excel.CurrentWorkbook(){[Name = "表 4"]}[Content],
    转换 = Table.Combine(
            List.Transform(
                {1..3},
                each Table.Transpose(
                    Table.Range(源, _ * 3 - 3,3),
                    {"路","幢","楼"}
                )
```

```
                    )
                )
    in
        转换
```

运行结果如图 9-24 所示。

	路	幢	楼
1	北京路	2幢	2楼201
2	上海路	3幢	3楼201
3	广州路	4幢	4楼401

图 9-24 ch9-029 的运行结果

如果表的行数是未知的，则遍历列表数据时需采用动态的方式。在实际使用过程中，可以将 List.Transform()函数中的{1..3}替换为{1..Table.RowCount(源)/3}。

Power Query 的 M 语言是函数语言，嵌套是函数语言的特色。解析 M 语言的代码时，必须围绕核心函数，然后从内到外逐层理解。以本段代码中的“转换”步骤为例：核心函数为 List.Transform()，存在嵌套的是第二个参数。在第二个参数的嵌套过程中，最先嵌套的是 Table.Range()函数，接下来在 Table.Range()函数的基础上嵌套的是 Table.Transpose()函数。

List.Transform()返回的值为 List，该 List 内的数据类型/结构为 Table，所以最后通过 Table.Combine()函数嵌套将其合并成一个大表。

9.5 列操作

常见的列操作有标题的操作、删除列、选择列、修改列、重排列、拆分列、合并列、逆视列、逆透视列等。

9.5.1 升降

Table.PromoteHeaders()函数及 Table.DemoteHeaders()函数对应的是 Power Query 编辑器中的“主页”→“将第一行用作标题”及“主页”→“将标题作为第一行”。

这两者的语法是类似的，以 Table.PromoteHeaders()函数的语法为例，代码如下：

```
Table.PromoteHeaders(
    table as table,
    optional options as nullable record
) as table
```

Table.PromoteHeaders()函数及 Table.DemoteHeaders()函数一般直接嵌套在数据源的外面，其使用较简单，不另行举例说明。

9.5.2 删除

Table.RemoveColumns()函数是较常用的函数，它对应的是 Power Query 编辑器中“主页”→“删除列”→“删除列”操作，语法如下：

```
Table.RemoveColumns(
    table as table,
    columns as any,
    optional missingField as nullable number
) as table
```

应用举例,代码如下:

```
//ch9 - 030
let
    源 = Excel.CurrentWorkbook(){[Name = "表 2"]}[Content],
    删除 = Table.SelectRows(
                Table.RemoveColumns(
                    Table.PromoteHeaders(源),
                  {"城市", "Q1", "Q2"}),
                each List.Sum({[Q3],[Q4]})> 181
           )
in
    删除
```

运行结果如图 9-25 所示。

	排名	Q3	Q4
1	1	95	94
2	2	91	91

图 9-25 ch9-030 的运行结果

9.5.3 选择

Table.SelectColumns()函数是较常用的函数,它对应的是 Power Query 编辑器中"主页"→"选择列"→"选择列"操作。"选择列"与"删除列"互为反操作,语法如下:

```
Table.SelectColumns(
    table as table,
    columns as any,
    optional missingField as nullable number
) as table
```

应用举例,代码如下:

```
//ch9 - 031
let
    源 = Excel.CurrentWorkbook(){[Name = "表 2"]}[Content],
    选择 = Table.LastN(
```

```
        Table.SelectColumns(
            Table.PromoteHeaders(源),
            {"城市", "Q1", "Q2"}
            ),
        2
        )
in
    选择
```

运行结果如图 9-26 所示。

	ABC 123 城市	ABC 123 Q1	ABC 123 Q2
1	南京	81	76
2	天津	77	70

图 9-26   ch9-031 的运行结果

9.5.4 拆分

1. Table.SplitColumn()

Table.SplitColumn()函数用于依据一定的规则进行列拆分,在日常数据清洗与分析过程中使用频率较高,语法如下:

```
Table.SplitColumn(
    table as table,
    sourceColumn as text,
    splitter as function,
    optional columnNamesOrNumber as any,
    optional default as any,
    optional extraColumns as any
) as table
```

应用举例,以字符"路"为拆分的依据,代码如下:

```
//ch9 - 032
let
    源 = Excel.CurrentWorkbook(){[Name = "表 1"]}[Content],
    分列 = Table.SplitColumn(
            源,
            "收货详细地址",
            Splitter.SplitTextByDelimiter("路"),
            2
          )
in
    分列
```

在以上代码中含有第三个参数(Splitter 参数)的函数在很多情况下可以用 Text.Split()等函数来替换。以下代码与上面的代码返回的值完全一样,代码如下:

```
//ch9 - 033
let
    源 = Excel.CurrentWorkbook(){[Name = "表 1"]}[Content],
    分列 = Table.SplitColumn(
            源,
            "收货详细地址",
            each Text.Split(_,"路"),
            2
        )
in
    分列
```

运行结果如图 9-27 所示。

	ABC 123 运单编号 ▾	ABC 123 客户 ▾	ABC 123 收货详细... ▾	ABC 123 收货详细... ▾
1	YD001	王2	北京	2喠2楼201
2	YD001	王2	北京	2喠2楼201
3	YD002	王2	北京	2喠2楼202
4	YD002	null	北京	2喠2楼202

图 9-27 ch9-033 的运行结果

2. 拆分器函数

在 M 语言中,有 10 个拆分器函数,分别为 Splitter.SplitByNothing()、Splitter.SplitTextByCharacterTransition()、Splitter.SplitTextByAnyDelimiter()、Splitter.SplitTextByDelimiter()、Splitter.SplitTextByEachDelimiter()、Splitter.SplitTextByLengths()、Splitter.SplitTextByPositions()、Splitter.SplitTextByRanges()、Splitter.SplitTextByRepeatedLengths()、Splitter.SplitTextByWhitespace()。

通过强记的方式来学习以上 10 个拆分器函数是不明智的,最好的学习与应用方式是在 Power Query 编辑器中,通过"主页"→"拆分列"或"转换"→"拆分列"进入菜单,然后选择一个最接近的功能让系统自动生成代码,然后手动修改代码,相关菜单如图 9-28 所示。

图 9-28 拆分列

拆分器函数与图形化操作的对应关系如表 9-3 所示。

表 9-3 拆分列

拆分列	功 能	函 数
按分隔符	分隔符	Splitter.SplitTextByDelimiter(指定的字符串,QuoteStyle.Csv)
用字符数	数字	Splitter.SplitTextByRepeatedLengths(n) // n 代表的是数字

续表

拆分列	功　能	函　　数
按位置	位置	Splitter. SplitTextByPositions({i})　　　// i 代表的是数字
按照字符	从小写到大写	Splitter. SplitTextByCharacterTransition({a..z}, {A..Z})
	从大写到小写	Splitter. SplitTextByCharacterTransition({A..Z}, {a..z})
	从数字到非数字	Splitter. SplitTextByCharacterTransition ({0..9}, (c) => not List. Contains({0..9}, c)
	从非数字到数字	Splitter. SplitTextByCharacterTransition((c) => not List. Contains({0..9}, c), {0..9})

以 Splitter. SplitTextByAnyDelimiter() 函数的应用为例。通过"主页"→"拆分列"→"按分隔符",在对话框中单击"确定"按钮,然后在编辑栏或高级编辑器进行代码修改,完整代码如下:

```
//ch9 - 034
let
    源 = Excel.CurrentWorkbook(){[Name = "表 1"]}[Content],
    拆分列 = Table.SplitColumn(
            源,
            "收货详细地址",
            Splitter.SplitTextByAnyDelimiter(
                {"路","幢"},
                QuoteStyle.Csv
            ),
            {"路", "幢","楼"}
        )
in
    拆分列
```

运行结果如图 9-29 所示。

	ABC123 运单编号	ABC123 客户	ABC 路	ABC 幢	ABC 楼
1	YD001	王2	北京	2	2楼201
2	YD001	王2	北京	2	2楼201
3	YD002	王2	北京	2	2楼202
4	YD002	null	北京	2	2楼202

图 9-29　ch9-034 的运行结果

9.5.5　合并

1. Table. CombineColumns()

在 M 语言中,同类型的函数中,含 Split 单词的函数与含 Combine 单词的函数互为反操作。同理,Table. CombineColumns() 函数与 Table. SplitColumns() 函数互为反操作,语法如下：

```
Table.CombineColumns(
    table as table,
    sourceColumns as list,
    combiner as function,
    column as text
) as table
```

以图 9-29 中的数据为例，将幢、楼两列的数据进行合并。选择幢、楼两列，单击"转换"
→"合并列"。在"合并列"对话框中，将"分隔符"设置为"自定义"。将值设置为"路"，新列名
为"楼层信息"，单击"确定"按钮，如图 9-30 所示。

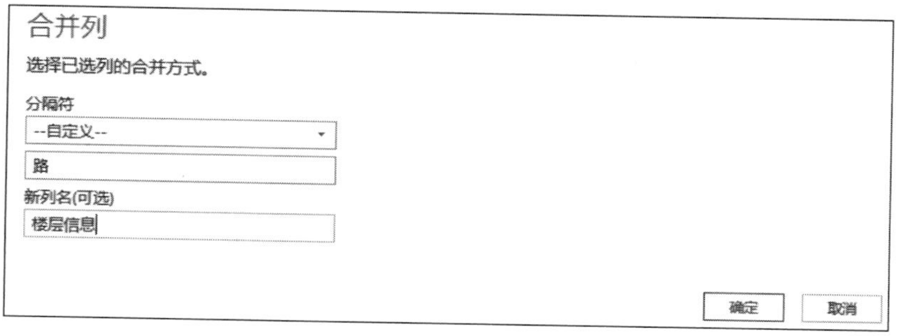

图 9-30　合并列

运行结果如图 9-31 所示。

图 9-31　合并列

在 Power Query 编辑器的编辑栏中，查看"合并列"的操作，代码如下：

```
= Table.CombineColumns(拆分列,{"幢", "楼"}, Combiner.CombineTextByDelimiter("路",
QuoteStyle.None),"楼层信息")
```

在以上代码中含有第三个参数（Combiner 参数）的函数在很多情况下可以用 Text.
Combine()函数来替换。以下代码与上面的代码返回的值完全一样，代码如下：

```
= Table.CombineColumns(拆分列,{"幢", "楼"}, each Text.Combine(_,"幢"), "已合并")
```

在 M 语言中，合并器函数共有 5 个，分别为 Combiner.CombineTextByDelimiter()、

Combiner. CombineTextByEachDelimiter（）、Combiner. CombineTextByLengths（）、Combiner. CombineTextByPositions()、Combiner. CombineTextByRanges()。

　　与拆分器函数的使用原理类似,这 5 个函数可以先通过图形化操作再修改代码的方式来完成操作,以此提高学习与使用的效率。

2. Table. CombineColumnsToRecord()

　　Table. CombineColumnsToRecord()函数用于将指定的列合并为新的记录值列,语法如下:

```
Table.CombineColumnsToRecord(
    table as table,
    newColumnName as text,
    sourceColumns as list,
    optional options as nullable record
) as table
```

　　以图 9-29 中的数据为例,将"路、幢、楼"3 列的数据进行合并。单击 Power Query 栏的"添加步骤"的图标(fx),在编辑栏修改代码,修改后的代码如下:

```
= Table.CombineColumnsToRecord(拆分列,"新列",{"路","幢","楼"})
```

　　运行结果如图 9-32 所示。

	ABC 123 运单编号	ABC 123 客户	新列
1	YD001	王2	Record
2	YD001	王2	Record
3	YD002	王2	Record
4	YD002	null	Record

图 9-32　合并列为新记录

9.5.6　透视

　　透视表的原理可简单阐述为"以行值、列值为分类汇总的依据,以值列为分类汇总的方式(例如,求和、求平均、计数等)"。Excel 中透视表的功能非常强大,如果涉及复杂的表格透视需求,则可以利用 Excel 的 Power Pivot 来完成。

1. Table. Pivot()

　　Table. Pivot()函数用于在给定一对表示属性-值对的列的情况下,将属性列中的数据转换为列标题,语法如下:

```
Table.Pivot(
    table as table,
    pivotValues as list,
    attributeColumn as text,
```

```
    valueColumn as text,
    optional aggregationFunction as nullable function
) as table
```

应用举例,数据源如表 9-4 所示。

表 9-4　数据源

城　　市	区　　域	评　　级	Q1	Q2
北京	华北	一线＋	94	97
上海	华东	一线＋	98	92
广州	华南	一线＋	89	94
深圳	华南	一线＋	91	87
重庆	西南	一线	88	85
苏州	华东	一线	73	82
成都	西南	一线	85	80
杭州	华东	一线	78	79
南京	华东	一线－	81	76
天津	华北	一线－	77	70

如果以"区域"为行值、以"评级"为列值、以 Q1 为聚合值。在 Power Query 编辑器中,首先选择"区域、评级、Q1"这 3 列数据。单击"评级"列并依次选择"转换"→"透视列",在"透视列"对话框中,将"值列"选择为 Q1,单击"确定"按钮,如图 9-33 所示。

图 9-33　透视列

运行结果如图 9-34 所示。

	区域	一线+	一线	一线-
1	华东	98	151	81
2	华北	94	null	77
3	华南	180	null	null
4	西南	null	173	null

图 9-34　透视表

通过"主页"→"高级编辑器"或"视图"→"高级编辑器",查看的完整代码如下:

```
//ch9 - 035
let
    源 = Excel.CurrentWorkbook(){[Name = "表 5"]}[Content],
    删除的其他列 = Table.SelectColumns(源,{"区域", "评级", "Q1"}),
    已透视列 = Table.Pivot(删除的其他列, List.Distinct(删除的其他列[评级]), "评级", "
Q1", List.Sum)
in
    已透视列
```

2. Table.Unpivot()

Table.Unpivot()、Table.UnpivotOtherColumns()等函数与 Table.Pivot()函数互为逆操作。Table.Unpivot()函数用于将表中的一组列转换为属性-值对,并与每行中的剩余值相结合;Table.UnpivotOtherColumns()函数用于将指定列以外的所有列转换为属性-值对,与每行中的剩余值相合并。

在 Power Query 编辑器中,选定某列或所有列(视需要)后可采用以下几种操作方式。①右击,选择"逆透视列""逆透视其他列"或"仅逆透视选定列",即可完成列的逆透视;②通过"转换"→"逆透视列",选择"逆透视列"、"逆透视其他列"或"仅逆透视选定列"。

Table.Unpivot()函数的语法如下:

```
Table.Unpivot(
    table as table,
    pivotColumns as list,
    attributeColumn as text,
    valueColumn as text
) as table
```

Table.UnpivotOtherColumns()函数的语法如下:

```
Table.UnpivotOtherColumns(
    table as table,
    pivotColumns as list,
    attributeColumn as text,
    valueColumn as text
) as table
```

在 Power Query 中,采用图形化界面操作"透视列、逆透视列、逆透视其他列等"直接生成代码,或者在系统生成的代码的基础上进行修改比直接写代码更高效。透视列与逆透视列日常使用的频率较高且易于上手,故不再赘述。

9.5.7　修改

1. Table.ColumnNames()

Table.ColumnNames()函数用于获取表中各列的名称,语法如下:

```
Table.ColumnNames(table as table) as list
```

应用举例,代码如下:

```
//ch9 - 036
let
    源 = Excel.CurrentWorkbook(){[Name = "表 1"]}[Content],
    列名 = Table.ColumnNames(源)
in
    列名
```

返回的值为{"运单编号","客户","收货详细地址"}。

2. Table.PrefixColumns()

Table.PrefixColumns()函数用于为表的所有列名增加前缀并形成"前缀.列名"的格式,语法如下:

```
Table.PrefixColumns(table as table, prefix as text) as table
```

应用举例,代码如下:

```
//ch9 - 037
let
    源 = Excel.CurrentWorkbook(){[Name = "表 1"]}[Content],
    列名 = Table.ColumnNames(Table.PrefixColumns(源,"PQ"))
in
    列名
```

返回的值为{"PQ.运单编号"," PQ.客户"," PQ.收货详细地址"}。

3. Table.RenameColumns()

Table.RenameColumns()函数用于列的重命名,语法如下:

```
Table.RenameColumns(
    table as table,
    renames as list,
    optional missingField as nullable number
) as table
```

对列的重命名操作很简单。选择需命名的列,右击,选择"重命名",然后对列重命名。

例如,将"运单编号"重命名"Order",将"客户"重命名"Customer",将"收货详细地址"重命名"Address",系统自动生成的代码如下:

```
//ch9 - 038
let
    源 = Excel.CurrentWorkbook(){[Name = "表 1"]}[Content],
    重命名的列 = Table.RenameColumns(源,{{"运单编号", "Order"}, {"客户", "Customer"},
{"收货详细地址", "Address"}})
in
    重命名的列
```

9.5.8 排序

Table.ReorderColumns()函数用于重排序列,不会对列表中未指定的列进行重新排序。如果列不存在,则可用第三个参数 missingField(可选参数)来指定替换选项,否则会报错,语法如下:

```
Table.ReorderColumns(
    table as table,
    columnOrder as list,
    optional missingField as nullable number
) as table
```

Table.ReorderColumns()函数的应用较为简单,只需在 Power Query 编辑器中简单地拖动列便可实现对所有列的重排序。如果想使代码简洁化,则可采用指定列的方式实现,代码如下:

```
//ch9 - 039
let
    源 = Excel.CurrentWorkbook(){[Name = "表 1"]}[Content],
    列排序 = Table.ReorderColumns(源, {"收货详细地址", "客户"})
    //如果对指定的列重排序,则列表中的列名至少需有两个
in
    列排序
```

运行结果如图 9-35 所示,图中"客户"与"收货详细地址"两列的位置发生了变化。

	ABC 123 运单编号	ABC 123 收货详细地址	ABC 123 客户
1	YD001	北京路2幢2楼201	王2
2	YD001	北京路2幢2楼201	王2
3	YD002	北京路2幢2楼202	王2
4	YD002	北京路2幢2楼202	null

图 9-35　ch9-039 的运行结果

第三个参数 missingField 的 3 种应用情形：MissingField. Error（报错提示未找到的列名）、MissingField. Ignore（忽略错误，未找到的列不会被显示列名，也不会参与排序）、MissingField. UseNull（显示未找到的列会放在表的最末列，列中的所有值均显示为 null）；默认值为 MissingField. Error，如果列不存在，则可用第三个参数 missingField（可选参数）来指定替换的选项。

在 M 语言中，如果字段不存在（missingField），则可以用 0、1、2 数字来表示。0 表示返回错误警告（MissingField. Error）；1 表示忽略错误（MissingField. Ignore）；2 表示使用空值（MissingField. UseNull）。应用举例，代码如下：

```
//ch9 - 040
let
    源 = Excel.CurrentWorkbook(){[Name = "表1"]}[Content],
    列排序 = Table.ReorderColumns(源, {"收货详细地址","客户", "AA"}, MissingField.
UseNull)  //可用 2 替代 MissingField.UseNull
in
    列排序
```

运行结果如图 9-36 所示，AA 列被放在表的末尾，并且返回的所有值均为 null。

	ABC 123 运单编号	ABC 123 收货详细地址	ABC 123 客户	? AA
1	YD001	北京路2幢2楼201	王2	null
2	YD001	北京路2幢2楼201	王2	null
3	YD002	北京路2幢2楼202	王2	null
4	YD002	北京路2幢2楼202	null	null

图 9-36　ch9-040 的运行结果

9.6　表操作

常见的表操作有添加列、添加索引列、扩展表的列、扩展表的行、表的填充、表间排序等。

9.6.1　新增

1. Table. AddColumn()

Table. AddColumn() 函数是一个使用频率很高的函数，用于在表中新增一列，语法如下：

```
Table.AddColumn(
    table as table,
    newColumnName as text,
    columnGenerator as function,
    optional columnType as nullable type
) as table
```

Table. AddColumn()函数的核心在于第三个参数,该参数为函数(也称作参数函数)。该参数函数的输入可以为"文本、数值、运算表达式、逻辑表达式"等,也可以为"列表、记录、表"等数据结构及其简单或复杂的嵌套等,该参数函数的灵活度很高、应用场景很广。

注意:Table. AddColumn()函数的 Column 是单数;类似的还有 Table. AddIndexColumn()、Table. AddJoinColumn()。

1) 添加西式排名列

采用西式排名法,对一线城市上半年的数据进行排名,代码如下:

```
//ch9 - 041
let
    源 = Excel.CurrentWorkbook(){[Name = "表 2"]}[Content],
    提升 = Table.PromoteHeaders(源, [PromoteAllScalars = true]),
    上半年 = Table.AddColumn(
            提升,
            "上半年排名",
            each
                Table.RowCount(
                    Table.SelectRows(
                        提升,
                        (a) => [Q1] + [Q2] < a[Q1] + a[Q2]
                    )
                ) + 1
    )
in
    上半年
```

运行结果如图 9-37 所示。

	ABC 123 城市	ABC 123 排名	ABC 123 Q1	ABC 123 Q2	ABC 123 Q3	ABC 123 Q4	ABC 123 上半年排名
1	北京	1	94	97	95	94	1
2	上海	2	98	92	91	91	2
3	广州	3	89	94	92	89	3
4	深圳	4	91	87	84	86	4
5	重庆	5	88	85	82	95	5
6	苏州	6	73	82	85	88	9
7	成都	7	85	80	80	75	6
8	杭州	8	78	79	76	83	7
9	南京	9	81	76	72	71	7
10	天津	10	77	70	69	72	10

图 9-37 ch9-041 的运行结果

在上述代码中,为了避免上下文的混淆,each 表达式采用了 each _ 和(a)=> a 相结合的方式。M 语言中没有专门用于排名的函数,只能通过自定义的方式来突破上下文的限制,所以代码才会显得比较不易理解。

2）添加中式排名列

采用中式排名法，对一线城市上半年的数据进行排名，代码如下：

```
//ch9 - 042
let
    源 = Excel.CurrentWorkbook(){[Name = "表2"]}[Content],
    提升 = Table.PromoteHeaders(源, [PromoteAllScalars = true]),
    统计 = Table.AddColumn(提升, "Q1 + Q2", each [Q1] + [Q2]),
    排名 = Table.AddColumn(
              统计,
              "上半年排名",
              each Table.RowCount(
                      Table.Distinct(
                          Table.SelectRows(
                              统计,
                              (x) => [#"Q1 + Q2"] < x[#"Q1 + Q2"]
                          ),
                          "Q1 + Q2"
                      )
                  ) + 1
          )
in
    排名
```

运行结果如图 9-38 所示。

	城市	排名	Q1	Q2	Q3	Q4	Q1+Q2	上半年排名
1	北京	1	94	97	95	94	191	1
2	上海	2	98	92	91	91	190	2
3	广州	3	89	94	92	89	183	3
4	深圳	4	91	87	84	86	178	4
5	重庆	5	88	85	82	95	173	5
6	苏州	6	73	82	85	88	155	8
7	成都	7	85	80	80	75	165	6
8	杭州	8	78	79	76	83	157	7
9	南京	9	81	76	72	71	157	7
10	天津	10	77	70	69	72	147	9

图 9-38　ch9-042 的运行结果

中式排名与西式排名的区别，中式排名需删除重复项后再进入下一个排名的统计。例如，两个并列的第 7 名之后的排名，西式排名为第 9 名但中式排名为第 8 名。

3）添加模糊匹配列

模糊匹配应用案例，完整代码如下：

```
//ch9 - 043
let
```

```
    GDP = Excel.CurrentWorkbook(){[Name = "GDP"]}[Content],
    地标 = Excel.CurrentWorkbook(){[Name = "地标"]}[Content],
    结果 = Table.AddColumn(
            地标,
            "所属城市 GDP(Q1)",
            each Table.SelectRows(
                GDP,
                (x) => Text.StartsWith([地标建筑],x[城市])
            )[Q1]{0}
        )
in
    结果
```

运行结果如图 9-39 中的模糊匹配所示。

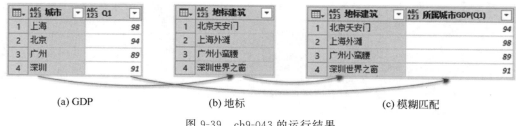

(a) GDP   (b) 地标   (c) 模糊匹配

图 9-39　ch9-043 的运行结果

2. Table.AddIndexColumn()

Table.AddIndexColumn() 函数用于添加索引列。此函数较为简单,可用 Power Query 编辑器中的图形化操作实现,选择"增加列"→"索引列",然后依据需求选择"从 0、从 1、自定义"。Table.AddIndexColumn() 函数的语法如下:

```
Table.AddIndexColumn(
    table as table,
    newColumnName as text,
    optional initialValue as nullable number,
    optional increment as nullable number,
    optional columnType as nullable type
) as table
```

应用举例,添加索引列,从 1 开始,代码如下:

```
//ch9 - 044
let
    源 = Excel.CurrentWorkbook(){[Name = "表 1"]}[Content],
    已添加索引 = Table.AddIndexColumn(源, "索引", 1, 1, Int64.Type)
in
    已添加索引
```

说明：在 M 语言中，当清除系统自动生成的数据类型说明（例如，Int64. Type）时一般情况下不会影响返回值，但出于代码的简洁性考虑，有时会将其清除，以上代码可简化为

```
//ch9 - 045
let
    源 = Excel.CurrentWorkbook(){[Name = "表1"]}[Content],
    已添加索引 = Table.AddIndexColumn(源, "索引", 1, 1)
in
    已添加索引
```

3. Table.AddJoinColumn()

Table. AddJoinColumn()函数的用法类似于 Table. Join()函数中的 LeftOuter 类型，语法如下：

```
Table.AddJoinColumn(
    table1 as table,
    key1 as any, table2 as function,
    key2 as any,
    newColumnName as text
) as table
```

应用举例，以两表中的"包装"字段为依据，将"运单表"和"价格表"进行左外部查询，代码如下：

```
//ch9 - 046
let
    运单表 = Excel.CurrentWorkbook(){[Name = "表8"]}[Content],
    价格表 = Excel.CurrentWorkbook(){[Name = "表9"]}[Content],
    新增列 = Table.AddJoinColumn(运单表, "包装", 价格表, "包装", "新增的列")
in
    新增列
```

图示说明如图 9-40 中的查询表所示。

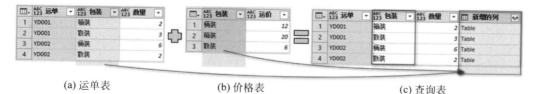

(a) 运单表   (b) 价格表   (c) 查询表

图 9-40　新增列的过程

查看的完整代码如下：

```
//ch9 - 047
let
    运单表 = Excel.CurrentWorkbook(){[Name = "表8"]}[Content],
    价格表 = Excel.CurrentWorkbook(){[Name = "表9"]}[Content],
    新增列 = Table.AddJoinColumn(运单表, "包装", 价格表, "包装", "新增的列")
in
    新增列
```

运行结果如图 9-41 所示。

	ABC 123 运单	ABC 123 包装	ABC 123 数量	新增的列
1	YD001	箱装	2	Table
2	YD002	散装	3	Table
3	YD003	桶装	6	Table
4	YD004	散装	2	Table

图 9-41 ch9-047 的运行结果

4. Table.AddFuzzyClusterColumn()

Table.AddFuzzyClusterColumn() 函数通过对数据的模糊匹配与分组，从而达到数据规范的用意，语法如下：

```
Table.AddFuzzyClusterColumn(
    table as table,
    columnName as text,
    newColumnName as text,
    optional options as nullable record
) as table
```

在 Excel 中，通过"数据"→"从表格"将数据（"表 7"）导入 Power Query，如图 9-42 所示。

在进行模糊匹配与规范前，应将需规范的列的数据类型转换为文本。应用举例，代码如下：

地标名称
上海外滩
上海的外难
上海市外滩
上海市的外滩

图 9-42 数据源

```
//ch9 - 048
let
    源 = Excel.CurrentWorkbook(){[Name = "表7"]}[Content],
    更改的类型 = Table.TransformColumnTypes(源,{{"地标名称", type text}}),
    新增模糊匹配列 = Table.AddFuzzyClusterColumn(
                    更改的类型,
                    "地标名称",
```

```
                            "规范地址",
                            [Culture = "cn",Threshold = 0.6 ])
in
    新增模糊匹配列
```

运行结果如图 9-43 所示。

	地标建筑	规范地址
1	上海外滩	上海市外滩
2	上海的外滩	上海市外滩
3	上海市外滩	上海市外滩
4	上海市的外滩	上海市外滩

图 9-43　ch9-048 的运行结果

第 4 个参数一般采用[Culture= "cn"]。当需要降升阈值以提高容错率时，可以在记录中加入 Threshold=0.6(该参数的阈值为 0～1。1 代表原数据不做任何处理，默认值为 0.8；当需要增加容错率时，一般将阈值调到 0.6 即可)。

9.6.2　扩展

当将 List、Record、Table 这 3 种数据结构置于单元格中时，只有通过深化或扩展才能看到具体的值(如果存在多层嵌套，则可能需要多次深化或扩展才行)。在 M 语言中，所有扩展都可以通过单击单元格右侧的扩展图标实现，使用的频率较高。在编辑栏区域能看到的是：列扩展时所用到的函数是 Table.ExpandListColumn()函数，方向是纵向；行(记录)扩展时所用到的函数是 Table.ExpandRecordColumn()函数，方向是横向；表扩展时所用到的函数是 Table.ExpandTableColumn()函数，方向也是横向。

1. Table.ExpandListColumn()

Table.ExpandListColumn()函数用于将表中列表值扩展到每一行，语法如下：

```
Table.ExpandListColumn(
    table as table,
    column as text
) as table
```

应用举例，代码如下：

```
//ch9 - 049
let
    源 = Excel.CurrentWorkbook(){[Name = "表 1"]}[Content],
    新列 = Table.AddColumn(源, "新列表", each {1..2})
in
    新列
```

运行结果如图 9-44 所示。

单击“新列表”右侧的扩展图标，在弹出的菜单中选择“扩展到新行”，如图 9-45 所示。

运行结果如图 9-46 所示。

图 9-44 中的列表数据被纵向扩展到图 9-46 中的每一行。

图 9-44　新增列

= Table.AddColumn(源，"新列表"，each {1..2})

图 9-45　扩展到新行

图 9-46　新增列

2. Table.ExpandRecordColumn()

Table.ExpandRecordColumn()函数用于将表中记录值扩展到每一列,语法如下:

```
Table.ExpandRecordColumn(
    table as table,
    column as text,
    fieldNames as list,
    optional newColumnNames as nullable list
) as table
```

应用举例,代码如下:

```
//ch9 - 050
let
    源 = Excel.CurrentWorkbook(){[Name = "表1"]}[Content],
    新列 = Table.AddColumn(源, "新记录", each
            [   a = [收货详细地址],
                路 = Text.Start(a,2),
```

```
            幢 = Text.Middle(a,3,1),
            楼 = Text.Middle(a,5,1)
        ])
in
    新列
```

运行结果如图 9-47 所示。

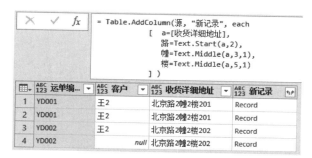

图 9-47 ch9-050 的运行结果

单击"新记录"右侧的扩展图标,在弹出的菜单中选择需要的列标题及是否"使用原始列名作为前缀",如图 9-48 所示。

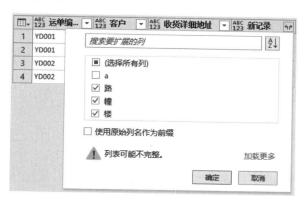

图 9-48 将记录扩展到列

以图 9-48 为例,取消勾选 a 列(表示不完全扩展)及"使用原始列名作为前缀"。单击"确定"按钮,运行结果如图 9-49 所示。

= Table.ExpandRecordColumn(新列, "新记录", {"路", "幢", "楼"}, {"路", "幢", "楼"})

运单编...	客户	收货详细地址	路	幢	楼
1 YD001	王2	北京路2幢2楼201	北京	2	2
2 YD001	王2	北京路2幢2楼201	北京	2	2
3 YD002	王2	北京路2幢2楼202	北京	2	2
4 YD002	null	北京路2幢2楼202	北京	2	2

图 9-49 扩展的列

在编辑栏所显示的代码如下：

```
= Table.ExpandRecordColumn(新列, "新记录", {"路", "幢", "楼"}, {"路", "幢", "楼"})
```

在扩展列的过程中，不管是全部扩展还是部分扩展，如果扩展后的列名不发生变更，则第 4 个参数可以采用缺省方式。以上编辑栏所显示的代码可进行修改，简化后的代码如下：

```
= Table.ExpandRecordColumn(新列, "新记录", {"路", "幢", "楼"})
```

3. Table.ExpandTableColumn()

Table.ExpandTableColumn()函数用于将一个记录列或表列扩展到包含表的多列。当单元格的内容为 Record 或 Table 时，单元格的右侧会显示扩展列的图标。单击扩展列图标，其生成的代码是 Table.ExpandTableColumn()函数的应用。函数语法如下：

```
Table.ExpandTableColumn(
    table as table,
    column as text,
    columnNames as list,
    optional newColumnNames as nullable list
) as table
```

应用举例，代码如下：

```
//ch9 - 051
let
    地标 = Excel.CurrentWorkbook(){[Name = "地标"]}[Content],
    GDP  = Excel.CurrentWorkbook(){[Name = "GDP"]}[Content],
    A = Table.AddColumn(
            地标,
            "N",
            each Table.SelectRows(
            GDP, (X) => Text.StartsWith(
                [地标建筑], X[城市])
            )
        )
in
    A
```

运行结果如图 9-50 所示。

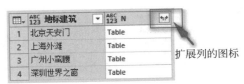

图 9-50　ch9-051 的运行结果

单击扩展列图标,当两表之间某些重复的列不需要加载时,可通过取消勾选的方式来处理,例如,如果取消勾选"城市",则"城市"列不会被加载;当两表匹配且对于新加载的表的各列无须加上表名作前缀时,可通过取消勾选"使用原始列名作为前缀"来处理;单击"确定"按钮,完成将表扩展到列,如图 9-51 所示。

运行结果如图 9-52 所示。

图 9-51　将表扩展到列

图 9-52　扩展的列

在编辑栏显示的代码如下:

```
= Table.ExpandTableColumn(A, "N", {"Q1"}, {"Q1"})
```

由于扩展的列名未发生变更,以上第 4 个参数可以省略,代码如下:

```
= Table.ExpandTableColumn(A, "N", {"Q1"})
```

9.6.3　填充

Table.FillDown()、Table.FillUp()函数用于表中空值的填充,两者的用法类似,差异在于填充的方向,语法如下:

```
Table.FillDown(table as table, columns as list) as table
```

应用举例,先导入数据,然后进行清洗与转置,代码如下:

```
//ch9 - 052
let
    源 = Excel.CurrentWorkbook(){[Name = "表 6"]}[Content],
    清洗 = Table.DemoteHeaders(Table.RemoveColumns(源,"Q1")),
    转置 = Table.Transpose(清洗,{"内容","城市 1","城市 2","城市 3","城市 4"})
in
    转置
```

运行结果如图 9-53 所示。

	内容	城市1	城市2	城市3	城市4
1	省份	北京	广东	上海	广东
2	城市	null	广州	null	深圳

图 9-53　清洗后的数据

单击"城市 1"和"城市 3"两列,通过"转换"→"填充"→"向下",完成数据的向下填充,运行结果如图 9-54 所示。

	内容	城市1	城市2	城市3	城市4
1	省份	北京	广东	上海	广东
2	城市	北京	广州	上海	深圳

图 9-54　向下填充后的表

在编辑栏显示的代码如下:

```
= Table.FillDown(转置,{"城市 1", "城市 3"})
```

9.6.4　替换

在实际的数据清洗与转换过程中,替换是必不可少的动作,并且很多时候需面临各类复杂的替换,因此与替换相关的操作值得花时间去深究。

1. Table.ReplaceValue()

Table.ReplaceValue()函数用于将表中新、旧值进行替换,第 2 个和第 3 个参数为 any(任意类型,如列表、文本或数值等),第 4 个参数为参数函数(replacer 替换器函数),这 3 个参数是 Table.ReplaceValue()函数的核心。Table.ReplaceValue()函数的拓展性强,可应用于各类复杂的替换场合,语法如下:

```
Table.ReplaceValue(
    table as table,
    oldValue as any,            //Y
    newValue as any,            //Z
    replacer as function,       //分 ReplaceText 和 ReplaceValue 两种情形
    columnsToSearch as list     //X
) as table
```

1)基础语法

该函数常用于各种场合的横向填充、纵向替换。理解与上手该函数的最有效的方式是通过 Power Query 编辑器中的图形化操作为"转换"→"替换值"获取该函数的完整代码,然后进行代码的修改。通过"数据"→"从表格"将数据导入 Power Query 编辑器,数据源如图 9-55 所示。

	省份	城市	Q1
1	北京	null	94
2	广东	广州	89
3	上海	null	98
4	广东	深圳	91

图 9-55　数据源

以表内的“横向填充”为例。操作步骤如下：单击“城市”列，选择“转换”→“替换值”→“替换值”。对于一些复杂的替换场景，出于后续修改的需要，可先预设置一些个人习惯的占位符。例如，将“要查找的值”设置为 null，将“替换为”设置为 0，单击“确定”按钮，如图 9-56 所示。

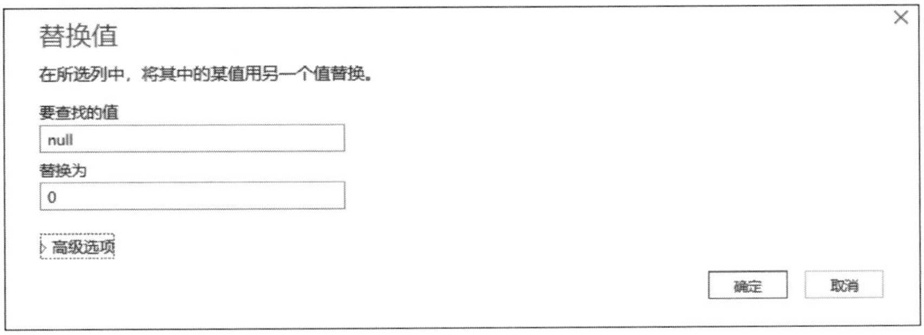

图 9-56 替换值

在编辑栏查看显示的代码如下：

```
= Table.ReplaceValue(源,null,"0",Replacer.ReplaceValue,{"城市"})
```

在以上代码中，0 值是临时占位的一种应用。

如果要替换的列为两列或者更多列也是允许的。例如，选择“省份”和“城市”两列，选择“转换”→“替换值”→“替换值”，将 null 替换为 0。在编辑栏查看显示的代码如下：

```
= Table.ReplaceValue(源,null,"0",Replacer.ReplaceValue,{"省份", "城市"})
```

对比显示的这两个代码块不难发现。Table.ReplaceValue()函数的第 5 个参数可以轻松地进行列选择，在图形化操作界面中操作时很好理解，但如果代码化来完成{"城市"}或{"省份", "城市"}，对于初学者来讲则相对不易理解与记忆。

修改上面的第 1 个代码块，对表内的数据实施引用(注意：第 2 个和第 3 个参数在引用或调用的过程中，前面必须加 each)，实现横向填充，代码如下：

```
= Table.ReplaceValue(源,null,each [省份],Replacer.ReplaceValue,{"城市"})
```

实现的效果如图 9-57 所示。

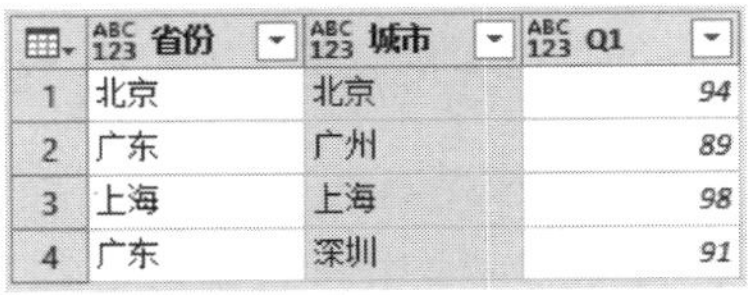

	省份	城市	Q1
1	北京	北京	94
2	广东	广州	89
3	上海	上海	98
4	广东	深圳	91

图 9-57 横向填充

在"高级编辑器"中查看的完整代码如下:

```
//ch9 - 053
let
    源 = Excel.CurrentWorkbook(){[Name = "表6"]}[Content],
    替换 = Table.ReplaceValue(源,null,each [省份],Replacer.ReplaceValue,{"城市"})
in
    替换
```

以上操作也能通过表间数据的调用与匹配实现。导入"表6"和"表6A",用"表6A"中的数据替换"表6"中的空值,数据源如图9-58所示。

省份	城市	Q1
北京		94
广东	广州	89
上海		98
广东	深圳	91

表6

城市	省份
北京	北京
上海	上海
广州	广东
深圳	广东

表6A

图 9-58   数据源

在"高级编辑器"中查看的完整代码如下:

```
//ch9 - 054
let
    A = Excel.CurrentWorkbook(){[Name = "表6A"]}[Content],
    源 = Excel.CurrentWorkbook(){[Name = "表6"]}[Content],
    替换 = Table.ReplaceValue(源,
            null,
            each A{[省份 = [省份]]}[城市],
            Replacer.ReplaceValue,
            {"城市"}
            )
in
    替换
```

返回的值与图9-57所示的值相同。

或者,将第4个参数更改为自定义函数,在编辑栏显示的代码如下:

```
= Table.ReplaceValue(源,null,each [省份],(x,y,z) => if x is null then z else x,{"城市"})
```

返回的值与图9-57所示的值相同。在"高级编辑器"中查看的完整代码如下:

```
//ch9 - 055
let
    源 = Excel.CurrentWorkbook(){[Name = "表6"]}[Content],
    替换 = Table.ReplaceValue(
```

```
            源,
            null,
            each [省份],
            (x,y,z) => if x is null then z else x,
            {"城市"}
            )
    in
        替换
```

在以上代码中,通过自定义的方式来定义参数函数从而控制替换前、替换后的值。本案例中,y 值(替换前的值)没有参与运算。

2)进阶语法

Table. ReplaceValue()函数威力的大小在于第 2 个、第 3 个和第 4 个参数的协同应用的深度。第 2 个参数(y)为替换前的值,第 3 个参数(z)为替换后的值,第 4 个参数为替换器函数(当替换的过程中不需要自定义参数函数时,该函数保持系统生成的原样即可)。

有关第 2 个参数的补充:将 null 值替换为 0 是最简单、最易理解的单值替换。以"表3"为例,在实际应用场景中,将([Q1]+[Q2])> 185 或者 List. Sum({[Q1], [Q2]}) > 185 的"城市"添加"(A+)"标识。此时的第 2 个参数已经是多值或列表,这种情形也是允许的,但需要第 3 个和第 4 个参数的配合才能产生效果。

有关第 3 个参数的补充:将 null 值替换为 0 是最简单、最易理解的单值替换。在实际应用场景中,第 3 个参数可能为{"(A+)","(A)","A-"},它是也允许的,但需要第 2 个参数与第 4 个参数的配合才能完成。

有关第 4 个参数的补充:在默认情况下,系统生成的样式为 Replacer. ReplaceValue(精确匹配)或 Replacer. ReplaceText(模糊匹配)。以 Replacer. ReplaceValue 为例,它其实是 (x,y,z)=> Replacer. ReplaceValue(x,y,z)的简写;其中 x 对应的是选择一列或多列,y 为替换前的值,z 为替换后的值。当将此参数函数修改为自定义函数时,必须先理解 x、y、z 所代表的对象,然后理解替换对象间的逻辑关系,这样才能正确、高效地进行替换。

3)进阶应用

在 Table. ReplaceValue()函数的 5 个参数中,第 2 个、第 3 个和第 4 个参数需重点理解。在运用自定义函数的过程中,第 5 个参数(Columns)为 x、第 2 个参数为 y(oldValue)、第 3 个参数为 z(newValue),它是第 4 个参数中 x、y、z 的对应值(注意:第 4 个参数在应用过程中可能不需要 x、y、z 全部上场,它们三者中的 1 个或 2 个上场也是允许的,视实际需要而定)。

以"表 6"为例,当第 2 个参数为列表时,通过第 4 个参数的协同来完成相关替换,完整代码如下:

```
//ch9 - 056
let
```

```
        源 = Excel.CurrentWorkbook(){[Name = "表 6"]}[Content],
        替换 = Table.ReplaceValue(
                源,
                {"北京","上海","广州","深圳"},
                "一线",
                (x,y,z) => if List.Contains(y,x) then z else x,
                {"省份", "城市"}
                )
    in
        替换
```

在以上代码中,第 2 个参数为列表,所以第 4 个参数必须用列表函数来控制,运行结果如图 9-59 所示。

	ABC 123 省份	▼	ABC 123 城市	▼	ABC 123 Q1	▼
1	一线		null		94	
2	一线		null		98	
3	广东		一线		89	
4	广东		一线		91	

图 9-59　ch9-056 的运行结果

以"表 3"为例,代码如下:

```
//ch9 - 057
let
    源 = Excel.CurrentWorkbook(){[Name = "表 3"]}[Content],
    取一部分数据 = Table.AlternateRows(源,1,2,1),
    替换 = Table.ReplaceValue(
            取一部分数据,
            each {[Q1],[Q2]},
            "(A + )",
            (x,y,z) => if List.Sum(y)> 185 then x&z else x,
            { "城市"}
            )
in
    替换
```

以上代码也可以更改,更改后的代码如下:

```
//ch9 - 058
let
    源 = Excel.CurrentWorkbook(){[Name = "表 3"]}[Content],
    取一部分数据 = Table.AlternateRows(源,1,2,1),
    替换 = Table.ReplaceValue(
            取一部分数据,
```

```
            each [Q1] + [Q2],
            "(A + )",
            (x,y,z) => if y > 185 then x&z else x,
            {"城市"}
        )
in
    替换
```

以上两个代码块返回的值完全相同,如图 9-60 所示。

	城市	排名	Q1	Q2	Q3	Q4
1	北京(A+)	1	94	97	95	94
2	深圳	4	91	87	84	86
3	成都	7	85	80	80	75
4	天津	10	77	70	69	72

图 9-60　ch9-058 的运行结果

当第 2 个和第 3 个参数都为列表时,通过第 4 个参数来控制替换对象是允许的,第 5 个参数为多列也是允许的,代码如下:

```
//ch9 - 059
let
    源 = Excel.CurrentWorkbook(){[Name = "表 3"]}[Content],
    取一部分数据 = Table.AlternateRows(源,1,2,1),
    类型 = Table.TransformColumnTypes(取一部分数据,{{"排名", type text}}),
    替换 = Table.ReplaceValue(
            类型,
            each {[Q1],[Q2]},
            {"(A + )","(A)","(A - )"},
            (x,y,z) => if List.Sum(y)> 185 then x&z{0}
                    else if List.Sum(y)> 165 then x&z{1} else x&z{2},
            {"城市","排名"}
        )
in
    替换
```

运行结果如图 9-61 所示。

	城市	排名	Q1	Q2	Q3	Q4
1	北京(A+)	1(A+)	94	97	95	94
2	深圳(A)	4(A)	91	87	84	86
3	成都(A-)	7(A-)	85	80	80	75
4	天津(A-)	10(A-)	77	70	69	72

图 9-61　ch9-059 的运行结果

从以上学习中不难发现：学习 M 语言的价值在于能够实现图形化操作所不能实现的功能。低成本的学习方法在于：对于难于理解与记忆的函数，可以先通过图形化获取相关代码，然后在系统生成的代码的基础上进行代码的修改。

2. Table.ReplaceErrorValues()

Table.ReplaceErrorValues()函数用于将错误值替换为指定的新值，语法如下：

```
Table.ReplaceErrorValues(
    table as table,
    errorReplacement as list
) as table
```

应用举例，代码如下：

```
//ch9 - 060
let
    a = #table(
        {"运单","客户"},
        {{"YD001","王 2"},{"YD003","张 3"}, {"YD005","李"&4}}
        )
in
    a
```

返回的值"YD005"的"客户"列存在错误，如图 9-62 所示。

在 Power Query 编辑器中，选择"客户"列，单击"转换"→"替换值"→"替换错误"。在"替换错误"对话框中输入值（例如，"李 4"），单击"确定"按钮，如图 9-63 所示。

图 9-62　存在错误值的表

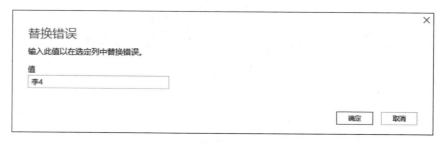

图 9-63　替换错误

在编辑栏显示的代码如下：

```
= Table.ReplaceErrorValues(a, {{"客户", "李 4"}})
```

将以上代码中的{{"客户"，"李 4"}}（两对花括号）替换为{"客户"，"李 4"}（1 对花括号）是允许的。

3. Table.Transpose()

Table.Transpose()函数用于表的转置，使列变为行、使行变为列。此函数的用法较为简单，语法如下：

```
Table.Transpose(
    table as table,
    optional columns as any
) as table
```

应用举例，代码如下：

```
//ch9 - 061
let
    源 = Excel.CurrentWorkbook(){[Name = "表 1"]}[Content],
    降级 = Table.DemoteHeaders(源),
    转置 = Table.Transpose(降级)
in
    转置
```

运行结果如图 9-64 所示。

	Column1	Column2	Column3	Column4	Column5
1	运单编号	YD001	YD001	YD002	YD002
2	客户	王2	王2	王2	null
3	收货详细地址	北京路2幢2楼201	北京路2幢2楼201	北京路2幢2楼202	北京路2幢2楼202

图 9-64 ch9-061 的运行结果

9.6.5 排序

1. Sort

Table.Sort()函数用于表的排序，排序的依据是指定一列或多列、排序方式（升序、降序，默认为升序）。该函数对应 Power Query 编辑器中的图形化操作为"主页"→"排序"的"升序排序、降序排序"图标，语法如下：

```
Table.Sort(
    table as table,
    comparisonCriteria as any    //参与排序的列及采取的排序方式(0 或 1)
) as table
```

此函数的用法较为简单，且平时使用的频率较高。应用举例，代码如下：

```
//ch9 - 062
let
```

```
    源 = Excel.CurrentWorkbook(){[Name = "运单"]}[Content],
    排序 = Table.Sort(源,
            {
             {"客户", Order.Ascending},            //Order.Ascending = 0,默认值
             {"收货详细地址",  Order.Descending} //Order.Descending = 1
            }
          )
in
    排序
```

以上代码中的 Order. Ascending、Order. Descending 可用 0 和 1 替代。0 代表升序，1 代表降序。

2. Table.Max()、Table.Min()

Table. Max()、Table. Min()函数用于依据指定的比较标准，返回表中的最大值、最小值；当表中存在多条相同的记录时，只会返回一条记录。以 Table. Max()函数为例，语法如下：

```
Table.Max(
    table as table,
    comparisonCriteria as any,     //可为单字段、双字段、多字段
    optional default as any        //当返回 null 值时,可提供给定值
) as any
```

以 Table. Max()函数为例，代码如下：

```
//ch9 – 063
let
    源 = Excel.CurrentWorkbook(){[Name = "运单"]}[Content],
    max = Table.Max(源,"发车时间")
in
    max
```

返回的值为记录（[运单编号 = "YD007",客户 = "李四",收货详细地址 = "广州路 4 幢 402",发车时间 = "2021/8/5 0:00:00"]）。

3. Table.MaxN()、Table.MinN()

Table. MaxN()、Table. MinN()函数用于返回表中给定条件（comparisonCriteria）最大/最小的 N 行或逻辑判断（countOrCondition）筛选后的表，这两个函数的重点在于第 3 个参数，语法如下：

```
Table.MaxN(
    table as table,
    comparisonCriteria as any,
```

```
    countOrCondition as any
) as table
```

以 Table.MaxN() 函数为例，筛选前 3 行的数据，代码如下：

```
//ch9 - 064
let
    源 = Excel.CurrentWorkbook(){[Name = "表3"]}[Content],
    Max3 = Table.MaxN(源,{"Q1","Q2"},3)
in
    Max3
```

运行结果如图 9-65 所示。

	ABC 123 城市	ABC 123 排名	ABC 123 Q1	ABC 123 Q2	ABC 123 Q3	ABC 123 Q4
1	上海	2	98	92	91	91
2	北京	1	94	97	95	94
3	深圳	4	91	87	84	86

图 9-65 ch9-064 的运行结果

以 Table.MaxN() 函数为例，筛选 Q2 列大于 Q3 列的数据，代码如下：

```
//ch9 - 065
let
    源 = Excel.CurrentWorkbook(){[Name = "表3"]}[Content],
    maxc = Table.MaxN(源,{"Q2","Q3"}, each [Q2]>[Q3])
in
    maxc
```

运行结果如图 9-66 所示。

	ABC 123 城市	ABC 123 排名	ABC 123 Q1	ABC 123 Q2	ABC 123 Q3	ABC 123 Q4
1	北京	1	94	97	95	94
2	广州	3	89	94	92	89
3	上海	2	98	92	91	91
4	深圳	4	91	87	84	86
5	重庆	5	88	85	82	95

图 9-66 ch9-065 的运行结果

第 10 章

表的进阶应用

在 M 语言中，出于数据清洗与处理的需要，经常会在不同的容器间进行结构转换。以下是 M 语言中最主要的一些结构转换函数，如图 10-1 所示。

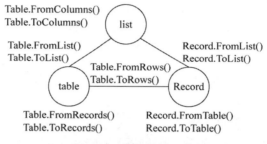

图 10-1　结构转换函数

在以上函数中，有些函数的功能类似，但返回的值存在一些差异，在使用过程中极易混淆，平时在使用过程中需多加注意。

10.1　含有 To 的表函数

对比图 10-1 后发现：函数中带 To 单词的结构转换函数共有 6 个，分别为 Table. ToList()、Table. ToColumns()、Table. ToRows()、Table. ToRecords()、Record. ToTable()、Record. ToList()。

10.1.1　Table. ToList()

Table. ToList()函数用于将表中的每一行值合并为字符串，将整个表转换为带指定分隔符组成的列表，语法如下：

```
Table.ToList(
    table as table,
```

```
        optional combiner as nullable function
) as
```

在 Excel 中,通过"数据"→"从表格"将数据导入 Power Query,数据源如图 10-2 所示。

城市	Q1	Q2	Q3	Q4
北京	94	97	95	94
上海	98	92	91	91
广州	89	94	92	89
深圳	91	87	84	86

图 10-2 数据源(1)

以默认的逗号分隔符为依据,将表转换为列表。在 Power Query 编辑器中,通过"主页"→"高级编辑器"或"视图"→"高级编辑器"实现,完成的代码如下:

```
//ch10 - 001
let
    源 = Excel.CurrentWorkbook(){[Name = "表 1"]}[Content],
    类型 = Table.TransformColumns(源, {},Text.From),
    转换 = Table.ToList(类型)
in
    转换
```

数据源"表 1"中:"城市"列的数据类型为文本,Q1、Q2、Q3、Q4 4 列的数据类型为文本,在进行数据结构转换之前,需要将这些列的数据类型统一。在完成数据类型的统一后再进行数据结构的转换。在以上代码中,Table.ToList(类型)是 Table.ToList(类型,Combiner.CombineTextByDelimiter(","))的简写。

返回的值如图 10-3 所示。

如果以"、"作为分隔符,则相关代码如下:

```
//ch10 - 002
let
    源 = Excel.CurrentWorkbook(){[Name = "表 1"]}[Content],
    类型 = Table.TransformColumns(源, {},Text.From),
    转换 = Table.ToList(类型,Combiner.CombineTextByDelimiter("、"))
in
    转换
```

返回的值如图 10-4 所示。

列表
1	北京,94,97,95,94
2	上海,98,92,91,91
3	广州,89,94,92,89
4	深圳,91,87,84,86

图 10-3 结构转换(1)

列表
1	北京、94、97、95、94
2	上海、98、92、91、91
3	广州、89、94、92、89
4	深圳、91、87、84、86

图 10-4 结构转换(2)

在以上代码中,如果采用 Text. Combine()函数来取代 Combiner()合并器函数也是允许的,代码如下:

```
//ch10 - 003
let
    源 = Excel.CurrentWorkbook(){[Name = "表 1"]}[Content],
    类型 = Table.TransformColumns(源, {}, Text.From),
    转换 = Table.ToList(类型, each Text.Combine(_, "、"))
in
    转换
```

返回的值同图 10-4 中的值。

10.1.2　Table. ToColumns()

Table. ToColumns()函数用于将表中的每一列转换为列表,最后返回的值为列表中嵌套列表。简而言之:源表中有多少列,返回的最外层列表中就含有多少个小列表,语法如下:

```
Table.ToColumns(table as table) as list
```

以数据源("表 1")为例,完整代码如下:

```
//ch10 - 004
let
    源 = Excel.CurrentWorkbook(){[Name = "表 1"]}[Content],
    转换 = Table.ToColumns(源)
in
    转换
```

返回值与列表说明如图 10-5 所示。

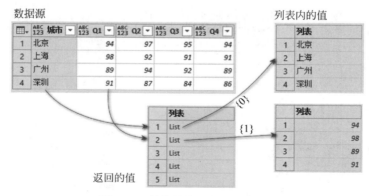

图 10-5　结构转换及返回的值(1)

Table.ToColumns()函数与 Table.FromColumns()函数互为逆操作。在 M 语言中，常用的模式为通过 Table.ToColumns()函数将表转换为列表，然后通过 List.Transform()函数对列表进行各类操作，处理后的列表再通过 Table.FromColumns()函数重新转换为表。

10.1.3　Table.ToRows()

Table.ToRows()函数用于将表中的每一行转换为列表，最后返回的值为列表中嵌套列表。简而言之：源表中有多少行，返回的最外层列表中就含有多少个小列表，语法如下：

```
Table.ToRows(table as table) as list
```

Table.ToRows()函数与 Table.ToColumns()函数的语法结构类似，但返回的值不同，极易混淆。

以数据源（"表 1"）为例，代码如下：

```
//ch10 - 005
let
    源 = Excel.CurrentWorkbook(){[Name = "表 1"]}[Content],
    转换 = Table.ToRows(源)
in
    转换
```

返回值与列表说明如图 10-6 所示。

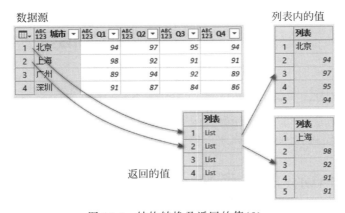

图 10-6　结构转换及返回的值(2)

Table.ToRows()函数与 Table.FromRows()函数互为逆操作。在 M 语言中，常用的模式为通过 Table.ToRows()函数将表转换为列表，然后通过 List.Transform()函数对列表进行各类操作，处理后的列表再通过 Table.FromRows()函数重新转换为表。

10.1.4　Table.ToRecords()

Table.ToRecords()函数用于将表转换为记录列表,语法如下:

```
Table.ToRecords(table as table) as list
```

以数据源("表1")为例,代码如下:

```
//ch10-006
let
    源 = Excel.CurrentWorkbook(){[Name="表1"]}[Content],
    转换 = Table.ToRecords(源)
in
    转换
```

Table.ToRows()函数与 Table.ToRecords()函数返回的值有类比性,返回值与列表说明如图 10-7 所示。

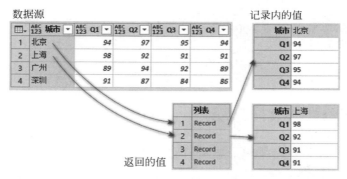

图 10-7　结构转换及返回的值(3)

同理,Table.ToRecords()函数与 Table.FromRecords()函数互为逆操作。在 M 语言中,常用的模式为通过 Table.ToRecords()函数将表转换为列表,然后通过 List.Transform()函数对列表进行各类操作,处理后的列表再通过 Table.FromRecords()函数重新转换为表。

10.2　含有 From 的表函数

同理,对比图 10-1 后发现:函数中带 From 单词的结构转换函数共有 6 个,分别为 Table.FromList()、Table.FromColumns()、Table.FromRows()、Table.FromRecords()、Record.FromTable()、Record.FromList()。另外,不在图中的 Table.FromValue()函数也经常使用。

10.2.1 Table.FromValue()

Table.FromValue()函数用于创建一个表,该表中的列包含所提供的值或值列表,语法如下:

```
Table.FromValue(
    value as any,
    optional options as nullable record
) as table
```

Table.FromValue()函数的应用举例,代码如下:

```
//ch10 - 007
= Table.FromValue(1)
= Table.FromValue({1,2,3} )
= Table.FromValue({{1,2,3},{4,5,6}} )
= Table.FromValue({{1,2,3},[a = "AA",b = "BB"]} )
```

应用举例及返回值说明如图 10-8 所示。

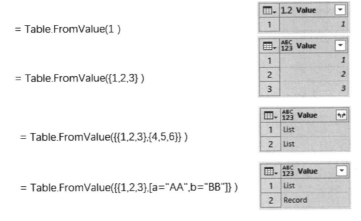

图 10-8 应用举例

10.2.2 Table.FromList()

Table.FromList()函数用于将列表转换为表,该函数共有 5 个参数,其中第 2～5 个参数为可选参数。第 2 个参数为 Splitter()拆分器函数,用于指定拆分依据;第 3 个参数用于控制列,即指定列名或列数;第 5 个参数为控制列属性不符合要求时的处理方式,语法如下:

```
Table.FromList(
    list as list,
    optional splitter as nullable function,
    optional columns as any,
    optional default as any,
    optional extraValues as nullable number
) as table
```

第 5 个参数 extraValues 有 3 种选择方式,分别为 ExtraValues. List、ExtraValues. Error 及 ExtraValues. Ignore,这 3 种方式不可以用数值代码化的方式(例如,0、1、2)表示。

应用举例,第 2 个参数不指定(分隔符,默认值为英文状态下的逗号),第 3 个参数指定列名,代码如下:

```
//ch10 - 008
= Table.FromList( # "ch10 - 001",null,{"城市","Q1","Q2","Q3","Q4"})
```

返回的值如图 10-9 所示。

▦▾	ABC 123 城市 ▾	ABC 123 Q1 ▾	ABC 123 Q2 ▾	ABC 123 Q3 ▾	ABC 123 Q4 ▾
1	北京	94	97	95	94
2	上海	98	92	91	91
3	广州	89	94	92	89
4	深圳	91	87	84	86

图 10-9 将列表转换为表(1)

应用举例,第 2 个参数指定分隔符,第 3 个参数指定列名,代码如下:

```
//ch10 - 009
= Table.FromList(
        # "ch10 - 002",                //数据源为查询 ch10 - 002
        Splitter.SplitTextByDelimiter("、") ,
        {"城市","Q1","Q2","Q3","Q4"}
        )
```

返回的值如图 10-9 所示。

应用举例,第 2 个参数指定分隔符,第 3 个参数指定列数,代码如下:

```
//ch10 - 010
= Table.FromList(
        # "ch10 - 002",
        each Text.Split(_,"、") ,
        5
    )
```

返回的值如图 10-10 所示。

	ABC 123 Column1	ABC 123 Column2	ABC 123 Column3	ABC 123 Column4	ABC 123 Column5
1	北京	94	97	95	94
2	上海	98	92	91	91
3	广州	89	94	92	89
4	深圳	91	87	84	86

图 10-10　将列表转换为表(2)

当第 3 个参数为数值时,参数所指定的列数必须与扩展表的列数一致,否则会报错提示。例如,将上述代码中的 5 改为 4 之后,报错提示如下:

```
Expression.Error: "columns"的计数(5)与"columnNames"的计数(4)不匹配。
详细信息:
    4
```

Table.FromList() 函数的第二个参数 Splitter() 拆分器函数在很多情况下允许用 Text.Split() 函数来替换,代码如下:

```
//ch10 - 011
= Table.FromList(
        #"ch10 - 002",
        each Text.Split(_,"、"),          //采用 Text.Split()函数
        {"城市","Q1","Q2","Q3","Q4"}
    )
```

返回的值如图 10-9 所示。

第 2 个参数为 Splitter() 拆分器函数,拆分的对象可以为文本,例如,记录的字段值也是允许的,代码如下:

```
//ch10 - 012
let
    源 = Table.FromList(
        {
            [城市 = "北京", Q1 = 94],
            [城市 = "上海", Q1 = 98]
        },
        Record.FieldValues,
        {"城市", "Q1"}
    )
in
    源
```

返回的值如图 10-11 所示。

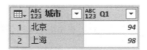

图 10-11 将记录转换为表

10.2.3 Table.FromColumns()

Table.FromColumns()函数从包含嵌套列表的列表中返回一个带有列名称和值的表，该函数共有两个参数，其中第二个参数为可选参数，用于对列的控制，例如，对表的列名的指定，语法如下：

```
Table.FromColumns(lists as list, optional columns as any) as table
```

应用举例，第二个参数采用默认值的方式，代码如下：

```
//ch10 - 013
 = Table.FromColumns( #"ch10 - 004")
```

返回的值如图 10-12 所示。

	ABC 123 Column1	ABC 123 Column2	ABC 123 Column3	ABC 123 Column4	ABC 123 Column5
1	北京	94	97	95	94
2	上海	98	92	91	91
3	广州	89	94	92	89
4	深圳	91	87	84	86

图 10-12 转换为表

应用举例，第二个参数指定具体的值，代码如下：

```
//ch10 - 014
 = Table.FromColumns( #"ch10 - 004",{"城市","Q1","Q2","Q3","Q4"})
```

返回的值如图 10-8 所示。

在 Excel 中，通过"数据"→"从表格"将数据（"表 2"）导入 Power Query，如图 10-13 所示。

	ABC 123 区域	ABC 123 城市	ABC 123 Q1	ABC 123 Q2
1	华北	北京、天津	94、77	97、70
2	华东	上海、苏州、杭州、南京	98、73、78、81	92、82、79、76
3	华南	广州、深圳	89、91	94、87
4	西南	重庆、成都	88、85	85、80

图 10-13 数据源（2）

以"、"为分隔符,将"城市"、Q1、Q2 三列拆分成对应的列表扩展。采用之前的拆分方法将产生笛卡儿积。正确的拆分方法,代码如下:

```
//ch10 - 015
let
    源 = Excel.CurrentWorkbook(){[Name = "表 2"]}[Content],

    添加 = Table.AddColumn(
            源,
            "自定义",
            each Table.FromColumns(
                {
                    [城市 = Text.Split([城市],"、")][城市],
                    [Q1 = Text.Split([Q1],"、")][Q1],
                    [Q2 = Text.Split([Q2],"、")][Q2]
                },
                {"城市","Q1","Q2"}
            )
        ),

    移除 = Table.RemoveColumns(添加,{"城市","Q1","Q2"}),

    展开 = Table.ExpandTableColumn(
            移除,
            "自定义",
            {"城市", "Q1", "Q2"}
        )
in
    展开
```

返回的值如图 10-14 所示。

	区域	城市	Q1	Q2
1	华北	北京	94	97
2	华北	天津	77	70
3	华东	上海	98	92
4	华东	苏州	73	82
5	华东	杭州	78	79
6	华东	南京	81	76
7	华南	广州	89	94
8	华南	深圳	91	87
9	西南	重庆	88	85
10	西南	成都	85	80

图 10-14　转换与扩展表

以图 10-13 中的数据为例(引用查询表"ch10-015")。对 Q1、Q2 列的数据进行纵向排名,代码如下:

```
//ch10 - 016
let
    源 = #"ch10 - 015",
    转换 = Table.ToColumns(源),
    转换二 = List.Transform(
                List.Skip(转换,2),each
                    List.Accumulate(
                        List.Zip({List.Sort(_,1),{1..List.Count(转换{0})}}),
                        _,
                        (x,y) => List.ReplaceValue(
                            x,
                            y{0},
                            Text.From(y{0})&"(季度排名第: "&Text.From(y{1})&")",
                            Replacer.ReplaceValue
                        )
                    )
            ),
    合并 = Table.FromColumns(
            {转换{0}}&{转换{1}}& 转换二,Table.ColumnNames(源)
            )
in
    合并
```

返回的值如图 10-15 所示。

	ABC 123 区域 ▼	ABC 123 城市 ▼	ABC 123 Q1 ▼	ABC 123 Q2 ▼
1	华北	北京	94（季度排名第：2）	97（季度排名第：1）
2	华北	天津	77（季度排名第：9）	70（季度排名第：10）
3	华东	上海	98（季度排名第：1）	92（季度排名第：3）
4	华东	苏州	73（季度排名第：10）	82（季度排名第：6）
5	华东	杭州	78（季度排名第：8）	79（季度排名第：8）
6	华东	南京	81（季度排名第：7）	76（季度排名第：9）
7	华南	广州	89（季度排名第：4）	94（季度排名第：2）
8	华南	深圳	91（季度排名第：3）	87（季度排名第：4）
9	西南	重庆	88（季度排名第：5）	85（季度排名第：5）
10	西南	成都	85（季度排名第：6）	80（季度排名第：7）

图 10-15　纵向数据排名

10.2.4　Table.FromRows()

Table.FromRows()函数从包含单行列值的内部列表创建一个表,可为转换后的表提供列名、表类型或多列的可选列表,语法如下:

```
Table.FromRows(
    rows as list,
```

```
    optional columns as any
) as table
```

1. 创建表

先来看一个简单的应用(单列数据源),代码如下:

```
//ch10 - 017
let
    源 = Table.FromList(
            {"94","98","89","91"},
            null,
            {"Q1"}
    ),
    转换 = Table.FromRows(
             List.Zip({{"北京","上海","广州","深圳"}, 源[Q1]}),
             {"城市","Q1"}
    )
in
    转换
```

返回的值如图 10-16 所示。

	城市	Q1
1	北京	94
2	上海	98
3	广州	89
4	深圳	91

图 10-16　创建与转换为表(1)

继续举例(数据源由上面的 1 列增加到 2 列),代码如下:

```
//ch10 - 018
let
    源 = #table(
        {"Q1","Q2"},
        {{"94", "97"},{ "98","92"}, { "89","94"},{"91","87"} }
    ),
    转换 = Table.FromRows(
        List.Zip(
        {
         {"北京","上海","广州","深圳"},
        源[Q1],
        源[Q2]
        }
       ),
```

```
        {"城市","Q1","Q2"}
    )
in
    转换
```

返回的值如图 10-17 所示。

	城市	Q1	Q2
1	北京	94	97
2	上海	98	92
3	广州	89	94
4	深圳	91	87

图 10-17　创建与转换为表(2)

如果对 Q1、Q2 两列进行求和，则代码如下：

```
//ch10 - 019
let
    源 = #table(
        {"Q1","Q2"},
        {{94, 97},{98,92}, {89,94},{91,87} }
        ),
    转换 = Table.FromRows(
        List.Zip({{"北京","上海","广州","深圳"},源[Q1],源[Q2]}),
        {"城市","Q1","Q2"}),
    求和 = Table.AddColumn(
        转换,
        "求和",
        each List.Sum(List.Skip(Record.FieldValues(_)) )
       )
in
    求和
```

返回的值如图 10-18 所示。

	城市	Q1	Q2	求和
1	北京	94	97	191
2	上海	98	92	190
3	广州	89	94	183
4	深圳	91	87	178

图 10-18　创建与转换为表(3)

2. 新增列

在 M 语言中对行值的运算最常用的处理方式主要有两种：采用 Table.AddColumn()函数和 Table.FromRows()函数。在 Excel 中，通过“数据”→“从表格”将数据(“表 1”)导入

Power Query。在 Power Query 编辑器中,通过"主页"→"高级编辑器"或"视图"→"高级编辑器"实现,完成的代码如下:

```
//ch10 - 020
let
    源 = Excel.CurrentWorkbook(){[Name = "表1"]}[Content],
    总产值 = Table.AddColumn(
            源,
            "总产值",
            each List.Sum(List.Skip(Record.ToList(_)))
        )
in
    总产值
```

在以上代码中,也可采用([Q1]+[Q2]+[Q3]+[Q4])、List.Sum({[Q1],[Q2],[Q3],[Q4]})或 List.Sum(List.Range(Record.ToList(_),1,4))等来替换 List.Sum(List.Skip(Record.ToList(_))),返回的值如图 10-19 所示。

	城市	Q1	Q2	Q3	Q4	总产值
1	北京	94	97	95	94	380
2	上海	98	92	91	91	372
3	广州	89	94	92	89	364
4	深圳	91	87	84	86	348

图 10-19 新增列(1)

3. 列表转换

以下是采用 Table.FromRows()函数与 Table.ToRows()函数+List.Transform()函数的配套应用,代码如下:

```
//ch10 - 021
let
    源 = Excel.CurrentWorkbook(){[Name = "表1"]}[Content],
    转换 = List.Transform(
            Table.ToRows(源),
            each _&{List.Sum(List.Skip(_))}
        ),
    总产值 = Table.FromRows(
            转换,
            {"城市","Q1","Q2","Q3","Q4","总产值"}
        )
in
    总产值
```

返回的值如图 10-19 所示。如果用_&{List.Sum(List.Range(_,1,List.Count(_)))}

来替换上面的_&{List.Sum(List.Skip(_))}也是允许的。

如果不保留图 10-19 中 Q1、Q2、Q3、Q4 这 4 列,则可采用的代码如下:

```
//ch10 - 022
let
    源 = Excel.CurrentWorkbook(){[Name = "表 1"]}[Content],
    转换 = Table.Transpose(
            Table.FromRows(
                { 源[城市],
                    List.Transform(
                        Table.ToRows(源),
                        each List.Sum(
                            List.Skip(_)
                        )
                    )
                }
            ),
            {"城市","总产值"}
        )
in
    转换
```

返回的值如图 10-20 所示。

	ABC 123 城市	▼	ABC 123 总产值	▼
1	北京			380
2	上海			372
3	广州			364
4	深圳			348

图 10-20　表间转换

继续举例,生成类似工资条样式的表格,代码如下:

```
//ch10 - 023
let
    源 = Excel.CurrentWorkbook(){[Name = "表 1"]}[Content],
    转换 = List.TransformMany(
            Table.ToRows(源),
            each {
                Table.ColumnNames(源),
                _,
                {null}
            },
            (x,y) => Table.FromRows({y})
        ),
```

```
    合并 = Table.Combine(转换)
in
    合并
```

返回的值如图 10-21 所示。

	Column1	Column2	Column3	Column4	Column5
1	城市	Q1	Q2	Q3	Q4
2	北京	94	97	95	94
3	null	null	null	null	null
4	城市	Q1	Q2	Q3	Q4
5	上海	98	92	91	91
6	null	null	null	null	null
7	城市	Q1	Q2	Q3	Q4
8	广州	89	94	92	89
9	null	null	null	null	null
10	城市	Q1	Q2	Q3	Q4
11	深圳	91	87	84	86
12	null	null	null	null	null

图 10-21　表的结构转换(1)

10.2.5　Table.FromRecords()

Table.FromRecords()函数用于将记录列表转换为返回表，语法如下：

```
Table.FromRecords(
    records as list,
    optional columns as any,
    optional missingField as nullable number
) as table
```

应用举例，移除“表 1”中的“Q3、Q4”两列，代码如下：

```
//ch10 - 024
let
    源 = Excel.CurrentWorkbook(){[Name = "表 1"]}[Content],
    转换 = Table.FromRecords(
              List.Transform(
                  Table.ToRecords(源),
                  each Record.RemoveFields(_,{"Q3","Q4"})
              )
    )
in
    转换
```

返回的值如图 10-22 所示。

	城市	Q1	Q2
1	北京	94	97
2	上海	98	92
3	广州	89	94
4	深圳	91	87

图 10-22　表的结构转换(2)

应用举例，对 Q1、Q2、Q3、Q4 各列的值进行求和并追加到源表中，代码如下：

```
//ch10 - 025
let
    源 = Excel.CurrentWorkbook(){[Name = "表 1"]}[Content],
    汇总 = {[
                城市 = "(总值：)",
                Q1 = List.Sum(源[Q1]),
                Q2 = List.Sum(源[Q2]),
                Q3 = List.Sum(源[Q3]),
                Q4 = List.Sum(源[Q4])
            ]},
    转换 = Table.FromRecords(Table.ToRecords(源)& 汇总)
in
    转换
```

在以上代码中，如果将"转换"的步骤更改为"源 &Table.FromRecords(汇总)"也是允许的，返回的值如图 10-23 所示。

	城市	Q1	Q2	Q3	Q4
1	北京	94	97	95	94
2	上海	98	92	91	91
3	广州	89	94	92	89
4	深圳	91	87	84	86
5	（总值：）	372	370	362	360

图 10-23　数据汇总

如果以城市为维度，在每个城市的第 4 季度所在的行汇总当年的 GDP 数据，代码如下：

```
//ch10 - 026
let
    源 = Excel.CurrentWorkbook(){[Name = "表 1"]}[Content],
    逆透视 = Table.UnpivotOtherColumns(源, {"城市"}, "季度", "GDP"),
    新增行 = Table.InsertRows(逆透视,16,{[城市 = null,季度 = null,GDP = null]}),
    转换 = Table.FromColumns(Table.ToColumns(新增行)&{List.Transform(
            List.Positions(新增行[GDP]) ,each
              if 新增行[城市]{_}<>新增行[城市]{_ + 1}
              then List.Sum(
```

```
              Table.FromRecords(
                List.Select(
                  Table.ToRecords(新增行),
                  (n)=>新增行[城市]{_}=n[城市]
                )
              )[GDP]
            )
          else ""
        )},
        {"城市","季度","GDP","汇总"}
      ),
    删除 = Table.RemoveRowsWithErrors(转换,{"汇总"})
in
    删除
```

返回的值如图 10-24 所示。

#	ABC 123 城市	ABC A C 季度	ABC 123 GDP	ABC 123 汇总
1	北京	Q1	94	
2	北京	Q2	97	
3	北京	Q3	95	
4	北京	Q4	94	380
5	上海	Q1	98	
6	上海	Q2	92	
7	上海	Q3	91	
8	上海	Q4	91	372
9	广州	Q1	89	
10	广州	Q2	94	
11	广州	Q3	92	
12	广州	Q4	89	364
13	深圳	Q1	91	
14	深圳	Q2	87	
15	深圳	Q3	84	
16	深圳	Q4	86	348

图 10-24　汇总统计

　　Table. FromRecords( )函数与 Table. ToRecords( )函数互为逆操作,它也经常与 Table. TransformRows( )函数一起参与更多的复杂转换。更多有关 Table. FromRecords( ) 函数的操作,可参见 Table. TransformRows( )函数。

10.3　含有 Transform 的表函数

10.3.1　Table. TransformRows( )

Table. TransformRows( )函数用于转换表中的行,语法如下:

```
Table.TransformRows(
    table as table,
    transform as function
) as list
```

1. 行值显示

应用举例,对各城市的数据,以季度的 GDP 值为依据进行降序排列,代码如下:

```
//ch10 - 027
let
    源 = Excel.CurrentWorkbook(){[Name = "表1"]}[Content],
    转换 = Table.TransformRows(
            源,
            each Table.Transpose(
              Table.Sort(
                Table.FromValue(_),
                {"Value",1}
              )
            )
        ),
    合并 = Table.Combine(转换)
in
    合并
```

返回的值如图 10-25 所示。

	ABC 123 Column1 ▼	ABC 123 Column2 ▼	ABC 123 Column3 ▼	ABC 123 Column4 ▼	ABC 123 Column5 ▼
1	城市	Q2	Q3	Q4	Q1
2	北京	97	95	94	94
3	城市	Q1	Q2	Q4	Q3
4	上海	98	92	91	91
5	城市	Q2	Q3	Q4	Q1
6	广州	94	92	89	89
7	城市	Q1	Q2	Q4	Q3
8	深圳	91	87	86	84

图 10-25　表间结构转换(1)

应用举例,在各城市的数据间各空一行,代码如下:

```
//ch10 - 028
let
    源 = Excel.CurrentWorkbook(){[Name = "表1"]}[Content],
    转换 = Table.FromRecords(
              List.Combine(
```

```
                    Table.TransformRows(
                        源,
                        each {
                                _,
                                Record.FromList(
                                    List.Repeat({null},5),
                                    Table.ColumnNames(源)
                                )
                            }
                        )
                    )
                )
in
    转换
```

返回的值如图 10-26 所示。

	城市	Q1	Q2	Q3	Q4
1	北京	94	97	95	94
2	null	null	null	null	null
3	上海	98	92	91	91
4	null	null	null	null	null
5	广州	89	94	92	89
6	null	null	null	null	null
7	深圳	91	87	84	86
8	null	null	null	null	null

图 10-26　表间结构转换(2)

2. 行值汇总

应用举例,对当前行的值进行汇总,代码如下:

```
//ch10 - 029
let
    源 = Excel.CurrentWorkbook(){[Name = "表 1"]}[Content],
    小计 = Table.FromRecords(
            Table.TransformRows(
                源,
                each _ & [小计 = List.Sum({[Q1],[Q2],[Q3],[Q4]})]
            )
        )
in
    小计
```

返回的值如图 10-27 所示。

	城市 ▼	Q1 ▼	Q2 ▼	Q3 ▼	Q4 ▼	小计 ▼
1	北京	94	97	95	94	380
2	上海	98	92	91	91	372
3	广州	89	94	92	89	364
4	深圳	91	87	84	86	348

图 10-27　新增列(2)

应用举例,对当前行进行条件运算,代码如下:

```
//ch10 - 030
let
    源 = Excel.CurrentWorkbook(){[Name = "表 1"]}[Content],
    转换 = Table.FromRecords(
            Table.TransformRows(
                源,
                each _ &
                [
                    上半年 = [Q1] + [Q2],
                    下半年 = [Q3] + [Q4],
                    Q2 = if [Q2] > 95 then "Good" else "OK"
                ]
            )
        )
in
    转换
```

返回的值如图 10-28 所示。

	城市 ▼	Q1 ▼	Q2 ▼	Q3 ▼	Q4 ▼	上半年 ▼	下半年 ▼
1	北京	94	Good	95	94	191	189
2	上海	98	OK	91	91	190	182
3	广州	89	OK	92	89	183	181
4	深圳	91	OK	84	86	178	170

图 10-28　转换表的结构与内容

应用举例,将各行中的 4 个季度的值文本化并标识在一起,然后逐行汇总,代码如下:

```
//ch10 - 031
let
    源 = Excel.CurrentWorkbook(){[Name = "表 1"]}[Content],
    转换 = Table.FromRecords(
            Table.TransformRows(
                源, each
                [
                    城市 = [城市],
                    产值 = Text.From([Q1]) & "(1 季度),"
                        & Text.From([Q2]) & "(2 季度),"
```

```
                          & " # (lf)"
                          & Text.From([Q3])&"(3 季度),"
                          &  Text.From([Q4])&"(4 季度)",
                  年产值 = ([Q1] + [Q2] + [Q3] + [Q4])
              ]
          )
      )
in
    转换
```

返回的值如图 10-29 所示。

	ABC 123 城市	ABC 123 产值	ABC 123 年产值
1	北京	94(1季度),97(2季度),95(3季度),94(4季度)	380
2	上海	98(1季度),92(2季度),91(3季度),91(4季度)	372
3	广州	89(1季度),94(2季度),92(3季度),89(4季度)	364
4	深圳	91(1季度),87(2季度),84(3季度),86(4季度)	348

图 10-29 表的结构转换(3)

10.3.2 Table.TransformColumns()

Table.TransformColumns()函数用于使用函数转换表中的列,语法如下:

```
Table.TransformColumns(
    table as table,
    transformOperations as list,
    optional defaultTransformation as nullable function,
    optional missingField as nullable number
) as table
```

该函数对应的图形化操作界面是 Power Query 编辑器中的"转换"→"格式"。在代码书写的过程中,为提升书写效率,可采用选中需转换的列,单击"转换"→"格式"→"小写"(或"大写"等)让系统自动生成代码,然后对系统生成的代码进行修改,将精力聚焦于转换逻辑及运算规则的思考,如图 10-30 所示。

该函数共有四个参数。第一个和第二个参数为必选参数,第三个和第四个参数为可选参数。第二个参数代表的是选定的、需转换的列及转换方式,第三个参数代表的是未选定的列(未转换时,系统将采用当前默认的值与数据类型),第四个参数为缺失字段的三种显示方式

图 10-30 格式转换

（MissingField. Error、MissingField. Ignore、MissingField. UseNull）。

通过该函数进行列的转换,很多情况下存在在减少新增辅助列的同时删除数据中原有列的情形,可以减少冗余的步骤,增加代码的可读性、简洁性,从而提升代码的运行速度。

1. 基础语法

应用举例,第二个参数未指定列;第三个参数 Text. From 代表将所有的列转换为文本,代码如下:

```
//ch10 - 032
let
    源 = Excel.CurrentWorkbook(){[Name = "表 1"]}[Content],
    转换 = Table.TransformColumns(源,{},Text.From),
    描述 = Table.SelectColumns(
            Table.Schema(转换),
            {"Name","TypeName","Kind"}
            )
in
    描述
```

返回的值如图 10-31 所示。

	Name	TypeName	Kind
1	城市	Text.Type	text
2	Q1	Text.Type	text
3	Q2	Text.Type	text
4	Q3	Text.Type	text
5	Q4	Text.Type	text

图 10-31 检测表内数据的类型

从图 10-31 的 TypeName 列可发现,所有列的数据类型均已被转换为文本。

应用举例,对所有的数据列数据各加 100,代码如下:

```
//ch10 - 033
let
    源 = Excel.CurrentWorkbook(){[Name = "表 1"]}[Content],
    运算 = Table.TransformColumns(
            源,
            {"城市",Text.From},
            each _ + 100
            )
in
    运算
```

返回的值如图 10-32 所示。

	城市	Q1	Q2	Q3	Q4
1	北京	194	197	195	194
2	上海	198	192	191	191
3	广州	189	194	192	189
4	深圳	191	187	184	186

图 10-32 表内的数值运算

Table.TransformColumns()函数的第三个参数为 function，可扩展性强，可适用于较复杂的场景(取决于函数中逻辑与运算规则的定义)。

2. 转换应用

应用举例，将城市匹配其对应的区域，然后对"城市、区域、Q1"列进行文本处理，代码如下：

```
//ch10 - 034
let
    区域 = #table({"区域","City"},{
            {"华北","北京"},
            {"华东","上海"},{"华南","广州"},{"华南","深圳"}
          }
        ),
    源 = Excel.CurrentWorkbook(){[Name = "表 1"]}[Content],
    area = Table.AddColumn(源, "区域", each 区域{[City = [城市]]}[区域]),
    转换 = Table.TransformColumns(
            area,{
                {"城市", each Text.Start(_,1) },
                {"区域", each Text.End(_,1) },
                {"Q1", each Text.From(_)&"(1 季度)" }
            }
        )
in
    转换
```

返回的值如图 10-33 所示。

	城市	Q1	Q2	Q3	Q4	区域
1	北	94 (1季度)	97	95	94	北
2	上	98 (1季度)	92	91	91	东
3	广	89 (1季度)	94	92	89	南
4	深	91 (1季度)	87	84	86	南

图 10-33 表内文本及数值转换

对于所选的列，经由 Table.TransformColumns()函数后可进行数据类型的转换及运算(如图 10-31、图 10-32、图 10-33 所示)，也可经由 Table.TransformColumns()函数做数据结构的转换及处理，代码如下：

```
//ch10 - 035
let
    源 = Excel.CurrentWorkbook(){[Name = "表 2"]}[Content],
    转换 = Table.TransformColumns(
            源,{
            { "城市", each Text.Split(_,"、")},
            { "Q1", each Record.FromList(
                    List.FirstN(Text.Split(_,"、"),2),
                    {"a","b"})
            },
            { "Q2", each Table.FromList(Text.Split(_,"、")) }
            }
        )
in
    转换
```

返回的值如图 10-34 所示。

	ABC 123 区域	ABC 123 城市	ABC 123 Q1	ABC 123 Q2
1	华北	List	Record	Table
2	华东	List	Record	Table
3	华南	List	Record	Table
4	西南	List	Record	Table

图 10-34　表内数据结构转换

单击图 10-33 中的"城市"、Q1、Q2 列右侧的扩展图标,可对列中的表、记录、列表的内容进行扩展。在扩展的过程中,表的扩展是纵向、横向同时展开的;记录的扩展是横向展开的;列表的扩展是纵向展开的。

10.3.3　Table.TransformColumnNames()

Table.TransformColumnNames()函数用于表的列名转换,语法如下:

```
Table.TransformColumnNames(
    table as table,
    nameGenerator as function,
    optional options as nullable record
) as table
```

应用举例,对符合条件要求的列标题进行转换,代码如下:

```
//ch10 - 036
let
    源 = Excel.CurrentWorkbook(){[Name = "表 1"]}[Content],
    转换 = Table.TransformColumnNames(
```

```
          源,each
          if Text.Contains(_,"Q")
          then ("(本年度)")&_&"季度"
          else _
      )
 in
      转换
```

返回的值如图 10-35 所示。

	ABC 123 城市	ABC 123 (本年度)Q1季度	ABC 123 (本年度)Q2季度	ABC 123 (本年度)Q3季度	ABC 123 (本年度)Q4季度
1	北京	94	97	95	94
2	上海	98	92	91	91
3	广州	89	94	92	89
4	深圳	91	87	84	86

图 10-35 表的标题转换

10.3.4 Table.TransformColumnTypes()

Table.TransformColumnTypes()函数用于表中指定列的数据类型转换,它对应的是 Power Query 编辑器中"主页"→"数据类型"或"转换"→"数据类型"图标操作,如图 10-36 所示。

图 10-36 数据类型

在 Excel 或 Power BI Desktop 中操作 Power Query 时,如果系统经常自动生成"更改的类型"步骤,则读者在使用过程中可以选择关闭。以 Excel 为例,在 Power Query 中,单击

"文件""选项和设置""查询选项""数据加载""类型检测",取消勾选"检测未结构化源的列类型和标题"即可,如图 10-37 所示。

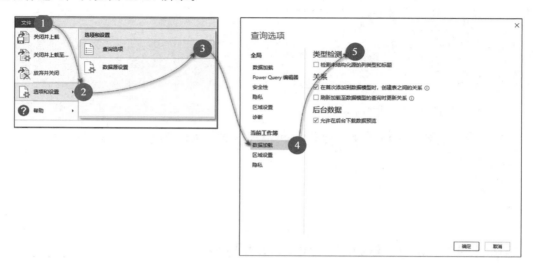

图 10-37　检测数据类型

在 Excel 中,通过"数据"→"从表格"将数据("表 1")导入 Power Query。系统自动进行类型检测并生成"更改的类型"标识符。在"高级编辑器"中查看的完整代码如下:

```
//ch10 - 037
let
    源 = Excel.CurrentWorkbook(){[Name = "表 1"]}[Content],
    更改的类型 = Table.TransformColumnTypes(源,{{"城市", type text}, {"Q1", Int64.Type},
{"Q2", Int64.Type}, {"Q3", Int64.Type}, {"Q4", Int64.Type}})
in
    更改的类型
```

注意:在很多情况下,由系统自动检测数据类型的确存在冗余步骤的可能,但是,在完成所有的清洗与转换后,在"关闭并上载"或"关闭并上载至"之前,在数据在添加到数据模型之前,一定要进行数据类型的转换;否则,在数据模型中,度量值可能会因为数据类型的原因而报错。

10.4　含有 Join 的表函数

10.4.1　Table.Join()

Table.Join()函数用于两个表之间的连接,类似 SQL 中的 join,语法如下:

```
Table.Join(
    table1 as table,
    key1 as any,
    table2 as table,
    key2 as any,
    optional joinKind as nullable number,
    optional joinAlgorithm as nullable number,
    optional keyEqualityComparers as nullable list
) as table
```

　　M 语言的 Table.Join() 函数共有 6 种连接方式，SQL 中的 join() 函数共有 7 种连接方式；M 语言中未提供全反连接方式，M 语言中的这 6 种连接方式均可以用数字来表示（例如，1 代表的是 JoinKind.LeftOuter，2 代表的是 JoinKind.RightOuter）。

　　以下是 Table.Join() 函数的第 5 个参数、Table.NestedJoin() 函数的第 6 个参数与 SQL 中的 join 比较，如图 10-38 所示。

连接类型	joinKind	简码	功能说明	相当于SQL语句	(维恩图)图示
内部连接	JoinKind.Inner	0	匹配A、B两个数据集，仅返回A、B均存在的数据	select* from Table1 inner join Table2 on Table1.key=Table2.key	
左外部	JoinKind.LeftOuter	1	匹配A、B两个数据集，仅返回A中存在的数据	select* from Table1 left join Table2 on Table1.key=Table2.key	
右外部	JoinKind.RightOuter	2	匹配A、B两个数据集，仅返回B中存在的数据	select* from Table1 right join Table2 on Table1.key=Table2.key	
完全外部	JoinKink.FullOuter	3	匹配A、B两个数据集，返回全部的数据	select* from Table1 full outer join Table2 on Table1.key=Table2.key	
左反	JoinKind.LeftAnti	4	匹配A、B两个数据集，仅返回A中存在，同时在B中不存在的数据集	select* from Table1 left join Table2 on Table1.key=Table2.key where Table2.key is null	
右反	JoinKind.RightAnti	5	匹配A、B两个数据集，仅返回B中存在，同时在A中不存在的数据集	select* from Table1 right join Table2 on Table1.key=Table2.key where Table1.key is null	

图 10-38　表与表间的连接方式

　　Table.Join() 函数的第 6 个参数 joinAlgorithm（连接算法）为可选参数，此参数的功能是 Table.NestedJoin() 函数所不具备的。joinAlgorithm 提供了 7 种连接方式，这 7 种连接方式可以用数字来表示，其对应关系如表 10-1 所示。

表 10-1 算法连接方式

连接算法	简码	连接算法	简码
JoinAlgorithm. Dynamic	0	JoinAlgorithm. RightHash	4
JoinAlgorithm. PairwiseHash	1	JoinAlgorithm. LeftIndex	5
JoinAlgorithm. SortMerge	2	JoinAlgorithm. RightIndex	6
JoinAlgorithm. LeftHash	3		

在 Excel 中，通过“数据”→“从表格”将数据(“表 4”)导入 Power Query，如图 10-39 所示。

	区域	城市	地标建筑
1	华北	北京	北京天安门
2	华东	上海	上海外滩
3	华南	广州	广州小蛮腰
4	华南	深圳	深圳世界之窗
5	华北	天津	天津之眼

图 10-39 数据源(3)

应用举例，代码如下：

```
//ch10 - 038
let
    表 1  = Excel.CurrentWorkbook(){[Name = "表 1"]}[Content],
    表 4  = Excel.CurrentWorkbook(){[Name = "表 4"]}[Content],
    源 =
        Table.Join(
               表 1,
               {"城市"},
               表 4,
               {"城市"},
               0,    //JoinKind.Inner
               0     //JoinAlgorithm.Dynamic
    )
in
    源
```

返回的值如图 10-40 所示。

	城市	Q1	Q2	Q3	Q4	区域	地标建筑
1	北京	94	97	95	94	华北	北京天安门
2	上海	98	92	91	91	华东	上海外滩
3	广州	89	94	92	89	华南	广州小蛮腰
4	深圳	91	87	84	86	华南	深圳世界之窗

图 10-40 左右表之间的内连接

10. 4. 2　Table. NestedJoin( )

在 Excel 中,要对比与匹配两列数据,最直接、最高效的方式是使用 VLOOKUP( )函数,但是,当对比的是两个表或 N 个表时,VLOOKUP( )会显得心有余而力不足。在 Power Query 中,采用 Table. Join( )函数或 Table. NestedJoin( )函数会游刃有余。M 语言在处理两个表的合并查询时,默认使用的是 Table. NestedJoin( )函数。

Table. NestedJoin( )函数的语法如下:

```
Table.NestedJoin(
    table1 as table,
    key1 as any,
    table2 as any,
    key2 as any,
    newColumnName as text,
    optional joinKind as nullable number,
    optional keyEqualityComparers as nullable list
) as table
```

1. 内连接

系统默认为内连接方式。应用举例,以 Table. Join( )函数中的表 1 和表 4 的连接为例,代码如下:

```
//ch10 - 039
let
    表 1 = Excel.CurrentWorkbook(){[Name = "表 1"]}[Content],
    表 4 = Excel.CurrentWorkbook(){[Name = "表 4"]}[Content],
    源 =
        Table.NestedJoin(
                表 1,
                {"城市"},
                表 4,
                {"城市"},
                "aa",
                JoinKind.Inner
        ),
    展开 = Table.ExpandTableColumn(源, "aa", {"区域", "地标建筑"} )
in
    展开
```

返回的值如图 10-41 所示。相比 Table. Join( )函数而言,Table. NestedJoin( )函数多了表的扩展步骤。在 Power Query 中,系统默认的连接方式是 Table. NestedJoin( ),其相关操作可以通过 Power Query 编辑器中的图形化操作实现。

在导入"表 1"和"表 4"的前提下,选中"表 1"。在 Power Query 编辑器中,单击"主页"→"合并查询",视需要选择"合并查询"或"将查询合并为新查询",如图 10-41 所示。

图 10-41　合并查询(1)

在弹出的"合并"对话框中,选择要合并的对象"表4"。在"表1""表4"中选择对应的键"城市",选择"连接种类"后,单击"确定"按钮,如图 10-42 所示。

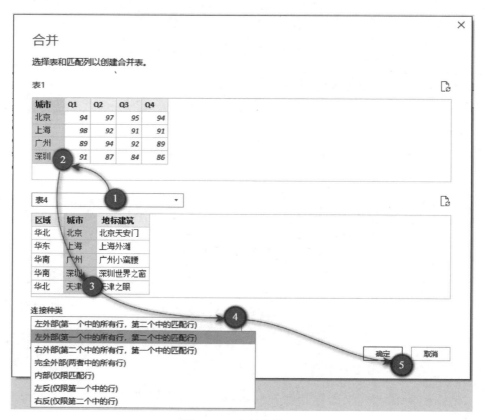

图 10-42　合并查询(2)

2. 左外部

表间的左外部连接,相当于 SQL 中的 left join,应用举例,代码如下:

```
//ch10 - 040
let
```

```
    表 1 = Excel.CurrentWorkbook(){[Name = "表 1"]}[Content],
    表 4 = Excel.CurrentWorkbook(){[Name = "表 4"]}[Content],
    源 =
        Table.NestedJoin(
                表 1,
                {"城市"},
                表 4,
                {"城市"},
                "aa",
                JoinKind.LeftOuter
        ),
    展开 = Table.ExpandTableColumn(源, "aa", {"区域", "地标建筑"}  )
in
    展开
```

返回的值如图 10-43 所示。

	ABC 123 城市	ABC 123 Q1	ABC 123 Q2	ABC 123 Q3	ABC 123 Q4	ABC 123 区域	ABC 123 地标建筑
1	北京	94	97	95	94	华北	北京天安门
2	上海	98	92	91	91	华东	上海外滩
3	广州	89	94	92	89	华南	广州小蛮腰
4	深圳	91	87	84	86	华南	深圳世界之窗

图 10-43 左外部连接(1)

由于数据源的关系,本案例中图 10-43 返回的值恰好与图 10-40 返回的值相同。在多数情况下,二者的返回值会存在差异。

在左外部与右外部、左反与右反的连接中,当 Table.NestedJoin()函数的第 1 个、第 2 个、第 3 个和第 4 个参数的表位置发生对调时(如果第 2 个和第 4 个参数的值相同,则仅需对调第 1 个和第 3 个参数),在第 6 个参数保持不变的情况下,输出的值刚好是之前相反的值。以上面的代码为例,对调第 1 个和第 3 个参数后,需要展开的值将发生变化,代码如下:

```
//ch10 - 041
let
    表 1 = Excel.CurrentWorkbook(){[Name = "表 1"]}[Content],
    表 4 = Excel.CurrentWorkbook(){[Name = "表 4"]}[Content],
    源 =
        Table.NestedJoin(
                表 4,
                {"城市"},
                表 1,
                {"城市"},
                "aa",
                JoinKind.LeftOuter
        ),
```

```
        展开 = Table.ExpandTableColumn(源, "aa", {"Q1", "Q2", "Q3", "Q4"} )
    in
        展开
```

返回的值如图 10-44 所示。

	ABC 123 区域	ABC 123 城市	ABC 123 地标建筑	ABC 123 Q1	ABC 123 Q2	ABC 123 Q3	ABC 123 Q4
1	华北	北京	北京天安门	94	97	95	94
2	华东	上海	上海外滩	98	92	91	91
3	华南	广州	广州小蛮腰	89	94	92	89
4	华南	深圳	深圳世界之窗	91	87	84	86
5	华北	天津	天津之眼	null	null	null	null

图 10-44　左外部连接(2)

3. 左反

以表 1(位于第 1 个参数)和表 4(位于第 3 个参数)进行左反连接,将第 6 个参数设置为 4 或 JoinKind.LeftAnti,返回的值为带列标题的空表,如图 10-45 所示。

	ABC 123 区域	ABC 123 城市	ABC 123 地标建筑	ABC 123 Q1	ABC 123 Q2	ABC 123 Q3	ABC 123 Q4
1	华北	天津	天津之眼	null	null	null	null

图 10-45　左反连接

4. 完全外部

完全外部是取两个表中的所有值,在第 1 个及第 2 个参数与第 3 个及第 4 个参数发生位置对调时,扩展列后最终返回的值仍相同。应用举例,代码如下:

```
//ch10 - 042
let
    表 1 = Excel.CurrentWorkbook(){[Name = "表 1"]}[Content],
    表 4 = Excel.CurrentWorkbook(){[Name = "表 4"]}[Content],
    源 =
        Table.NestedJoin(
            表 1,
            {"城市"},
            表 4,
            {"城市"},
            "aa",
            JoinKind.FullOuter
        ),
    展开 = Table.ExpandTableColumn(源, "aa",
            {"区域", "城市", "地标建筑"},
            {"区域", "城市.1", "地标建筑"}
        )
in
    展开
```

在上述代码中,由于表 1 中已存在"城市"列,当展开表 4 中的"城市"列时,系统自动添加了后缀识别,返回的值如图 10-46 所示。

	ABC 123 城市	ABC 123 Q1	ABC 123 Q2	ABC 123 Q3	ABC 123 Q4	ABC 123 区域	ABC 123 城市.1	ABC 123 地标建筑
1	北京	94	97	95	94	华北	北京	北京天安门
2	上海	98	92	91	91	华东	上海	上海外滩
3	广州	89	94	92	89	华南	广州	广州小蛮腰
4	深圳	91	87	84	86	华南	深圳	深圳世界之窗
5	null	null	null	null	null	华北	天津	天津之眼

图 10-46 完全外部连接

此时 Table.ExpandTableColumn() 函数中的第 4 个参数不可以省略,否则系统会报错提示。若清除以上代码中的第 4 个参数的内容,则返回的错误值提示如下:

```
Expression.Error: 在该记录中已存在字段"城市"。
详细信息:
    Name = 城市
    Value =
```

10.4.3 Table.FuzzyNestedJoin()

Table.FuuzyNestedJoin() 函数用于两个表之间的模糊连接,语法如下:

```
Table.FuzzyNestedJoin(
    table1 as table,
    key1 as any, table2 as table,
    key2 as any, newColumnName as text,
    optional joinKind as nullable number,
    optional joinOptions as nullable record
) as table
```

应用举例,以左表中的"城市"列为主键,以右表中的"城市"列为外键,进行模糊匹配连接,如图 10-47 所示。

	ABC 城市	ABC 123 Q1	ABC 123 Q2	ABC 123 Q3	ABC 123 Q4
1	北京	94	97	95	94
2	上海	98	92	91	91
3	广州	89	94	92	89
4	深圳	91	87	84	86

	ABC 城市	ABC 123 地标
1	华北北京	北京天安门
2	华东上海	上海外滩
3	华南广州	广州小蛮腰
4	华南深圳	深圳世界之窗
5	华北天津	天津之眼

(a) 左表   (b) 右表

图 10-47 数据源(4)

应用举例,代码如下:

```
//ch10 - 043
let
    表4 = Excel.CurrentWorkbook(){[Name = "表4"]}[Content],
    转换 = Table.FromRecords(
            Table.TransformRows(
                表4,
                each [城市 = [区域]&[城市],地标 = [地标建筑]]
            )
        ),
    类型 = Table.TransformColumnTypes(转换,{{"城市", type text}}),

    表1 = Excel.CurrentWorkbook(){[Name = "表1"]}[Content],
    类型a = Table.TransformColumnTypes(表1,{{"城市", type text}}),

    合并 = Table.FuzzyNestedJoin(
            类型a,
            {"城市"},
            类型,
            {"城市"},
            "aa",
            JoinKind.FullOuter,
            [Threshold = 0.6]
        ),

    展开 = Table.ExpandTableColumn(
            合并,
            "aa",
            {"城市", "地标"},
            {"城市.1", "地标"}
        )
in
    展开
```

在进行模糊匹配连接前,需检查键值所在的列数据类型是否为文本类型。如果返回的结果不理想,则可调整第 7 个参数的阈值,将阈值降到 0.8 或 0.6(Threshold＝0.6);可参阅 9.6.1 节(Table.AddFuzzyClusterColumn()函数中第 4 个参数的用法),返回的值如图 10-48 所示。

▦▾	A^BC 城市 ▾	ABC 123 Q1 ▾	ABC 123 Q2 ▾	ABC 123 Q3 ▾	ABC 123 Q4 ▾	A^BC 城市.1 ▾	ABC 123 地标 ▾
1	北京	94	97	95	94	华北北京	北京天安门
2	广州	89	94	92	89	华南广州	广州小蛮腰
3	深圳	91	87	84	86	华南深圳	深圳世界之窗
4	上海	98	92	91	91	null	null
5	null	null	null	null	null	华东上海	上海外滩
6	null	null	null	null	null	华北天津	天津之眼

图 10-48 左右表间的模糊连接

10.5　含有 Group 的表函数

　　Table.Group()函数用于依据指定的列名对表进行聚合分组,该函数的功能十分强大且使用频率相当高,语法如下:

```
Table.Group (
    table as table,                           //需要分组的表
    key as any,                               //分组的依据列
    aggregatedColumns as list,                //需聚合的列及聚合方式
    optional groupKind as nullable number,    //默认值为1(全局分组)
    optional comparer as nullable function
) as table
```

　　Table.Group()函数在 Power Query 编辑器中对应的是"主页"→"分组依据"或"转换"→"分组依据"。操作之前,应先选中分组的依据列,然后选择"主页"→"分组依据"或"转换"→"分组依据",在弹出的"分组依据"对话框中,选择聚合的方式,单击"确定"按钮,完成分组。

　　注意:0 为局部分组。当采用局部分组方式时,在分组之前,分组依据列有无进行排序会直接影响分组的结果;同一数据源,对于排序与未排序的表,采用局部分组后二者的结果是不同的。

10.5.1　语法基础

1. 全局与局部(第 4 个参数)

　　Table.Group()函数共有 5 个参数,其中第 4 个和第 5 个参数为可选参数;第 4 个参数的默认值为 1,为全局分组。为了更好地理解全局分组(1)与局部分组(0)的区别,通过以下代码获得数据源:

```
//ch10 - 044
let
    区域 = #table({"区域","City"},{
            {"华北","北京"},
            {"华东","上海"},{"华南","广州"},{"华南","深圳"}
            }
        ),
    源 = Excel.CurrentWorkbook(){[Name = "表 1"]}[Content],
    area = Table.AddColumn(源, "区域", each 区域{[City = [城市]]}[区域]),
    排序 = Table.Sort(area,{{"Q2", Order.Ascending}})
in
    排序
```

　　返回的值如图 10-49 所示。

	ABC 123 城市	ABC 123 Q1	ABC 123 Q2	ABC 123 Q3	ABC 123 Q4	ABC 123 区域
1	深圳	91	87	84	86	华南
2	上海	98	92	91	91	华东
3	广州	89	94	92	89	华南
4	北京	94	97	95	94	华北

图 10-49　排序后的数据源

以"区域"为分组依据,对 Q1 列进行计数。选择"区域"列,单击"主页"→"分组依据",单击弹出的"分组依据"对话框中的"确定"按钮,在编辑栏显示的代码如下:

```
= Table.Group(排序,{"区域"}, {{"计数", each Table.RowCount(_), Int64.Type}})
```

如果觉得以上代码过于冗长,则可手动修改,简化后的代码如下:

```
= Table.Group(排序, "区域", {"计数", each Table.RowCount(_)})
```

返回的值如图 10-50 所示。
在编辑栏添加第 4 个参数的值,先添加默认值 1,查看变化,代码如下:

```
= Table.Group(排序, "区域", {"计数", each Table.RowCount(_)},1)
```

返回的值如图 10-50 所示,无变化。
将第 4 个参数改为 0,代码如下:

```
= Table.Group(排序, "区域", {"计数", each Table.RowCount(_)},0)
```

返回的值已发生变化,如图 10-51 所示。

	ABC 123 区域	1²₃ 计数
1	华南	2
2	华东	1
3	华北	1

图 10-50　全局分组后的返回值

	ABC 123 区域	ABC 123 计数
1	华南	1
2	华东	1
3	华南	1
4	华北	1

图 10-51　局部分组后的返回值

2. 列的聚合运算(第 3 个参数)

应用举例,基于分组依据,对指定的列进行计数、求和、求平均值等聚合运算,代码如下:

```
//ch10 - 045
let
    源 = Excel.CurrentWorkbook(){[Name = "表 1"]}[Content],
    分组 = Table.Group(
            源,
```

```
            {"城市"},
            {
              {"计数", each Table.RowCount(_) },
              {"Q1 总产值", each List.Sum([Q1]) },
              {"Q1 平均产值", each List.Average([Q1])}
            })
in
    分组
```

返回的值如图 10-52 所示。

	城市	计数	Q1总产值	Q1平均...
1	北京	1	94	94
2	上海	1	98	98
3	广州	1	89	89
4	深圳	1	91	91
5	重庆	1	88	88
6	苏州	1	73	73
7	成都	1	85	85
8	杭州	1	78	78
9	南京	1	81	81
10	天津	1	77	77

图 10-52　分组应用(1)

3. 行的聚合运算(第 3 个参数)

应用举例,第 3 个参数采用列表方式,代码如下:

```
//ch10 - 046
let
    源 = Excel.CurrentWorkbook(){[Name = "表 1"]}[Content],
    分组 = Table.Group(
            源,
            {"城市"},
            {
              {"计数", each Table.RowCount(_)},
              {"总产值", each List.Sum(
                        List.Combine({[Q1],[Q2],[Q3],[Q4]}) ) },
              {"平均产值", each List.Average(
                        List.Combine({[Q1],[Q2],[Q3],[Q4]}) )}
            }
         )
in
    分组
```

返回的值如图 10-53 所示。

	ABC 123 城市	ABC 123 计数	ABC 123 总产值	ABC 平均产...
1	北京	1	380	95
2	上海	1	372	93
3	广州	1	364	91
4	深圳	1	348	87
5	重庆	1	350	87.5
6	苏州	1	328	82
7	成都	1	320	80
8	杭州	1	316	79
9	南京	1	300	75
10	天津	1	288	72

图 10-53　分组应用(2)

应用举例,第 3 个参数采用需扩展的列,代码如下:

```
//ch10 - 047
let
    源 = Excel.CurrentWorkbook(){[Name = "表 1"]}[Content],
    分组 = Table.Group(
            源,
            "城市",
            {
                "计数",
                each {
                    "(总计:)"&Text.From(List.Sum([Q1]&[Q2]&[Q3]&[Q4])),
                    "(最大:)"&Text.From(List.Max([Q1]&[Q2]&[Q3]&[Q4]))
                }
            }
        ),
    展开 = Table.FirstN(Table.ExpandListColumn(分组, "计数"),6)
in
    展开
```

返回的值如图 10-54 所示。

	ABC 123 城市	ABC 123 计数
1	北京	(总计:)380
2	北京	(最大:)97
3	上海	(总计:)372
4	上海	(最大:)98
5	广州	(总计:)364
6	广州	(最大:)94

图 10-54　分组应用(3)

10.5.2　进阶(第 3 个参数)

在 Excel 中,通过"数据"→"从表格"将数据("表 3")导入 Power Query,如图 10-55 所示。

	ABC 123 城市	ABC 123 Q1~Q4
1	上海	91
2	null	98
3	null	92
4	null	91
5	北京	94
6	null	97
7	null	95
8	null	94
9	广州	92
10	null	89
11	null	89
12	null	94

图 10-55　数据源(5)

利用 List.Zip()函数重组列表集并作为 Table.Group()函数的新的第 3 个参数,代码如下:

```
//ch10 - 048
let
    源 = Excel.CurrentWorkbook(){[Name = "表 3"]}[Content],
    填充 = Table.FillDown(源,{"城市"}),
    分组 = Table.Group(填充,
            "城市",
            {
              "aa",
              each Table.FromRows(
                    List.Zip(
                      {
                        {"Q1","Q2","Q3","Q4"},_[#"Q1~Q4"]
                      }
                    ),
                    {"季度", "GDP"}
              )
            }
        ),
    展开 = Table.ExpandTableColumn(分组, "aa", {"季度", "GDP"})
in
    展开
```

返回的值如图 10-56 所示。

	城市	季度	GDP
1	上海	Q1	91
2	上海	Q2	98
3	上海	Q3	92
4	上海	Q4	91
5	北京	Q1	94
6	北京	Q2	97
7	北京	Q3	95
8	北京	Q4	94
9	广州	Q1	92
10	广州	Q2	89
11	广州	Q3	89
12	广州	Q4	94

图 10-56　分组应用(4)

第 3 个参数的应用,对横向列表进行求和,代码如下:

```
//ch10 - 049
let
    源 = Excel.CurrentWorkbook(){[Name = "表 1"]}[Content],
    分组 = Table.Group(
            源,
            {"城市"},
            {
                "总产值",
                each List.Sum(
                     List.Combine(
                       List.Skip(
                            Table.ToColumns(_)
                       )
                     )
                )
            }
        )
in
    分组
```

返回的值如图 10-57 所示。

	城市	总产值
1	北京	380
2	上海	372
3	广州	364
4	深圳	348
5	重庆	350
6	苏州	328
7	成都	320
8	杭州	316
9	南京	300
10	天津	288

图 10-57　分组聚合(1)

第 3 个参数的应用，对横向列值求和，代码如下：

```
//ch10 - 050
let
    源 = Excel.CurrentWorkbook(){[Name = "表 2"]}[Content],
    分组 = Table.Group(
                    源,
                    {"区域"}, {
                    {"计数", each Table.Transpose(
                            Table.FromList(
                                    [城市]&[Q1]&[Q2],
                                    each Text.Split(_,"、")
                                    ),
                                    {"城市","Q1","Q2"}
                                )
                            }
                        }),
    展开 = Table.ExpandTableColumn(分组, "计数", {"城市", "Q1", "Q2"}   )
in
    展开
```

返回的值如图 10-14 所示。

应用举例，第 3 个参数采用记录的方式，代码如下：

```
//ch10 - 051
let
    源 = Excel.CurrentWorkbook(){[Name = "表 1"]}[Content],
    分组 = Table.Group(
                源,
                "城市",
                {
                    {"组合",
                        each [
                            总产值 = List.Sum(
                                List.Combine({[Q1],[Q2],[Q3],[Q4]})
                                ),
                            平均产值 = List.Average(
                                List.Combine({[Q1],[Q2],[Q3],[Q4]})
                                )
                            ]
                        }
                    }
        ),
    展开 = Table.ExpandRecordColumn(分组, "组合",
                    {"总产值", "平均产值"}
        )
in
    展开
```

返回的值如图 10-58 所示。

	城市	总产值	平均产值
1	北京	380	95
2	上海	372	93
3	广州	364	91
4	深圳	348	87
5	重庆	350	87.5
6	苏州	328	82
7	成都	320	80
8	杭州	316	79
9	南京	300	75
10	天津	288	72

图 10-58　分组聚合(2)

应用举例,在第 3 个参数中,对分组的表进行子表的筛选运算,代码如下:

```
//ch10 - 052
let
    源 = #"ch10 - 048",  //引用 ch10 - 048 的查询结果(即表 10-44)

    更改 = Table.TransformColumnTypes(
        源,{
            {"GDP", type number}
        }
    ),

    分组 = Table.Group(
            更改,
            "城市",
            {
              "Q1 季", each
                Table.SelectRows(
                    Table.Group(
                        _,
                        "城市",
                        {"Avg", each List.Average([GDP])}),
                    (x) = > x[Avg]> 85
                )

            }
        ),
    展开 = Table.ExpandTableColumn(分组, "Q1 季", {"Avg"})
in
    展开
```

返回的值如图 10-59 所示。

	城市	Avg
1	上海	93
2	北京	95
3	广州	91

图 10-59 分组聚合(3)

10.5.3 高阶(第 5 个参数)

当第 4 个参数为 0、第 5 个参数为自定义函数时,二者之间可协同处理一些复杂的分组。应用举例。对当前进行排序并以“区域”为依据采用局部分组求 Q1 列的平均值。由于第 5 个参数的运算逻辑为“当值为 0 时不新建分组,当值为 1 时新建分组”,所以在运算过程中可采用 Number.From(false)产生 0 值,采用 Number.From(true)产生 1 值,而 true 与 false 则来源于实际的逻辑运算。

例如,当“区域”当前行的值不等于“区域”下一行的值时,可让其产生一个新的分组,如以下代码中的自定义函数(x,y)=> Number.From(x[区域]<> y[区域])。其中,x[区域]代表的是“区域”当前行的值,y[区域]代表的是“区域”下一行的值。

当 Number.From(x[区域]<> y[区域])返回的值为 1 时,创建新组;当 Number.From(x[区域]<> y[区域])返回的值为 0 时,不创建新组。完整代码如下:

```
//ch10 - 053
let
    源 = #"ch10 - 015",      //引用查询表 ch10 - 015(表 10-9)
    更改 = Table.TransformColumnTypes(
              源,{
                {"Q1", type number},
                {"Q2", type number}
              }
          ),
    排序 = Table.Sort(更改,{"Q1", 0}),
    分组 = Table.Group(
              排序,
              {"区域"},
              {"局部分组的均值", each List.Average([Q1])  },
              0,
              (x,y) => Number.From(x[区域]<> y[区域])

          )
in
    分组
```

返回的值如图 10-60 所示。

图 10-60　分组聚合（4）

　　Table. Group()函数类似于 SQL 中的 group by 功能，值得花时间去掌握并深究其基础、进阶、高阶的知识，让知识产生更大的价值。

第11章

数 据 获 取

Power Query 获取数据的途径较多,例如,从文件(工作簿、文件夹、CSV 等)、从数据库(SQL Server、MySQL、Oracle 等)、从其他源(网站、ODBC)等。

11.1 其他源

11.1.1 空查询

在实际应用过程中,出于函数用法的了解或运算过程中的数据测试之需,建议单独创建一两个空查询,用于对函数语法的查询、运算表达式的测试,或者(对某主查询的引用)避免对其中断或误操作。

11.1.2 自定义函数

在实际使用过程中,存在系统内置的函数无法有效或高效解决问题的情形,这时可能需要由读者来自定义函数并调用它。

1. 创建与使用

在 Power Query 高级编辑器中,查看 ch11-001 的完整代码如下:

```
//ch11 - 001
let
    源 = (1 + 3)/2 + 5
in
    源
```

在 Power Query 左侧的查询区,选中查询 ch11-001,右击,选择"创建函数"。在弹出的"未找到参数"对话框中,单击"创建"按钮,如图 11-1 所示。

在打开的"创建函数"对话框中,输入函数名称 cf11_01,单击"确定"按钮,如图 11-2 所示。

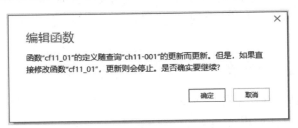

图 11-1 创建函数(1)

图 11-2 创建函数(2)

在 Power Query 编辑器中,可通过"主页"→"高级编辑器"的方式对创建的函数进行参数设置。在弹出的"编辑函数"对话框中,单击"确定"按钮,如图 11-3 所示。

图 11-3 编辑函数

在高级编辑器中,完成函数(cf11-01)的编辑,代码如下:

```
//cf11-01
let
    源 = (x as number, y as number, optional z as number) as number =>
        (x + y)/2 + (if z = null then (x + y)/2 else z)
in
    源
```

自定义函数调用的方式有两种(内部调用、外部调用)。当调用的方式是外部调用时,自定义函数的名称是该函数查询的名称;如果调用的方式是内部调用时,则是该查询中自定义函数所在的步骤的名称。外部调用自定义函数,代码如下:

```
//cc11_01
let
    调用 = cf11_01(3, 2, null)   //自定义函数的外部调用
in
    调用
```

如果采用内部调用,则代码举例如下:

```
//cc11_02
let
    源 = (x as number, y as number, optional z as number) as number =>
        (x + y)/2 + (if z = null then (x + y)/2 else z),
    内部调用 = 源(3,2,null)
in
    内部调用
```

在实际使用过程中,在 Power Query 的"添加列"中使用自定义函数是常用的操作。在 Excel 中,通过"数据"→"从表格"将数据导入 Power Query,数据源如图 11-4 所示。

	A	B	C	D	E
1	城市	Q1	Q2	Q3	Q4
2	北京	94	97	95	94
3	上海	98	92	91	91
4	广州	89	94	92	89
5	深圳	91	87	84	86

图 11-4　数据源(1)

在 Power Query 编辑器中,单击"添加列"→"调用自定义列函数"。在弹出的"调用自定义函数"对话框中,填写新列名"运算值",在"功能查询"下拉列表框中选择 cf11_01,然后将 x、y、z 都选择"列名",列名分别为 Q1、Q2、Q3,如图 11-5 所示。

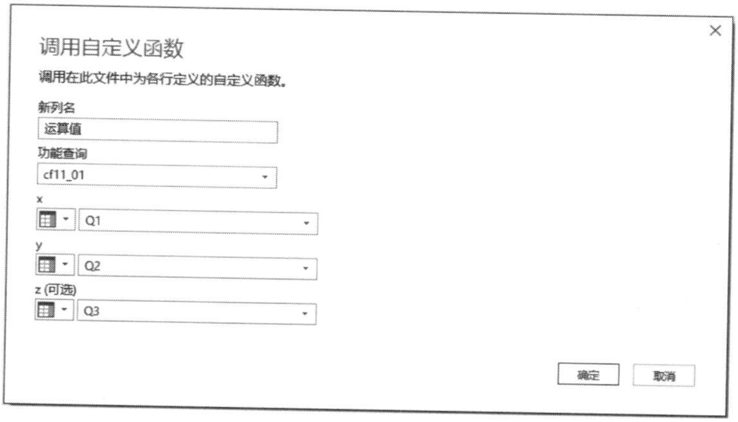

图 11-5　"调用自定义函数"对话框

返回的值如图 11-6 所示。

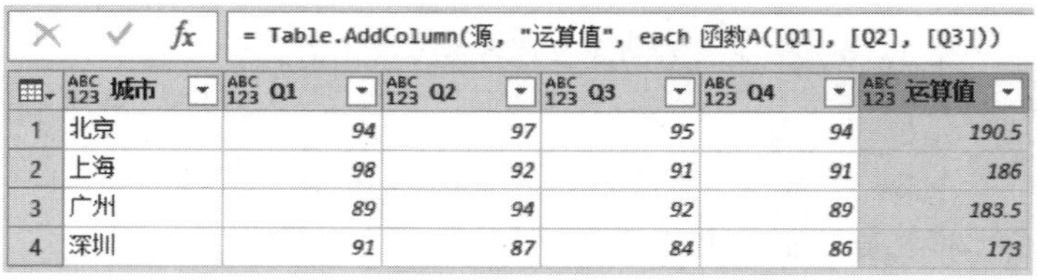

= Table.AddColumn(源, "运算值", each 函数A([Q1], [Q2], [Q3]))

	城市	Q1	Q2	Q3	Q4	运算值
1	北京	94	97	95	94	190.5
2	上海	98	92	91	91	186
3	广州	89	94	92	89	183.5
4	深圳	91	87	84	86	173

图 11-6　调用自定义函数(1)

图 11-6 中"运算值"列为当前行 Q1、Q2、Q3 列值的前两个值的平均值再与第三个值相加后的运算结果。

2. 多条件调用

以下的案例会对图 11-4 转换后的数据进行反复调用。为了代码的简洁,现将其转换成一个可供引用的查询,代码如下:

```
//ch11 - 002
let
    源 = Excel.CurrentWorkbook(){[Name = "表 1"]}[Content],
    逆透视 = Table.UnpivotOtherColumns(源, {"城市"}, "季度", "GDP"),
    转换 = Table.TransformColumns(逆透视,
              {"季度",each Number.From(Text.Replace(_,"Q",""))}
           )
in
    转换
```

对"表 1"中的数据以"城市"为依据,分别统计各城市、各季度的对比。先创建一个自定义函数(cf11-02),代码如下:

```
//cf11 - 02
let
    源 = #"ch11 - 002",      //数据源引用
    城市 x = (x as text, y as number) =>
           List.Sum(Table.SelectRows(源, each [城市] = x and [季度]<= y)[GDP])
in
    城市 x
```

在 Power Query 查询区,选中 ch11-002,右击后选择"引用",将新查询命名为 ch11-003。在 ch11-003 数据源中通过"新增列"来"调用自定义函数"。单击"添加列"→"调用自定义列函数",在弹出的"调用自定义函数"对话框中,填写新列名"各城市年度累计量",在"功能查询"下拉列表框中选择"cf11-02",然后将 x 的列名选择为"城市",将 y 的列名选择为"季度",单击"确定"按钮,如图 11-7 所示。

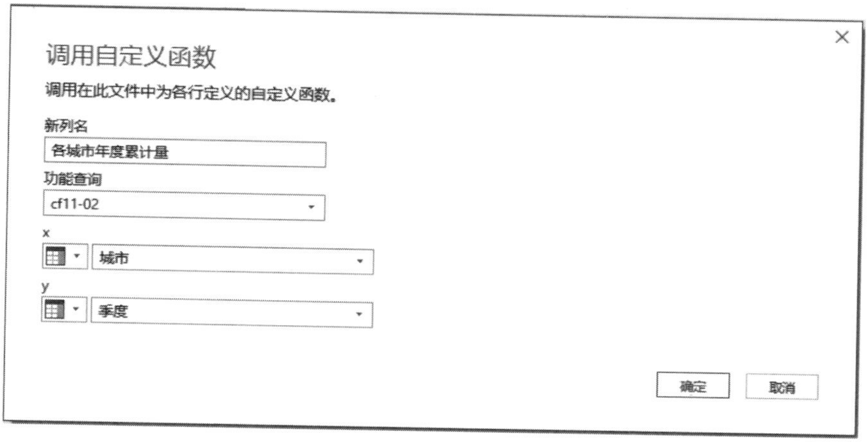

图 11-7　调用自定义函数(2)

此时,编辑栏显示的代码如下:

```
= Table.AddColumn(源, "各城市年度累计量", each #"cf11-02"([城市], [季度]))
```

返回的值如图 11-8 所示(截取前 4 行的数据)。

	城市	季度	GDP	各城市年度累计量
1	北京	1	94	94
2	北京	2	97	191
3	北京	3	95	286
4	北京	4	94	380

图 11-8　各城市年度累计量

在高级编辑器中查看的完整代码如下:

```
//ch11-003
let
    源 = #"ch11-003",
    已调用自定义函数 = Table.AddColumn(
                        源,
                        "各城市年度累计量",
                        each #"cf11-02"([城市], [季度])
                    )
in
    已调用自定义函数
```

以上案例的使用过程回顾:先创建一个自定义函数,然后在另一个查询中通过“添加列”的方式调用自定义函数。

3. 创建自定义函数

以下案例的筛选表来自工作表。读者可以通过更改筛选条件从而得到动态的返回值。

图 11-9 数据源(2)

在 Excel 中,通过"数据"→"从表格"将数据导入 Power Query,数据源如图 11-9 所示。

创建自定义"cf11_03"。首先,在空查询中,引用公用的查询 ch11-003。单击引用查询 ch11-003 中的"城市"列的倒三角进行行筛选。在"筛选行"对话框中,相关选择如图 11-10 所示。

图 11-10 筛选行

在高级编辑器中查看的完整代码如下:

```
//ch11 - 004
let
    源 = #"ch11 - 003",
    筛选 = Table.SelectRows(源, each [城市] = "上海" and [季度] <= 1 or [城市] = "北京"
and [季度] <= 2)
in
    筛选
```

在高级编辑器中,修改以上代码,将该查询变为一个自定义函数,修改后的代码如下:

```
//cf11_03
let FNA = (x as text, y as number) =>
    let
        源 = #"ch11 - 003",
        筛选 = Table.SelectRows(源, each [城市] = x and [季度] <= y)
    in
        筛选
in
    FNA
```

返回查询"筛选表 A"中。单击 Power Query 编辑器中的"添加列"→"添加自定义列"，在"筛选表 A"内调用自定义函数"cf11_03"；或者选择"添加列"→"调用自定义函数"，如图 11-11 所示。

单击图 11-11 中 aa 右侧的扩展按钮，选择 GDP 为展开的列，返回的结果如图 11-12 所示。

图 11-11　调用自定义函数(3)　　　　图 11-12　表扩展

单击 Power Query 编辑器左上角的"文件"→"关闭并上载"，将返回的表放置于工作表中"筛选表 A"的下方。后续只需变更"筛选表 A"的条件，在 Excel 中单击刷新后即可完成筛选的自动更新，如图 11-13 所示。

特别说明：本案例以最简单的方式呈现是为了让读者易于理解与反推原理。本节案例可适用于大量数据的复杂筛选。以下是查询"筛选表 A"的完整代码：

图 11-13　数据加载

```
//筛选表 A
let
    源 = Excel.CurrentWorkbook(){[Name = "筛选表 A"]}[Content],
    已调用自定义函数 = Table.AddColumn(源, "aa", each cf11_03([城市], [季度])),
    #"展开的"aa"" = Table.ExpandTableColumn(已调用自定义函数, "aa", {"GDP"}, {"GDP"})
in
    #"展开的"aa""
```

11.2　网站

Power Query 自网站获取数据的过程其实就是爬虫实现的过程。对于一些易于获取的网站数据，利用 Excel 进行网页数据获取会比专业爬虫工具简单、高效得多；当然，Excel 无法进行复杂网站数据的获取。

11.2.1　静态网页

1. 单页数据

Web.Page()函数用于对网页中 Table 类标签的内容进行抓取并在 Power Query 中返回 table，语法如下：

```
Web.Page(html as any) as table
```

以 3.1.1 节的图 3-1 搜索为例,将获取的网站地址 https://support.microsoft.com/zh-cn/office/excel-函数-按类别列出-5f91f4e9-7b42-46d2-9bd1-63f26a86c0eb 通过"数据"→"新建查询"→"从其他源"→"自网站"粘贴到"从 Web"的 URL 文本框区域,单击"确定"按钮,如图 11-14 所示。

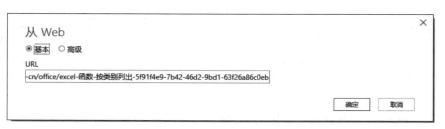

图 11-14　新建查询(自网站,1)

页面跳转到"导航器"对话框,在对话框左侧显示有 14 个 Table,这些表格(Table)来源于网页< table >…</table >中的内容;Excel 在解析时按网页上表格出现的顺序依次命名。选择 Table0,"导航器"对话框右侧为表视图内容的预览。单击"导航器"对话框右下角的"转换数据"按钮,如图 11-15 所示。

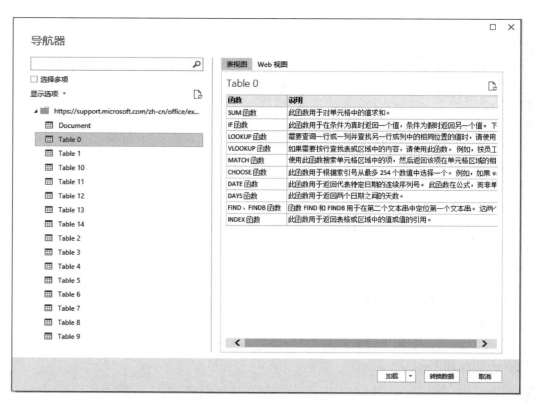

图 11-15　导航器中的表视图(1)

在高级编辑器中,查看的完整代码如下:

```
//ch11 - 005
let
    源 = Web.Page(Web.Contents("https://support.microsoft.com/zh-cn/office/excel-函数
-按类别列出-5f91f4e9-7b42-46d2-9bd1-63f26a86c0eb")),
    Data0 = 源{0}[Data],
    更改的类型 = Table.TransformColumnTypes(Data0,{{"函数", type text}, {"说明", type
text}})
in
    更改的类型
```

2. 多页数据

在静态网页中,从单个网页中获取数据与从多个网页获取数据的处理方式上存在一些小差异。以获取证券之星网站深沪 A 股数据为例,共有 302 个页面。第 1 页的网页为 a_3_1_1.html,第 2 页为 a_3_1_2.html,第 302 页为 a_3_1_302.html。

将获取的网站地址 http://quote.stockstar.com/stock/ranklist_a_3_1_1.html 通过"数据"→"新建查询"→"从其他源"→"自网站"粘贴到"从 Web"的 URL 文本框区域,单击"确定"按钮,如图 11-16 所示。

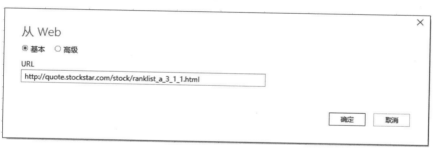

图 11-16 新建查询(自网站,2)

页面跳转到"导航器"对话框,选择"沪深 A 股"后单击右下角的"转换数据"按钮。如图 11-17 所示。在"导航器"对话框中,单击"加载"按钮后将查询数据"加载到"当前文件中,如果单击"转换数据"按钮,则进入 Power Query 编辑器。

在高级编辑器中,将系统自动生成的代码简化,简化后的代码如下:

```
//ch11 - 006
let
    href = "http://quote.stockstar.com/stock/ranklist_a_3_1_1.html",
    源 = Web.Page(Web.Contents(href)){0}[Data]
in
    源
```

图 11-17　导航器中的表视图(2)

复制以上代码,将代码修改为自定义函数,完成后的代码如下:

```
//ch11 - 007
let
    href = "http://quote.stockstar.com/stock/ranklist_a_3_1_",

    fx = (x) => Web.Page(
            Web.Contents(
                href &
                Text.From(x) &
                ".html"
            )
    ){0}[Data],

    合并 = Table.Combine(List.Transform({1..302},fx)),

    选列 = Table.SelectColumns(
        合并,
        List.FirstN(Table.ColumnNames(合并),6)
    ),

    筛行 = Table.SelectRows(
        选列,
        each not Text.Contains([代码],"数据时间")
    ),

    去重 = Table.Distinct(筛行)

in
    去重
```

在高级编辑器中，单击"完成"按钮。系统要求隐私设置，单击"继续"按钮，如图 11-18 所示。

图 11-18　隐私设置

在弹出的"隐私级别"对话框中，勾选"忽略此文件的隐私级别检查"，单击"保存"按钮，如图 11-19 所示。

图 11-19　忽略隐私级别

返回的值（共 6195 行，此处只截取前 10 行数据）如图 11-20 所示。

	代码	简称	流通市值(万元)	总市值(万元)	流通股本(万元)	总股本(万元)
1	600519	贵州茅台	242433613.42	242433613.42	125619.78	125619.78
2	601398	工商银行	127256964.32	168223753.35	26961221.25	35640625.71
3	601939	建设银行	5804162.85	151256641.38	959365.76	25001097.75
4	600036	招商银行	109395292.31	133740841.22	2062894.44	2521984.56
5	300750	宁德时代	106374601.59	121634761.47	203681.31	232900.78
6	601857	中国石油	93105194.75	105237062.25	16192207.78	18302097.78
7	601288	农业银行	88588223.32	103594978.03	29928453.82	34998303.39
8	601318	中国平安	56059038.78	94600249.30	1083266.45	1828024.14
9	000858	五 粮 液	92958239.55	92960630.11	388150.82	388160.80
10	601988	中国银行	64705013.06	90377051.91	21076551.48	29438779.12

图 11-20　ch11-007 的运行结果

11.2.2　动态网页

以下数据来源于新浪财经网站，网站的网址为 http://vip. stock. finance. sina. com. cn/mkt/#cyb_root，如图 11-21 所示。

1. Excel 获取

在 Excel 中，将获取的网站网址通过"数据"→"新建查询"→"从其他源"→"自网站"粘

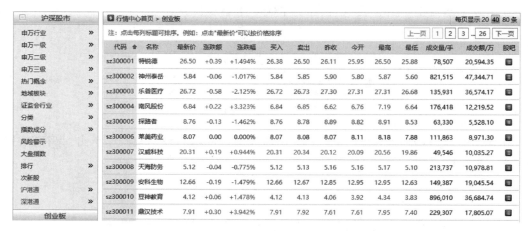

图 11-21　数据源(3)

贴到"从 Web"的 URL 文本框区域,单击"确定"按钮,如图 11-22 所示。

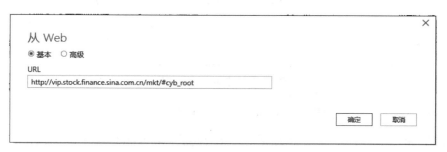

图 11-22　新建查询(自网站,3)

　　页面跳转到"导航器"对话框,左侧的显示选项中仅有 Document 文档,未见 Table 表格,如图 11-23 所示。

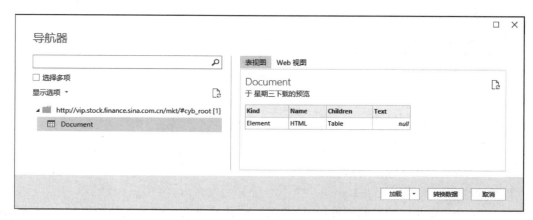

图 11-23　导航器中的表视图(3)

2．Power BI 获取

Power BI 的网抓能力相比 Excel 要强很多。在 Power BI 中，选择"主页"→"获取数据"→Web，将新浪财经网址粘贴到"从 Web"的 URL 文本框区域，单击"确定"按钮，如图 11-24 所示。

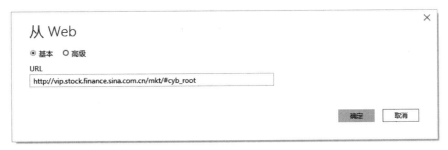

图 11-24　新建查询（自网站，4）

页面跳转到"导航器"对话框，左侧的显示选项中显示了 14 个表格。选择"表 7"，单击"转换数据"按钮，如图 11-25 所示。

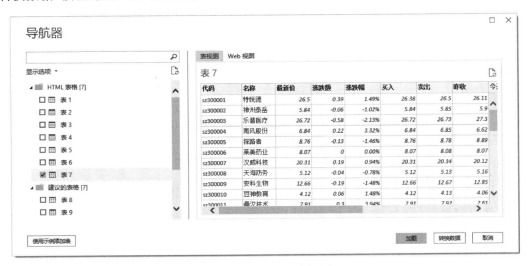

图 11-25　导航器中的表视图（4）

在高级编辑器中，查看的完整代码如下：

```
//ch11-008
let
    源 = Web.BrowserContents("http://vip.stock.finance.sina.com.cn/mkt/#cyb_root"),
    #"从 Html 中提取的表" = Html.Table(源, {
    {"Column1", "DIV[id = 'tbl_wrap'] > TABLE > * > TR > :nth-child(1)"}, {"Column2", "DIV[id =
'tbl_wrap'] > TABLE > * > TR > :nth-child(2)"}, {"Column3", "DIV[id = 'tbl_wrap'] > TABLE > * > TR > :
```

```
nth-child(3)"}, {"Column4", "DIV[id='tbl_wrap'] > TABLE > * > TR > :nth-child(4)"}, {"Column5",
"DIV[id='tbl_wrap'] > TABLE > * > TR > :nth-child(5)"}, {"Column6", "DIV[id='tbl_wrap'] >
TABLE > * > TR > :nth-child(6)"}, {"Column7", "DIV[id='tbl_wrap'] > TABLE > * > TR > :nth-child
(7)"}, {"Column8", "DIV[id='tbl_wrap'] > TABLE > * > TR > :nth-child(8)"}, {"Column9", "DIV[id=
'tbl_wrap'] > TABLE > * > TR > :nth-child(9)"}, {"Column10", "DIV[id='tbl_wrap'] > TABLE > * >
TR > :nth-child(10)"}, {"Column11", "DIV[id='tbl_wrap'] > TABLE > * > TR > :nth-child(11)"},
{"Column12", "DIV[id='tbl_wrap'] > TABLE > * > TR > :nth-child(12)"}, {"Column13", "DIV[id='tbl
_wrap'] > TABLE > * > TR > :nth-child(13)"}, {"Column14", "DIV[id='tbl_wrap'] > TABLE > * >
TR > :nth-child(14)"}}, [RowSelector = "DIV[id='tbl_wrap'] > TABLE > * > TR"]),
    提升的标题 = Table.PromoteHeaders(#"从 Html 中提取的表", [PromoteAllScalars = true]),
    更改的类型 = Table.TransformColumnTypes(提升的标题,{{"代码", type text}, {"名称",
type text}, {"最新价", type number}, {"涨跌额", type number}, {"涨跌幅", Percentage.Type},
{"买入", type number}, {"卖出", type number}, {"昨收", type number}, {"今开", type number},
{"最高", type number}, {"最低", type number}, {"成交量/手", Int64.Type}, {"成交额/万", type
number}, {"股吧", type text}})
in
    更改的类型
```

通过以上代码可发现：在 Power BI 中可采用 Web.BrowserContents()和 Html.Table()两个函数实现对网页数据的获取。返回的值(共 40 行,此处只截取前 10 行数据)如图 11-26所示。

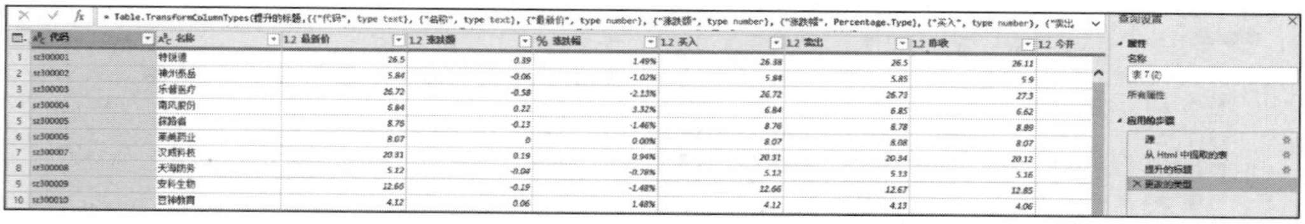

图 11-26　ch11-008 的运行结果

在图 11-26 中显示,相关数据共有 26 页,目前仅获取了第 1 页的 40 行数据,未能获取完整的网页数据,因为 http://vip.stock.finance.sina.com.cn/mkt/#cyb_root 是一个不带页码编号的网址,一般情况下网抓可以得到的只是第 1 页的数据。

3. 借助第三方工具

对于熟悉网抓原理的读者,或许会在谷歌浏览器中打开网页,按下 F12 键后便可进入开发者工具界面,单击 Network 标签页,再按 F5 键进行网页中元素的刷新与显示,最后在网页文件的元素列表中找到对应文件并确定 URL 等一系列操作。这对读者的专业度要求较高,对于不熟悉网页开发的读者,则可以借助第三方软件(例如,Fiddler)获取相对 URL路径。借助第三方抓包工具 Fiddler,获取第 1 页的网址如下。

http://vip.stock.finance.sina.com.cn/quotes_service/api/json_v2.php/Market_Center.getHQNodeData?page=1&num=40&sort=symbol&asc=1&node=cyb&symbol=&_s_r_a=init

获取的第 2 页的网址如下。

http://vip. stock. finance. sina. com. cn/quotes _ service/api/json _ v2. php/Market _
Center. getHQNodeData?page = 2&num = 40&sort = symbol&asc = 1&node = cyb&symbol =
&_s_r_a=auto

在以上相对 URL 路径中,"?"用于携带参数发送请求,如果发送请求存在多个参数,则
参数间用"&"进行连接;page 为分页标识符参数,代表的是请求页数,page=1 为第 1 页。

在 Excel 或 Power BI 中,将上述获取的网址粘贴到"从 Web"的 URL 文本框区域,在
"导航器"对话框完成"数据转换"后,在高级编辑器中,查看的完整代码如下:

```
//ch11 - 009
let
    url  =  "http://vip. stock. finance. sina. com. cn/quotes_service/api/json_v2. php/Market_
Center. getHQNodeData?page = 1&num = 40&sort = symbol&asc = 1&node = cyb",
    源 = Json. Document(Web. Contents( url )),
    转换  =  Table. FromRecords(源)
in
    转换
```

将该查询转换为自定义函数,修改后的完整代码如下:

```
//cf11_04
let
    fn = (x as text) = > let
    url  =  "http://vip. stock. finance. sina. com. cn/quotes_service/api/json_v2. php/Market_
Center. getHQNodeData?page = "&x&"&num = 40&sort = symbol&asc = 1&node = cyb",
    源 = Json. Document(Web. Contents( url )),
    转换  =  Table. FromRecords(源)
in
    转换
in
    fn
```

返回的值如图 11-27 所示。

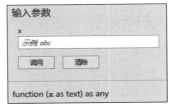

图 11-27　输入参数

创建新查询，完整代码如下：

```
//ch11 - 010
let
    源 = Table.FromList( List.Transform({1..26}, Text.From) )
in
    源
```

在 Power Query 编辑器中，通过“添加列”→“调用自定义函数”实现。在“调用自定义函数”对话框中，完成设置，如图 11-28 所示。

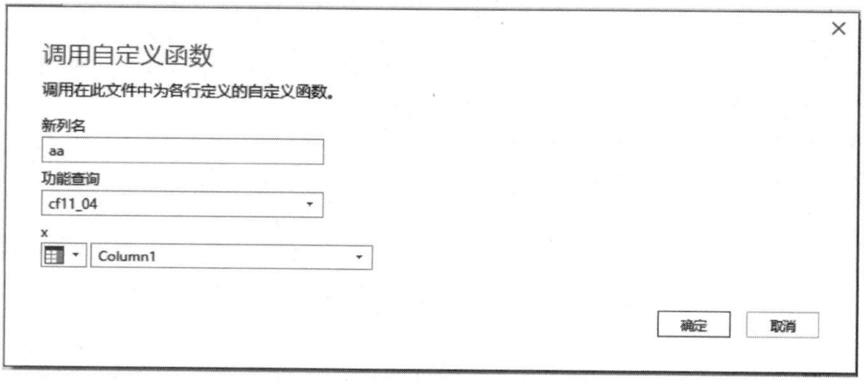

图 11-28　调用自定义函数(4)

返回的值如图 11-29 所示(共 26 行，此图中仅截取前 5 行数据)。

	Column1	aa
1	1	Table
2	2	Table
3	3	Table
4	4	Table
5	5	Table

图 11-29　新增的自定义列

扩展 aa 列，返回的值(共 1038 行，此图仅截取前 10 行数据)如图 11-30 所示。

	symbol	code	name	trade	pricechange	changepercent	buy	sell	settlement	open	high	low	volume	amount
1	sz300001	300001	特锐德	26.360	0.25	0.957	26.350	26.360	26.110	25.950	26.410	25.880	4442543	1162
2	sz300002	300002	神州泰岳	5.820	-0.08	-1.356	5.810	5.820	5.900	5.800	5.820	5.600	53639874	3076
3	sz300003	300003	乐普医疗	26.870	-0.43	-1.575	26.870	26.890	27.300	27.310	27.310	26.700	8425291	2272
4	sz300004	300004	南风股份	6.890	0.27	4.079	6.880	6.890	6.620	6.760	7.190	6.640	13916121	966
5	sz300005	300005	探路者	8.840	-0.05	-0.562	8.850	8.860	8.890	8.820	8.870	8.530	4032300	349
6	sz300006	300006	莱美药业	7.970	-0.1	-1.239	7.960	7.970	8.070	8.110	8.110	7.880	5486300	436
7	sz300007	300007	汉威科技	20.350	0.23	1.143	20.330	20.350	20.120	20.090	20.380	19.860	2541987	512
8	sz300008	300008	天海防务	5.150	-0.01	-0.194	5.150	5.160	5.160	5.160	5.170	5.100	12985892	667
9	sz300009	300009	安科生物	12.700	-0.15	-1.167	12.700	12.720	12.850	12.950	12.950	12.670	9042340	1156
10	sz300010	300010	豆神教育	4.180	0.12	2.956	4.180	4.190	4.060	3.920	4.340	3.830	75373530	3078

图 11-30　扩展表

在高级编辑器中,查看的完整代码如下:

```
//ch11 - 011
let
    源 = Table.FromList( List.Transform({1..26}, Text.From) ),
已调用自定义函数 = Table.AddColumn(源, "aa", each cf11_04([Column1])),
    #"展开的"aa"" = Table.ExpandTableColumn(已调用自定义函数, "aa", {"symbol", "code",
"name", "trade", "pricechange", "changepercent", "buy", "sell", "settlement", "open", "high",
"low", "volume", "amount", "ticktime", "per", "pb", "mktcap", "nmc", "turnoverratio"}, {"symbol",
"code", "name", "trade", "pricechange", "changepercent", "buy", "sell", "settlement", "open",
"high", "low", "volume", "amount", "ticktime", "per", "pb", "mktcap", "nmc", "turnoverratio"}),
    删除的列 = Table.RemoveColumns( #"展开的"aa"",{"Column1"})
in
    删除的列
```

11.2.3 经纬度查询

在 Excel 的 Power View 或 Power BI 中,当获取对应城市或地址的经纬度之后,可以进行各类图形化操作与分析。在 Power Query 中,读者可以通过对高德地图或百度地图 API 的调用,获取相关地址的经纬度,或者通过经纬度还原详细地址。

注意:使用 API 之前必须先注册高德地图或百度地图账号并申请高德 key 或百度 ak。高德地图在 https://console. amap. com/dev/key/app 网址中创建"经纬度查询"的 key,百度地图在 https://lbsyun. baidu. com/apiconsole/key # /home 网址中创建"访问应用"的 ak。

1. 高德地图
1)地理编码

访问网址 https://lbs. amap. com/api/webservice/guide/api/georegeo/,了解高德地图地理编码 API 网址(https://restapi. amap. com/v3/geocode/geo?parameters)及其对应参数。在高德地图 API 调用的 7 个参数中,key 和 address 参数为必选参数,其他参数为可选参数。其中,key 参数为读者在高德地图所注册的 key,address 参数为详细地址,如表 11-1 所示。

表 11-1 API 参数(1)

参 数 名	含 义	是否必须	默 认 值
key	高德 key	必填	无
address	结构化地址信息	必填	无
city	指定查询的城市	可选	无,会进行全国范围内搜索
batch	批量查询控制	可选	false
sig	数字签名	可选	无
output	返回的数据格式类型	可选	JSON
callback	回调函数	可选	无

调用 API 之后,返回的参数、对应值及规则说明如表 11-2 所示。

表 11-2　返回值参数(1)

参　数	对　应　值	规　则　含　义
formatted_address	结构化地址信息	省份＋城市＋区县＋城镇＋乡村＋街道＋门牌号码
country	国家	国内地址默认为返回中国
province	地址所在的省份名	例如,北京市。此处需要注意的是,中国的 4 个直辖市也算作省级单位
city	地址所在的城市名	例如,北京市
citycode	城市编码	例如,010
district	地址所在的区	例如,朝阳区
street	街道	例如,阜通东大街
number	门牌	例如,6 号
adcode	区域编码	例如,110101
location	坐标点	经度,纬度
level	匹配级别	参见下方的地理编码匹配级别列表

应用举例,调用 key 和 address 这两个必选参数,返回 province、city、district、location 这 4 个参数,代码如下:

```
//cf11_05
let
    源 = (key, Address) =>
      let
      a = Json.Document(
              Web.Contents(
                "https://restapi.amap.com/v3/geocode/geo?key = "
                & key
                & "&address = "
                & Address
                )
            )[geocodes],
      b = Table.FromRecords(a,
            {"province","city", "district","location"}
          ),
      c = Table.SplitColumn(
              b,
              "location",
              each Text.Split(_,","),
              {"经度", "纬度"}
          )
        in c
    in 源
```

在 Excel 中,通过"数据"→"从表格"将数据导入 Power Query,数据源如图 11-31 所示。

在 Power Query 编辑器中,选中图 11-31 中的数据,"添加列"→"调用自定义函数"。在"调用自定义函数"对话框中:新列名可以任意填,功能查询选择 fxll_GDO1(为需调用的自定义函数),key 参数选"任意",在文本框中复制读者在高德地图所申请的 key(密钥),Address 参数选需解析的列,如图 11-32 所示。

在显示"要求与数据隐私有关的信息"提示时,单击"继续"按钮,如图 11-18 所示;在"隐私级别"对话框中,勾选"忽略此文件的隐私级别检查",单击"保存"按钮,如图 11-19 所示,返回的值如图 11-33 所示。

图 11-31 数据源(4)

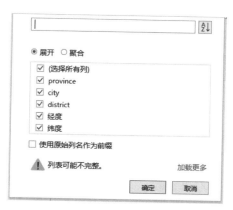

图 11-32 调用自定义函数(5)

对新增的 aa 列进行表扩展,如图 11-34 所示。

图 11-33 新增列(调用自定义函数)

图 11-34 扩展表

返回的值如图 11-35 所示。

	A^B_C 城市	A^B_C 地址	ABC 123 province	ABC 123 city	ABC 123 district	ABC 123 经度	ABC 123 纬度
1	北京	北京清华大学	北京市	北京市	海淀区	116.326582	40.002436
2	北京	北京北京大学	北京市	北京市	海淀区	116.308264	39.995304
3	上海	上海复旦大学	上海市	上海市	杨浦区	121.503205	31.299077
4	广州	广州中山大学	广东省	广州市	海珠区	113.291103	23.092973
5	深圳	深圳深圳大学	广东省	深圳市	南山区	113.935097	22.527939

图 11-35　ch11-012 的运行结果

在高级编辑器中,查看的完整代码如下:

```
//ch11 - 012
let
    源 = Excel.CurrentWorkbook(){[Name = "表 2"]}[Content],
    更改的类型 = Table.TransformColumnTypes(源,{{"城市", type text}, {"地址", type text}}),
    已调用自定义函数 = Table.AddColumn(更改的类型, "aa", each cf11_05 ("5ca6******
ddd4a90d52", [地址])),
    #"展开的"aa"" = Table.ExpandTableColumn(已调用自定义函数, "aa", {"province", "city",
"district", "经度", "纬度"}, {"province", "city", "district", "经度", "纬度"})
in
    #"展开的"aa""
```

2）逆地理编码

访问网址 https://lbs.amap.com/api/webservice/guide/api/georegeo/,了解高德地图地理编码 API 网址(https://restapi.amap.com/v3/geocode/regeo? parameters)及其对应参数。在高德地图 API 调用的 11 个参数中,key 和 location 参数为必选参数,其他参数为可选参数。其中,key 参数为读者在高德地图所注册的 key,location 参数为经纬度地址,如表 11-3 所示。

表 11-3　API 参数(2)

参　数　名	含　　义	是 否 必 须	默　认　值
key	高德 key	必填	无
location	经纬度坐标	必填	无
poitype	返回附近 POI 类型	可选	无
radius	搜索半径	可选	1000
extensions	返回结果控制	可选	base
batch	批量查询控制	可选	false
roadlevel	道路等级	可选	无
sig	数字签名	可选	无
output	返回数据格式类型	可选	JSON
callback	回调函数	可选	无
homeorcorp	是否优化 POI 的返回顺序	可选	0

调用 API 之后,返回的参数、对应值及规则说明如表 11-4 所示。

表 11-4 返回值参数(2)

参 数	对 应 值	规 则 说 明
province	坐标点所在省名称	例如,北京市
city	坐标点所在城市名称	请注意:当城市是省直辖县时返回为空,当城市为北京、上海、天津、重庆 4 个直辖市时,该字段返回为空;省直辖县列表
citycode	城市编码	例如,010
district	坐标点所在区	例如,海淀区
adcode	行政区编码	例如,110108
township	坐标点所在乡镇/街道(此街道为社区街道,不是道路信息)	例如,燕园街道
towncode	乡镇街道编码	例如,110101001000
neighborhood	社区信息列表	
building	楼信息列表	
streetNumber	门牌信息列表	
seaArea	所属海域信息	例如,渤海
businessAreas	经纬度所属商圈列表	
roads	道路信息列表	请求参数 extensions 为 all 时返回如下内容
road	道路信息	
roadinters	道路交叉口列表	请求参数 extensions 为 all 时返回如下内容
roadinter	道路交叉口	
pois	poi 信息列表	请求参数 extensions 为 all 时返回如下内容
poi	poi 信息列表	
aois	aoi 信息列表	请求参数 extensions 为 all 时返回如下内容
aoi	aoi 信息	

应用举例,依据所获取的清华大学的经纬度地址,还原清华大学的详细地址。在 Excel 中,通过"数据"→"新建查询"→"从其他源"→"自网站"粘贴到"从 Web"的 URL 文本框区域,单击"确定"按钮,如图 11-36 所示。

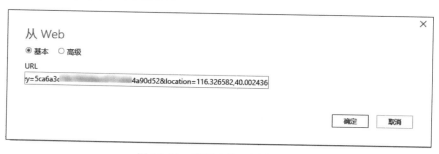

图 11-36 新建查询(自网站,5)

在 Power Query 高级编辑器中,完成的代码如下:

```
//ch11 - 013
let
    源 = Json. Document (Web. Contents ( " https://restapi. amap. com/v3/geocode/regeo? key =
5ca6a3c ****** 4a90d52&location = 116.326582,40.002436"))[regeocode][formatted_address]
in
    源
```

单击"完成"按钮,返回的值为"北京市海淀区清华园街道清华大学"。

在 Power Query 查询区,复制 ch11-013 查询,选中复制后的新查询,右击,依据图 11-1~图 11-3 的步骤,完成自定义函数的初步创建,然后在高级编辑器中进行函数参数的设置,完整代码如下:

```
//cf11_06
let
    fn = (key, loc) = > let
        源 = Json. Document(
            Web. Contents(
            "https://restapi. amap. com/v3/geocode/regeo?key = "
            & key
            & "&" & "location = "
            & loc
            )
        )[regeocode][formatted_address]
    in
        源
in
    fn
```

在 Excel 中,通过"数据"→"从表格"将数据源导入 Power Query,数据源如图 11-37 所示。

	ABC 123 location
1	116.326582,40.002436
2	116.308264,39.995304
3	121.503205,31.299077
4	113.291103,23.092973
5	113.935097,22.527939

图 11-37　数据源(5)

调用自定义函数,对参数 key(高德地图密钥)及 loc(用逗号分隔的经纬度),如图 11-38 所示。

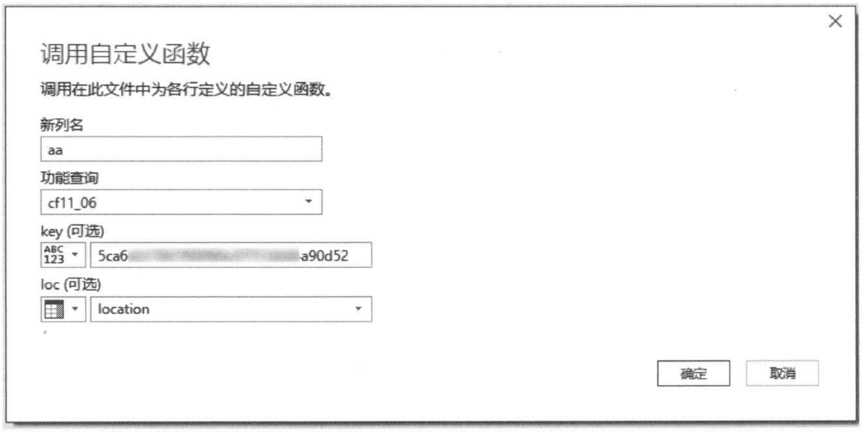

图 11-38 调用自定义函数(6)

在高级编辑器中,查看的完整代码如下:

```
//ch11-014
let
    源 = Excel.CurrentWorkbook(){[Name="表3"]}[Content],
    已调用自定义函数 = Table.AddColumn(源, "aa", each cf11_06("5ca6******1ddd4a90d52",
[location]))
in
    已调用自定义函数
```

返回的值如图 11-39 所示。

	ABC 123 location	ABC 123 详细地址
1	116.326582,40.002436	北京市海淀区清华园街道清华大学
2	116.308264,39.995304	北京市海淀区燕园街道北京大学均斋
3	121.503205,31.299077	上海市杨浦区五角场街道复旦大学复旦大学邯郸校区
4	113.291103,23.092973	广东省广州市海珠区新港街道上海浦东发展银行(中大支行)中山大学广州校区南校园
5	113.935097,22.527939	广东省深圳市南山区粤海街道深圳大学国际交流学院深圳大学粤海校区

图 11-39 ch11-014 的运行结果

2. 百度地图
1)地理编码

访问网址 https://lbsyun.baidu.com/index.php?title=webapi/guide/webservice-geocoding,了解百度地图地理编码 API 网址(https://api.map.baidu.com/geocoding/v3/?parameters)及其对应参数,如图 11-40 所示。

在百度地图 API 调用的 7 个参数中,ak 和 address 参数为必选参数,其他为可选参数。其中,ak 参数为读者在百度地图所注册的 ak,address 参数为详细地址。在高德地图及百度地图的地理编码中,output 的参数有 json 和 xml 两种选项,如表 11-5 所示。

图 11-40　百度地图地理编码 API

表 11-5　API 参数(3)

参数名	是否必须	类型	举例	默认值
address	是	string	北京市海淀区上地十街 10 号	无
city	否	string	北京市	无
ret_coordtype	否	string	gcj02ll(国测局坐标)、bd09mc(百度墨卡托坐标)	bd09ll(百度经纬度坐标)
ak	是	string		无
sn	否	string		无
output	否	string	json 或 xml	xml
callback	否	string	callback=showLocation(JavaScript 函数名)	无

调用 API 之后,返回的参数、对应值及规则说明如表 11-6 所示。

表 11-6　返回值参数(3)

名称	类型	含义
status	int	返回结果状态值,成功返回 0
location	object	经纬度坐标
precise	int	位置的附加信息,是否精确查找。1 为精确查找,即准确打点;0 为不精确,即模糊打点
confidence	int	描述打点绝对精度(坐标点的误差范围)。confidence=100,解析误差绝对精度小于 20m
comprehension	int	描述地址理解程度。分值范围 0～100,分值越大,服务对地址理解程度越高(建议以该字段作为解析结果判断标准)
level	string	能精确理解的地址类型,包含 UNKNOWN、国家、省、城市、区县、乡镇、村庄、道路、地产小区、商务大厦、政府机构、交叉路口、商圈、生活服务、休闲娱乐、餐饮、宾馆、购物、金融、教育、医疗、工业园区、旅游景点、汽车服务、火车站、长途汽车站、桥、停车场/停车区、港口/码头、收费区/收费站、飞机场、机场、收费处/收费站、加油站、绿地

应用举例,调用 ak 和 address 这两个必选参数,返回 location 参数。在 Excel 中,通过"数据"→"新建查询"→"从其他源"→"自网站"粘贴到"从 Web"的 URL 文本框区域,单击

"确定"按钮,如图 11-41 所示。

图 11-41 新建查询(自网站,6)

在高级编辑器中,查看的完整代码如下:

```
//ch11 - 015
let
    源 = Xml.Tables(Web.Contents("https://api.map.baidu.com/geocoding/v3/?address = 北京
市海淀区清华园街道清华大学 &ak = IPtxw ****** Fic3Rg")){0}[result]{0}[location]
in
    源
```

返回的值如图 11-42 所示。

2)逆地理编码

在 https://lbsyun.baidu.com/index.php?title =
webapi/guide/webservice-geocoding-abroad 中,了解逆

图 11-42 ch11-015 的运行结果

地理编码 API 网址(https://api.map.baidu.com/reverse_geocoding/v3/?parameters)及
其对应参数,如图 11-43 所示。

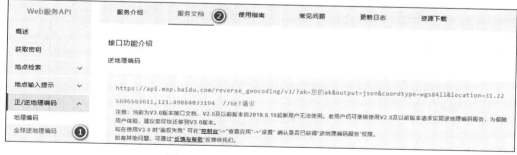

图 11-43 百度地图逆地理编码 API

注意:在图 11-43 中,百度地图逆地理编码的经纬度地址为先纬度后经度。

在百度地图 API 调用的 14 个参数中,key 和 location 参数为必选参数,其他参数为可
选参数。其中,key 参数为读者在百度地图所注册的 ak,location 参数为经纬度地址,如

表 11-7 所示。

表 11-7　API 参数（4）

参　数　名	是否必须	类型	举　例	默　认　值
location	是	float	38.76623,116.43213	无
coordtype	否	string	bd09ll、gcj02ll	bd09ll
ret_coordtype	否	string	gcj02ll(国测局坐标,仅限中国)、bd09mc(百度墨卡托坐标)	bd09ll(百度经纬度坐标)
radius	否	int	500	1000
ak	是	string	E4805d16520de693a3fe70	无
sn	否	string		无
output	否	string	json 或 xml	xml
callback	否	string	callback＝showLocation(JavaScript 函数名)	无
poi_types	否	string	poi_types＝酒店 poi_types＝酒店|房地产	无
extensions_poi	否	string	0	无
extensions_road	否	string	false、true	FALSE
extensions_town	否	string	TRUE	无
language	否	string	el gu en vi ca it iw sv eu ar cs gl id es en-GB ru sr nl pt tr tl lv en-AU lt th ro fil ta fr bg hr bn de hu fa hi pt-BR fi da ja te pt-PT ml ko kn sk zh-CN pl uk sl mrlocal	en,国内默认 zh-CN
language_auto	否	int	0、1	无

在 Excel 中,通过"数据"→"新建查询"→"从其他源"→"自网站"粘贴到"从 Web"的 URL 文本框区域,单击"确定"按钮,如图 11-44 所示。

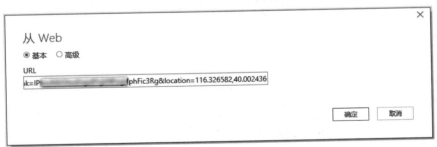

图 11-44　新建查询(自网站,7)

在高级编辑器中,将系统自动生成的代码修改为自定义函数,完整的代码如下:

```
//cf11_07
let
```

```
    fn = (ak,loc) => let
        源 = Xml.Tables(
                Web.Contents(
                    "https://api.map.baidu.com/reverse_geocoding/v3/?ak="
                    & ak
                    &"&location="
                    & loc)){0}[result],
        展开 = Table.ExpandTableColumn(源, "addressComponent", {"province", "city",
"district"}),
        删除 = Table.SelectColumns(展开,{"formatted_address", "business", "province",
"city", "district"})
    in
        删除
in
    fn
```

在 Excel 中,通过"数据"→"从表格"将数据源导入 Power Query,数据源如图 11-45 所示。

	ABC 123 location
1	40.002436,116.326582
2	39.995304,116.308264
3	31.299077,121.503205
4	23.092973,113.291103
5	22.527939,113.935097

图 11-45 数据源(6)

对数据源新增自定义函数列,查看的完整代码如下:

```
//ch11 - 016
let
    源 = Excel.CurrentWorkbook(){[Name = "表4"]}[Content],
    已调用自定义函数 = Table.AddColumn(源, "aa", each cf11_07("IPtxwM ***** Fic3Rg",
[location])),
    展开 = Table.ExpandTableColumn(已调用自定义函数, "aa", {"formatted_address",
"business", "province", "city", "district"}, {"formatted_address", "business", "province",
"city", "district"})
in
    展开
```

返回的值如图 11-46 所示。

	ABC 123 location	ABC 123 formatted_address	ABC 123 business	ABC 123 province	ABC 123 city	ABC 123 district
1	40.002436,116.326582	北京市海淀区青华南路	颐和园,中关村,五道口	北京市	北京市	海淀区
2	39.995304,116.308264	北京市海淀区芙蓉北路	万泉河,颐和园,中关村	北京市	北京市	海淀区
3	31.299077,121.503205	上海市虹口区邯郸路135号	曲阳地区,运光,大柏树	上海市	上海市	虹口区
4	23.092973,113.291103	广东省广州市海珠区秦宁大街55号	东晓/东晓南,昌岗,凤阳	广东省	广州市	海珠区
5	22.527939,113.935097	广东省深圳市南山区南光路122-5	桂庙路口,南油,海雅百货	广东省	深圳市	南山区

图 11-46 ch11-016 的运行结果

11.3 数据库

在 Excel 中,通过"数据"→"新建查询"→"从数据库"查看 Excel 可获取访问的数据库,如图 11-47 所示。

图 11-47　新建查询-从数据库

在以上 9 类数据库中,M 语言访问 SQL Server、IBM Db2、MySQL、PostgreSQL、Sybase 等数据库的函数的语法类似,相关操作也类似;M 语言访问 Oracle、Teradata 数据库的函数的语法类似,相关操作也类似。以 Power Query 访问 MySQL 数据库为例,语法如下:

```
Mysql.Database(
    server as text,
    database as text,
    optional options as nullable record
) as table
```

Mysql.Database()函数的第 1 个和第 2 个参数为必选参数;第 3 个参数为可选记录参

数,用于控制以下 10 个选项：Encoding（默认值为 null）、CreateNavigationProperties（默认值为 true）、NavigationPropertyNameGenerator、Query（SQL 语句）、CommandTimeout、ConnectionTimeout、TreatTinyAsBoolean（默认值为 true）、OldGuids（默认值为 false）、ReturnSingleDatabase（默认值为 false）、HierarchicalNavigation（默认值为 false）。

11.3.1　MySQL

在服务器 120. ∗∗. ∗∗.96 内的 manage_system 数据库中,存放着 freight_t 等十几个存在关联关系的表,如图 11-48 所示。

图 11-48　数据库内的表

在 Excel 中,通过"数据"→"新建查询"→"从数据库"→"从 MySQL 数据库"将数据库中指定的表导入 Power Query,如图 11-47 所示。

首次连接 MySQL 数据库时,在弹出的"MySQL 数据库"对话框中,输入服务器地址和数据库的名称,单击"确定"按钮,如图 11-49 所示。

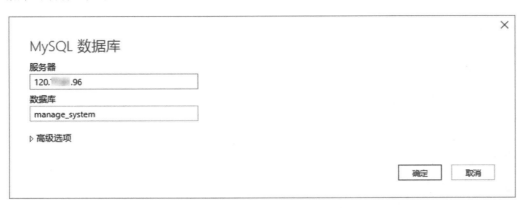

图 11-49　从 MySQL 数据库导入数据

在"MySQL 数据库"对话框中,展开"高级选项"进行设置也是可以的,如图 11-50 所示。

图 11-50　从数据库的高级选项中设置

继续以图 11-50 为例,输入服务器地址和数据库的名称,单击"确定"按钮,在弹出的"MySQL 数据库"对话框中,选择左侧的"数据库"菜单,在"用户名"和"密码"框中输入 MySQL 凭据,选择这些设置所应用的级别后,单击"连接"按钮,如图 11-51 所示。

图 11-51　数据库连接的凭证

如果连接未加密,则会出现图 11-52 所示对话框提示。单击"确定"按钮,使用未加密的方式连接到数据库。

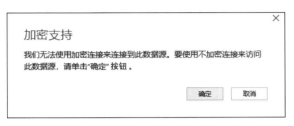

图 11-52 以未加密的方式连接到数据库

页面跳转到 Power Query 导航器。在"导航器"对话框中,选择所需的数据(freight_t),单击"转换数据"按钮,如图 11-53 所示。

图 11-53 导航器中的表视图

在高级编辑器中,查看的完整代码如下:

```
//ch11 - 017
let
    源 = Mysql.Database(
```

```
                "120.**.**.96",          //服务器地址
                "manage_system",         //数据库名
                [ReturnSingleDatabase = true]
            )
    in
        源
```

在上述代码中的 Mysql.Database() 函数中新增了第 3 个参数 Query 的查询语句,代码如下:

```
//ch11 - 018
let
    源 = Mysql.Database(
            "120.**.**.96",    //服务器地址已被掩码
            "manage_system",
            [
                ReturnSingleDatabase = true,
                Query = "
                    select
                        ycustomername , getnumber , getdate , ymanagepoint ,
                        yascription , ysalesman , ysalesmantype , getcost ,
                        tradetype , ycosttype , foperator
                    from
                        freight_t"
            ]
        )
in
    源
```

在高级编辑器中新增查询语句后,单击"完成"按钮。系统会弹出"编辑权限"提示,单击"编辑权限"按钮,如图 11-54 所示。

图 11-54　编辑权限

在弹出的"本机数据库查询"对话框中,单击"运行"按钮,如图 11-55 所示。

在 Power Query 编辑器中,返回的数据如图 11-56 所示。

数据已从数据库中导出,后续若需进行数据的增、删、更、查、转换、分类汇总等,则可直接在 Power Query 编辑器中完成相关操作。

图 11-55　数据库查询

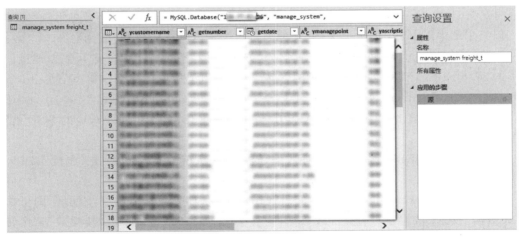

图 11-56　导航器中的表视图

11.3.2 ODBC

ODBC 是开放数据库连接(Open Database Connectivity)的简称,它是为解决异构数据库间的数据共享而产生的。ODBC 为异构数据库访问提供统一接口,允许应用程序以 SQL 为数据存取标准;用 ODBC 可以访问各类计算机上的数据库文件,甚至访问如 Excel 表和 ASCII 数据文件这类非数据库对象。

在 M 语言中,Odbc. DataSource()函数用 ODBC 的方式连接到指定数据源并返回 SQL 和视图中的表。函数共有两个参数,第一个参数 connectionString 为必选参数,可以是文本,也可以是属性值对的记录;属性值可以为文本或数值。第二个参数为可选参数,采用的是记录的数据结构,用于指定 CreateNavigationProperties、HierarchicalNavigation、HierarchicalNavigation、CommandTimeout、CommandTimeout 等额外属性,语法如下:

```
Odbc.DataSource(
    connectionString as any,
    optional options as nullable record
) as table
```

ODBC 对版本有要求。以连接 Excel 为例:

如果读者采用的是 2007 及以上的版本,则需采用 2007 以上版连接字符串:driver={Microsoft Excel Driver (* . xls, * . xlsx, * . xlsm, * . xlsb)};driverid=1046;dbq=路径.xlsx;dsn=dBASE Files,[HierarchicalNavigation=true]。第二个参数[HierarchicalNavigation=true]为 true 时为分层导航,改为 false 时则只显示一个文件,第二个参数为可选参数。

如果采用的是 2003 版本,则需采用 2003 版连接字符串:Driver={Microsoft Excel Driver (* . xls)};DriverId=790;Dbq=C:\MyExcel. xls;DefaultDir=路径。

以第 1 章中图 1-5 中的数据为例,文件夹位置为 E:\PQ_M语\2_数据\第 1 章_数据\yd。在 Excel 中,通过"数据"→"新建查询"→"从其他源"→"从 ODBC"进行数据连接。在弹出的"从 ODBC"对话框的高级选项中,填入 2007 及以上版本的连接字符串信息 driver={Microsoft Excel Driver (* . xls, * . xlsx, * . xlsm, * . xlsb)};driverid=1046;dbq=E:\PQ_M语\2_数据\第 1 章_数据\yd\AR001. xlsx;dsn=dBASE Files 及对应的 SQL 语句,如图 11-57 所示。

页面跳转至"ODBC 驱动程序"对话框,选择"默认或自定义",单击"连接"按钮,如图 11-58 所示。

页面跳转到 Power Query 导航器的表视图对话框,如果数据需进一步处理,则可单击"转换数据"按钮;如果打算直接加载数据,则可单击"加载"按钮。单击"转换数据"按钮后可进入 Power Query 编辑器界面,如图 11-59 所示。

图 11-57　从 ODBC 导入数据

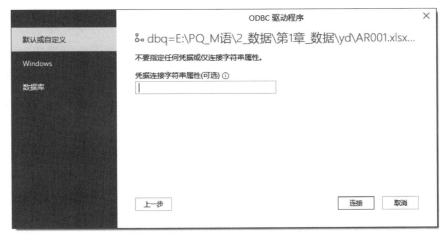

图 11-58　ODBC 驱动程序

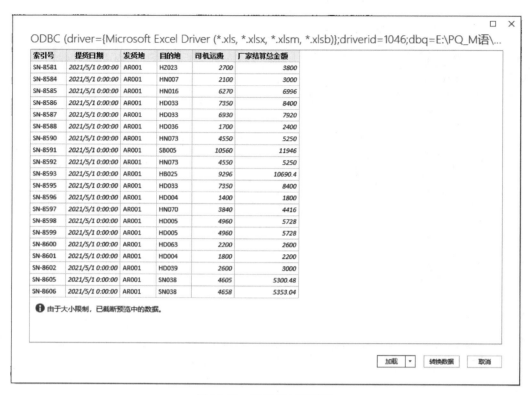

图 11-59　导航器(表视图)

在高级编辑器中,查看的完整代码如下:

```
//ch11 - 019
let
    源 = Odbc.Query("driver = {Microsoft Excel Driver ( * .xls, * .xlsx, * .xlsm, * .xlsb)};
driverid = 1046;dbq = E:\PQ_M 语\2_数据\第 1 章_数据\yd\AR001.xlsx;dsn = Excel Files",
"select ♯(1f)　索引号,提货日期,发货地,目的地,司机运费,厂家结算总金额♯(1f)from♯(1f)
   [2021_5$ ]")
in
    源
```

11.4　文本文件

常见的文本文件有 csv 和 txt 两类。在 Power Query 中,csv 文件和 txt 文件都通过 Csv. Document()函数将其转换为表,语法如下:

```
Csv.Document(
    source as any,
    optional columns as any,          //可为 null、列数、列名称列表、表类型或选项记录
    optional delimiter as any,        //默认为","(逗号),可为单个字符或字符列表
    optional extraValues as nullable number,
    optional encoding as nullable number
) as table
```

以"E:\PQ_M语\2_数据\第 11 章_数据\csv"文件夹中的数据为例,对文件夹中所有 csv 文件进行合并。通过"数据"→"新建查询"→"从文件"→CSV 获取对应的文件,最后单击"转换数据"按钮,如图 11-60 所示。

图 11-60　csv 文件获取

在 Power Query 高级编辑器中,查看的完整代码如下:

```
//ch11 - 020
let
    源 = Csv.Document(File.Contents("E:\PQ_M语\2_数据\第 11 章_数据\csv\csv1.csv"),
[Delimiter = ",", Columns = 5, Encoding = 936, QuoteStyle = QuoteStyle.None])
in
    源
```

如果获取的对象是整个文件夹,则选择的操作路径为"数据"→"新建查询"→"从文件"→"从文件夹",最后单击"转换数据"按钮,如图 11-61 所示。

在 Power Query 高级编辑器中,完成数据的清洗与转换,完整的代码如下:

```
//ch11 - 021
let
    源 = Folder.Files("E:\PQ_M语\2_数据\第 11 章_数据\csv"),
```

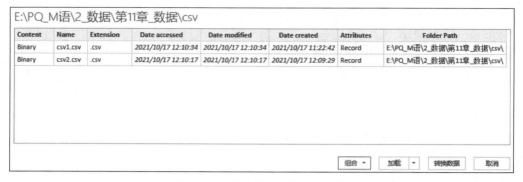

图 11-61　从文件夹获取 csv 文件

```
    新增列 = Table.AddColumn(源, "解析", each Csv.Document([Content], [Delimiter = ",",
Columns = 5, Encoding = 936, QuoteStyle = QuoteStyle.None])),
    选列 = Table.SelectColumns(新增列,"解析"),
    展开表 = Table.ExpandTableColumn(选列, "解析", {"Column1", "Column2", "Column3", "
Column4", "Column5"}, {"Column1", "Column2", "Column3", "Column4", "Column5"}),
    提升标题 = Table.PromoteHeaders(展开表, [PromoteAllScalars = true]),
    筛选行 = Table.SelectRows(提升标题, each not Text.Contains([运单编号], "运单编号"))
in
    筛选行
```

返回的值如图 11-62 所示。

	ABC123 运单编号 ▼	ABC123 客户 ▼	ABC123 收货详细地址 ▼	ABC123 发车时间 ▼	ABC123 备注 ▼
1	YD001	王2	北京路2幢2楼201	2021/8/3	
2	YD002	王2	北京路2幢2楼202	2021/8/3	
3	YD003	张3	上海路3幢3楼301	2021/8/4	
4	YD004	张3	上海路3幢3楼302	2021/8/4	
5	YD005	张3	上海路3幢3楼303	2021/8/4	
6	YD006	李4	广州路4幢4楼401	2021/8/5	
7	YD007	李4	广州路4幢4楼402	2021/8/5	
8	YD008	李4	广州路4幢4楼403	2021/8/5	
9	YD009	李4	广州路4幢4楼404	2021/8/5	

图 11-62　ch11-021 的运行结果

Power Query 获取 txt 文本文件的函数也是 Csv.Document()函数。在 Excel 中,可通过"数据"→"新建查询"→"从文件"→"从文本"进行图形化操作。

11.5　Excel

本节数据的文件夹位置为 E:\PQ_M语\2_数据\第 1 章_数据\yd,如第 1 章图 1-5 所示。本节内容是 Power Query M 语言中使用频率最高、使用方式最多样化的一个关键章节,值得读者花更多的时间掌握各类应用场景及个性化需求的实现。

11.5.1　当前表

Excel. CurrentWorkbook()函数用于访问当前工作簿中的表。在 Excel 中可通过"插入""表格"将当前表的数据导入 Power Query 编辑器,语法如下:

```
Excel.CurrentWorkbook() as table
```

在第 9 章、第 10 章中,所有案例来源于当前工作簿,本节不再举例。

11.5.2　工作簿

Excel. Workbook()函数用于返回 Excel 工作簿的内容,一个工作簿中可能包含一个或多个工作表。在 Excel 中,可通过"数据"→"新建查询"→"从文件"→"从工作簿"来导入工作簿中的数据,语法如下:

```
Excel.Workbook(
    workbook as binary,
    optional useHeaders as any,          //默认值为 false
    optional delayTypes as nullable logical    //默认值为 false
) as table
```

Excel. Workbook()函数共有 3 个参数:第 1 个参数为二进制工作簿文件,第 2 个参数为是否用标题栏,第 3 个参数为指示返回的列是否允许非类型化。其中,第 1 个参数的二进制工作簿文件可通过 File. Contents()函数获取与生成,该函数的语法如下:

```
File.Contents(
    path as text,
    optional options as nullable record
) as binary
```

在 Excel 中,可通过"数据"→"新建查询"→"从文件"→"从工作簿"获取 AR001. xlsx 数据,单击"导入"按钮,如图 11-63 所示。

页面跳转到"导航器"对话框。如果同一工作簿中包含多个工作表,则可以有多种选择方式。①勾选左上角的"选择多项",然后在其下面的"显示选项"中勾选所需选择的多个工作表;②单击工作簿图标(如 AR001. xlsx);③选择单个工作表,如单击"2018_10"工作表,然后单击"加载"或"转换数据"按钮,如图 11-64 所示。

单击图 11-64 中的 AR001. xlsx[31]的图标,方括号中的 31 代表工作簿中有 31 个工作表,然后单击"转换数据"按钮,进入 Power Query 编辑器,返回的值如图 11-65 所示(此处只截取前 5 行数据)。

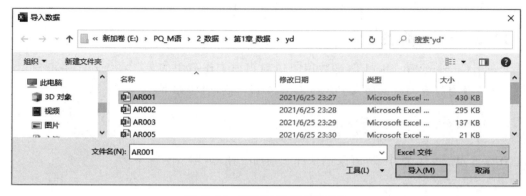

图 11-63　新建查询(从工作簿)

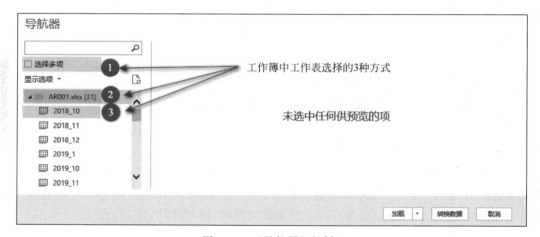

图 11-64　"导航器"对话框

Name	Data	Item	Kind	Hidden
1	2018_10	Table	2018_10	Sheet	*FALSE*
2	2018_11	Table	2018_11	Sheet	*FALSE*
3	2018_12	Table	2018_12	Sheet	*FALSE*
4	2019_1	Table	2019_1	Sheet	*FALSE*
5	2019_3	Table	2019_3	Sheet	*FALSE*

图 11-65　数据获取

在编辑栏中,将 Excel.Workbook()函数的第 2 个参数改为 true(将第 1 行提升为标题),第 3 个参数采用默认方式,代码如下:

```
= Excel.Workbook(File.Contents("E:\PQ_M语\2_数据\第1章_数据\yd\AR001.xlsx"),true)
```

在高级编辑器中,利用 M 语言完成相关操作,完整的代码如下:

```
//ch11 - 022
let
    源 = Excel.Workbook(
            File.Contents("E:\PQ_M语\2_数据\第1章_数据\yd\AR001.xlsx"),
            true
        ),
    转换 = Table.TransformColumns(
            源,
            {"Name", each Date.From(Text.Replace(_,"_","/")&"/01") }
        ),
    筛选行 = Table.SelectRows(
            转换,
            each [Name]> #date(2020,5,31)
        ),
    选择列 = Table.SelectColumns(筛选行,"Data"),
    展开列 = Table.ExpandTableColumn(
            选择列,
            "Data",
            {"索引号", "提货日期", "到货日期", "发货地", "目的地", "件数",
             "质量/吨","司机单价",  "司机运费","厂家结算总金额", "车牌号"}
        )
in
    展开列
```

返回的值如图 11-66 所示(显示值为截取的前 5 行数据)。

	ABC 123 索引号	ABC 123 提货日期	ABC 123 到货日期	ABC 123 发货地	ABC 123 目的地	ABC 123 件数	ABC 123 重量/吨	ABC 123 司机单...	ABC 123 司机运...	ABC 123 厂家结算...	ABC 123 车牌号
1	SN-3101	2020/6/1 0:00:00	2020/6/2 0:00:00	AR001	HZ010	1306	32	100	3200	3680	古C6073U
2	SN-3102	2020/6/1 0:00:00	2020/6/2 0:00:00	AR001	HN005	667	32.683	200	6536.6	8987.825	古C6P909
3	SN-3103	2020/6/1 0:00:00	2020/6/2 0:00:00	AR001	HD008	593	27.34	4160	4160	4866.52	粤Q2620S
4	SN-3116	2020/6/2 0:00:00	2020/6/2 0:00:00	AR001	HZ010	1306	32	null	null	1120	古C6073U
5	SN-3117	2020/6/2 0:00:00	2020/6/3 0:00:00	AR001	HZ010	1306	32	100	3200	4800	古C8A275

图 11-66　ch11-022 的运行结果

11.5.3　文件夹

Folder.Contents()函数用于以二进制的形式访问文件夹,返回的值可能为含 Content、Name、Extension、Date accessed、Date modified、Date created、Attributes、Folder Path 等列标题的表。在 Excel 中,可通过"数据"→"新建查询"→"从文件"→"从文件夹"进行图形化操作,语法如下:

```
Folder.Contents(
    path as text,
    optional options as nullable record
) as table
```

在 Excel 中,可通过"数据"→"新建查询"→"从文件"→"从文件夹"获取 yd 文件夹中的所有数据,单击"打开"按钮,如图 11-67 所示。

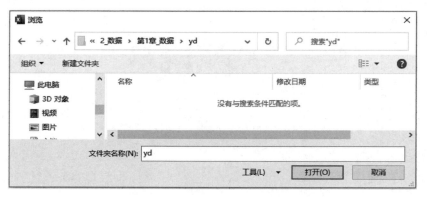

图 11-67　新建查询(从文件夹)

在弹出的"导航器"对话框中,单击"转换数据"按钮,如图 11-68 所示。

E:\PQ_M语\2_数据\第1章_数据\yd

Content	Name	Extension	Date accessed	Date modified	Date created	Attributes	Folder Path
Binary	AR001.xlsx	.xlsx	2021/10/17 18:27:57	2021/6/25 23:27:48	2021/8/23 23:45:24	Record	E:\PQ_M语\2_数据\第1章_数据\yd\
Binary	AR002.xlsx	.xlsx	2021/10/17 17:36:59	2021/6/25 23:28:33	2021/8/23 23:45:24	Record	E:\PQ_M语\2_数据\第1章_数据\yd\
Binary	AR003.xlsx	.xlsx	2021/10/17 9:47:29	2021/6/25 23:29:16	2021/8/23 23:45:24	Record	E:\PQ_M语\2_数据\第1章_数据\yd\
Binary	AR005.xlsx	.xlsx	2021/10/17 17:27:31	2021/6/25 23:30:19	2021/8/23 23:45:24	Record	E:\PQ_M语\2_数据\第1章_数据\yd\
Binary	AR006.xlsx	.xlsx	2021/10/17 10:25:35	2021/6/25 21:36:00	2021/8/23 23:45:24	Record	E:\PQ_M语\2_数据\第1章_数据\yd\
Binary	AR007.xlsx	.xlsx	2021/10/17 17:27:31	2021/6/25 23:29:53	2021/8/23 23:45:24	Record	E:\PQ_M语\2_数据\第1章_数据\yd\
Binary	AR008.xlsx	.xlsx	2021/8/23 23:45:24	2021/6/25 21:36:00	2021/8/23 23:45:24	Record	E:\PQ_M语\2_数据\第1章_数据\yd\
Binary	AR009.xlsx	.xlsx	2021/10/17 10:25:35	2021/6/25 21:36:00	2021/8/23 23:45:24	Record	E:\PQ_M语\2_数据\第1章_数据\yd\

组合 ▾　　加载 ▾　　转换数据　　取消

图 11-68　文件夹内的数据

在高级编辑器中,完成的代码如下:

```
//ch11-023
let
    源 = Folder.Files("E:\PQ_M语\2_数据\第1章_数据\yd"),
    添加列 = Table.AddColumn(
            源,
            "解析表",
            each Excel.Workbook([Content],true)
        ),
    选择列 = Table.RemoveColumns(
```

```
                添加列,
                {"Content", "Name", "Extension", "Date accessed",
                 "Date modified","Date created", "Attributes", "Folder Path"
                }
                ),
    展开列  = Table.ExpandTableColumn(
                选择列,
                "解析表",
                {"Data"}
                ),
    展开列 2 = Table.ExpandTableColumn(
                展开列,
                "Data",
                {
                "索引号","提货日期","到货日期","发货地","目的地","件数",
                "质量/吨","司机单价", "司机运费","厂家结算总金额","车牌号"
                }
                )
  in
      展开列 2
```

返回的值如图 11-69 所示(数据共有 8680 行,以下仅截取前 5 行数据)。

⊞▾	ABC 123 索引号 ▾	ABC 123 提货日期 ▾	ABC 123 到货日— ▾	ABC 123 发货地 ▾	ABC 123 目的地 ▾	ABC 123 件数 ▾	ABC 123 重量/吨 ▾	ABC 123 司机单— ▾	ABC 123 司机运— ▾	ABC 123 厂家结算— ▾	ABC 123 车牌号 ▾
1	SN-0004	2018/10/30 0:00:00	null	AR001	HN068	null	32	180	5760	null	古CR9852
2	SN-0005	2018/10/30 0:00:00	null	AR001	HN068	null	32	180	5760	null	古CQ7046
3	SN-0006	2018/10/31 0:00:00	null	AR001	HN060	null	14.2	357	5000	null	古C9N317
4	SN-0007	2018/10/31 0:00:00	null	AR001	HN060	null	14.2	42.3	600	null	古C9N317
5	SN-0008	2018/11/5 0:00:00	null	AR001	HN001	157	17.89	260	4676	null	古CU7403

图 11-69 ch11-023 的运行结果

在"从文件夹"获取数据的过程中,会由于应用场景的多样性而产生不同的代码组合,对 M 语言来讲,这些场景都能轻松应付,需要读者多练习并掌握。

第五篇　案　例　篇

第 12 章　综合案例

第 12 章

综 合 案 例

12.1 M 语言综述

本章内容是对前面 11 章内容的整体性回顾,可结合图 3-8、表 3-3、表 3-4、表 9-1、表 9-2 一起理解与应用,如图 12-1 所示。

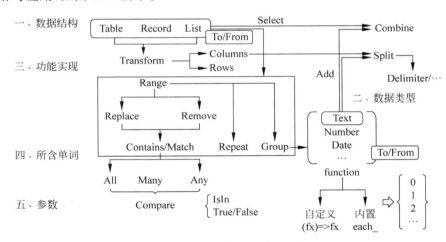

图 12-1 M 语言语法体系概述

在大多数计算机语言中:程序＝数据＋方法。其中,数据有"数据结构"与"数据类型"之分。在 M 语言中,数据结构有 Table、Record、List 3 种,也称为"三大容器",它们之间可以通过 To 或 From 进行数据结构转换。数据类型有 Text、Number、Date 等,它们之间也可以通过 To 或 From 进行数据类型的转换。大部分情况下,数据类型的转换一般是在数据的容器内进行转换的,例如,对表内某列或某几列的数据类型转换。

对于三大容器及文本数据,很多情况下可以进行"选择、合并、拆分、转换"等操作;在 M 语言中,对于某一选定范围的数据可以进行"删除、替换、重复、分组"等操作;"删除、替换"的对象可能是指定的值或条件表达式,表达式可能来源于成员运算或匹配对象,例如,包含

Contains 或 Match 英文字母的 M 语言函数;"分组"函数(Table. Group)的分组依据或聚合对象则可能来自于数据转换后的值,或者某些自定义函数。

从 M 语言函数的单词构成基本上能猜出其所能实现的功能及返回的值。例如,含有 All、Any 等单词的函数其返回的值为 true 或 false;含 Replace 单词的函数多用于对象替换;含 Remove 单词的函数多用于对象的删除,其替换或删除的依据来源于参数的指定值、条件表达式或自定义函数。

函数的参数值可以是指定的数据结构或数据类型,也可以是任意值或函数;函数可以是内置函数,也可以是自定义函数。很多参数可采用数值代码化的方式表示,例如,0 表示升序,1 表示降序。

12.2 Power BI

12.2.1 Power BI

在微软的 Power BI 中,高效、无缝地将 Power Query(M 语言)、Power Pivot(DAX 语言)、可视化报表等整合在一起,从而形成了一款自助式 BI(Business Intelligence,商业智能)神器。在 Power BI 中,M 语言与 DAX 语言的功能存在重叠的部分,但是,如果仅用于数据清洗与转换、复杂查询,则建议用 M 语言;如果做简单查询与复杂计算,则建议用 DAX 语言。Power Query、Power Pivot 的这些功能都可以在 Excel 中直接使用,它们与 Power View、Power Map 共同组成了 Excel 的 Power 四件套(不过,Power View 已经慢慢退出了 Power 家族)。

在 Power BI 中,Power Query 用于数据获取、数据清洗等工作,它可以获取与清洗目前市面上绝大多数的数据源格式并进行清洗与转换工作。清洗转换后的数据可自动上载到 Power Pivot 中。Power Pivot 是 Power BI 神器的灵魂与核心所在。Power Pivot 的 DAX (Data Analysis Expression,数据分析表达式)主要有两大功能:查询功能、计算功能(以 calculate()函数为代表)。DAX 是一门用于 SSAS(SQL Server Analysis Services 的简写)表格模型的函数语言,它所用的 VertiPaq 存储引擎(也称 xVelocity 内存分析引擎)可用于处理企业级、轻量型数据库。

自从 DAX 出现后,在 Excel 中从事几千万行的数据建模、数据处理、数据分析及数据查询,变得异常便捷与高效,而且它的列式存储数据库的特点,使它不仅速度快而且存储的文件会被大大地压缩而变小。最后,经过处理与建模后的规整数据可以在 Power BI 的"报表"对话框中进行可视化交互呈现、在线发布、在线共享数据信息、在移动端呈现等。

可视化的用意在于将抽象化的内容进行直观化呈现,"字不如表,表不如图"形象地说明了图表的重要性。在 Power BI 中,可视化也是重要的组成部分之一。在 Power BI 中,可通过在可视化对话框中选择适宜的图表,也可通过"获取更多视觉对象"的方式来完成可视化效果,最终形成可视化图表,如图 12-2 所示。

图 12-2　可视化图标

12.2.2　Power Pivot

Power Pivot 在 Excel 数据透视表（Pivot Table）的数据容量、分析能力、灵活性等方面进行了全面升级，它基于数据模型来展开工作。

1. 数据建模

数据建模是指在表与表之间创建关系。在 Power BI 中，维度表、事实表、字段、关系、度量值共同构建了数据模型。其中，维度表为上下文、切片器字段及图表轴的来源；事实表是数据分析过程中数据的来源；关系是指表与表之间具备关联关系，它是数据的基础。

在数据模型中，表可以是连续多个的表，但具备关联关系的表一定是仅存于两表之间，并且关系的箭头是从 1 端（连接线上显示为 1）流向多端（连接线上有 * 号）的。常见的关系有 4 种：一对一、一对多、多对一、多对多。其中，位于关系一端的是维度表，位于表间关系多端的是事实表，如图 12-3 所示。

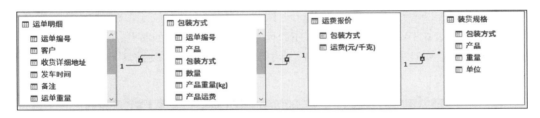

图 12-3　关系视图

在图 12-3 中，运单明细表和运费报价表是维度表、包装方式表和装货规格表的事实表。关系的箭头方向是从一端流向多端的。

在 DAX 中，每个表都有一个与之匹配的扩展版本。扩展版本包含了基准表中的所有列及基准表"多"（＊）对"一"（1）关系中位于一端表的所有列，因为扩展表的规则是：只向关系的"一"端扩展。扩展从基准表开始且单向扩展，它将位于关系中"一"端的表中的所有列添加到扩展表中。在图 12-3 中，包装方式表的扩展版本包含了运单明细表和运费报价表；装货规格表的扩展版本包含了运费报价表。当某关系的两端都是"多"端时将不会发生扩展。

2. 计算列

在图 12-3 中，包装方式表与装货规格表二者之间未建立关系连线，但可以通过 SUMX ＋FILTER 在二者之间创建关系。例如，在包装方式表中，调取装货规格表中对应产品的质

量,然后与包装方式表中的数量相乘。在包装方式表中,新建计算列"产品质量(kg)",表达式如下:

```
=   SUMX (
        FILTER (
            RELATEDTABLE ( '装货规格' ),
            '装货规格'[产品] = '包装方式'[产品]
                && '装货规格'[包装方式] = '包装方式'[包装方式]
        ),
        SWITCH (
            TRUE (),
            '装货规格'[单位] = "吨",
                '装货规格'[质量] * 1000 * '包装方式'[数量],
            '装货规格'[单位] = "克",
                '装货规格'[质量] / 1000 *  '包装方式'[数量],
            '装货规格'[质量] * '包装方式'[数量]
        )
    )
```

在以上表达式中:相关函数的写法极其类似于 Excel 中函数的写法。其中,SUMX() 函数是迭代函数,它在执行迭代计算时会创建行上下文,用于统计表中指定列或表达式的和;FILTER()函数的参数为一个表和一个逻辑条件,返回符合条件的所有行,没有更改筛选上下文;RELATEDTABLE()函数用于返回位于数据模型中位于"多"端的表的所有行,返回的值为关联表;SWITCH()函数是 IF()函数多条件嵌套时的替代方案,它比 IF()函数更易理解与维护。以上表达式返回的值(表中共有 30 行,仅截取前 4 行数据),如图 12-4 所示。

运单...	包装方式	数量	产品	产品重量(kg)
1	YD001	箱装	2	蛋糕纸	40
2	YD001	散装	3	钢化膜	450
3	YD002	桶装	6	尿素	90
4	YD002	散装	2	钢化膜	300

图 12-4 新建计算列(1)

DAX 提供了 RELATED()和 RELATEDTABLE()这两个关系函数,用于在表达式内部操作关系,类似于 Excel 中的 VLOOKUP()函数,但功能远强大于该函数。在数据模型的扩展表中,从"多"端调取"一"端的数据时可应用 RELATED()函数,RELATED()函数返回的值为单个的值。例如,在包装方式表中,既要调取装货规格表中对应产品的质量又要调取运费报价表中的运费,在包装方式表中,新建计算列"产品运费",表达式如下:

```
= VAR
qty = '包装方式'[数量]
```

```
var
pr =
    RELATED ( '运费报价'[运费(元/千克)] )
RETURN
    SUMX (
        FILTER (
            RELATEDTABLE ( '装货规格' ),
            '装货规格'[产品] = '包装方式'[产品]
                && '装货规格'[包装方式] = '包装方式'[包装方式]
        ),
        SWITCH (
            TRUE (),
            '装货规格'[单位] = "吨",
                '装货规格'[质量] * 1000 * pr * qty,
            '装货规格'[单位] = "克",
                '装货规格'[质量] / 1000 * pr * qty,
            '装货规格'[质量] * pr * qty
        )
    )
```

在以上表达式中：VAR 是定义变量的关键字，RETURN 是变量的返回值。在同一代码块中，通过添加多个 VAR 来定义多个变量是允许的，但是 RETURN 的返回值必须是唯一的。引入 VAR 变量可以增加代码的可读性。返回的值（共有 30 行，仅截取前 4 行数据）如图 12-5 所示。

	运单...	包装方式	数量	产品	产品重量(kg)	产品运费
1	YD001	箱装	2	蛋糕纸	40	800
2	YD001	散装	3	钢化膜	450	2700
3	YD002	桶装	6	尿素	90	1080
4	YD002	散装	2	钢化膜	300	1800

图 12-5　新建计算列（2）

通过图 12-4 及图 12-5 可以发现，因为数据模型的存在极大地提升了数据分析的效率。很明显，在数据运算与分析效率上，DAX 明显高于 M 语言，但是对于复杂的数据获取、清洗及转换，对于 DAX 来讲显然是有心无力，但对 M 语言来讲却异常轻松。

有过数据处理与分析的读者会有类似的经历：70% 以上的时间在清洗与转换数据，而真正分析数据的时间其实大约只有 20%。正因为日常所遇到的数据总是因为数据的来源或登记的方式五花八门，如果直接用于数据分析，则十有八九出不来结论；即使能出结论，有可能结论也是错误的。正是基于这些情形，微软首先通过 M 语言获取、清洗与转换数据，然后将规范的、可用的数据转 DAX 中进行数据分析。这就是 M 语言与 DAX 语言在 Power BI 中的定位与分工。

3．度量值

在 DAX 中，计算列与度量值的表达式初看很相似，而且在某些情况下使用它们可以得到相同的值，但是二者其实是完全不同的。计算列类似于 Excel 中新建的辅助列，它与度量值的区别在于计值上下文（在 DAX 中，计值上下文分为行上下文和筛选上下文）。

度量值总是在当前计值上下文环境中对聚合的数据进行操作。到底是用计算列还是度量值，取决于计算的需要。当计算的结果需放置于透视表中的切片器、筛选器、行区域、列区域时，需采用新建计算列的方式；当计算的结果需放置于透视表的值区域或用于动态筛选条件的设置时，必须采用度量值方式。另外，度量值只在查询时才计算，它不会占据内存和存储空间，所以当允许同时使用计算列与度量值时，最优选择是度量值，次佳选择是计算列。

注意：度量值需要被定义在表中，然而度量值并不真正属于任何表。在数据模型中，将度量值从一个表移到另外一个表中，均能正常使用。

应用举例，在包装方式表中创建度量值"产品总重""运费合计"及"异形件质量"，表达式如下：

```
产品总重：= sum('包装方式'[产品质量(kg)])
运费合计：= sum('包装方式'[产品运费])
异形件质量：= CALCULATE([产品总重],'包装方式'[产品] = "异形件")
```

在包装方式表的底端，查看这 3 个度量值的显示结果，如图 12-6 所示。

在 Power Pivot 界面中，通过"主页"→"数据透视表"→"数据透视表"，在弹出的"创建数据透视表"对话框中单击"确定"按钮，如图 12-7 所示。

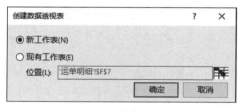

产品总重：110,553.85
运费合计：952,550.50
异形件质量：40,000.00

图 12-6　度量值　　　　图 12-7　创建数据透视表

返回的值如图 12-8 所示。

4．CALCULATE

在"异形件质量"度量值中，用到了 CALCULATE() 函数，该函数是 DAX 语言中最重要、最灵活、最复杂的函数之一，它和 CALCULATETABLE() 函数是 DAX 中仅有的两个能够创建新的筛选上下文的函数。

在包装方式表中新建自定义列"异形件质量(kg)"，直接对现有度量值进行引用，其效果相当于原表达式外围再套了 CALCULATE() 函数，表达式如下：

```
= '包装方式'[异形件质量]
```

图 12-8　度量值在透视表中的应用说明

　　为了方便理解,已对该新建列进行降序排列。以上表达式返回的值(表中共有 30 行,仅截取前 8 行数据)如图 12-9 所示。

	运单...	包装方式	数量	产品	产品重量(kg)	产品运费	异形件...	添加列
1	YD007	膜	8	异形件	16000	208000	16000	
2	YD006	膜	6	异形件	12000	156000	12000	
3	YD005	膜	4	异形件	8000	104000	8000	
4	YD004	膜	2	异形件	4000	52000	4000	
5	YD009	散装	9	钢化膜	1350	8100		
6	YD009	袋	9	老陈醋	1.35	13.5		
7	YD008	散装	4	钢化膜	600	3600		
8	YD008	桶装	6	油漆	60	720		

图 12-9　上下文转换

12.3　综合案例

　　在数据分析的过程中,首先是思路,然后才是工具的应用。本案例将采用 M 语言来展示数据源获取过程中的一些处理方式,出于项目介绍的需要,在介绍的过程中会涉及 DAX 语言与 Power BI 可视化。

　　本案例中的所有数据为笔者基于行业经验所虚拟产生的,为避免不必要的巧合,相关数据已做二次脱敏处理。

12.3.1　项目描述

1. 行业描述

　　在现代的五大运输方式(铁路、公路、航空、水路、管道)中,以公路运输最为易见与灵活。

随着近几十年来公路运输方式的不断完善与运营的深耕,我国现拥有载货汽车约1100多万辆。受各类市场因素的影响,近几年载货汽车的持有量略呈下降的趋势。本案例为一家大型汽运公司,一直以来以整车业务为主,拥有自营大型车队;近几年开始做产品调整,已在逐步减少重资产的比例。

2．项目背景

基于近年来的油价上涨及其他影响因素,该公司准备从之前的粗犷式管理向精细化管理转变,不再以追求公司体量及市场占有率为目标,拟在自营运力与外购运力间做进一步抉择,以确保公司的运营风险最小化、盈利能力最大化。

公司打算通过对历史数据的整理,清晰地了解公司所经手业务的流向、流量、收入、支出、成本、异常与盈利情况、客户及司机画像等,并拟通过流程筛理、流程优化后,最终流程E化后固化到系统中,建立公司的报表监控体系、成本决策体系、KPI考核体系和标准化推广体系,实现“信息流指导物流,数据指导改善”的管理方式。

3．项目推行思路

项目的推行将依据PDCA管理方法,项目设有“明确需求、设定目标、制订推行计划、筛理现状、提出改善方案、实施改善、效果验证、成果固化、标准化复制”等一系列的步骤。

4．KPI指标体系

通过对项目实施过程中发现的问题进行原因归类、真因查找并形成有效的解决方案;为激发相应人员的干劲及杜绝问题的再次发生,届时将建立一套对应的成本测算体系、KPI考核体系、过程管控体系等。

12.3.2 数据现状

项目将涉及的4类表单数据为订单记录、运单记录、车辆信息、司机信息。

1．获取数据

现有数据源及数据处理计划,如表12-1所示。

表 12-1 将要获取的数据源明细

序	工 作 簿	涵盖的工作表	下一步计划	数 据 处 理
1	订单记录.xlsx	CR000001,CR000002,…,CR000012	合并成一个工作表	建立数据模，进行简单数据分析
2	运单记录.xlsx	7月、8月、9月、10月	合并成一个工作表	
3	车辆信息.xlsx	临时外调、外部车辆、自有车辆	合并成一个工作表	
4	司机信息.xlsx	司机信息	单独导入各工作表	

为了加深对M语言的理解,以下采用几种不同的方式获取类似的数据源。将工作簿“订单明细”中的12个工作表合并成一个工作表,各工作表的表头是一致的(共9列,取其中的7列),在合并表中保留原工作表的名称,代码如下:

```
//ch1203 - 001 订单
let
```

```
源 = Excel.Workbook(
        File.Contents(
            "E:\PQ_M语\2_数据\第 12 章_数据\ch12 数据\订单记录.xlsx"
        ),
        true
    ),
转换 = Table.SelectColumns(
        Table.TransformColumns(
            源,
            {"Data", each [
                a = {"接单编号", "订单下单时间", "发货省", "发货市",
                    "收货省", "收货市", "厂家结算价"},
                b = Table.SelectColumns(_, a)][b]
            }
        ),
        {"Name","Data"}
    ),
展开 = Table.ExpandTableColumn(
        转换,
        "Data",
        {"接单编号", "订单下单时间", "发货省", "发货市",
        "收货省", "收货市", "厂家结算价"}
    ),
类型 = Table.TransformColumnTypes(
        展开,{
            {"订单下单时间", type datetime},
            {"厂家结算价", type number}
        }
    )
in
    类型
```

返回的值(共有 1976 行,仅截取前 5 行数据进行展示)如图 12-10 所示。

	Name	接单编号	订单下单时间	发货省	发货市	收货省	收货市	厂家结…
1	CR000001	CR010704-04P	2021/7/3 11:48:20	浙江省	杭州市	浙江省	台州市	700
2	CR000001	CR010712-07P	2021/7/10 9:11:40	浙江省	杭州市	浙江省	宁波市	700
3	CR000001	CR010714-03P	2021/7/13 9:23:20	江苏省	南京市	江苏省	苏州市	700
4	CR000002	CR020603	2021/7/11 15:30:55	广东省	佛山市	吉林省	长春市	15890
5	CR000002	CR020610	2021/7/16 14:30:41	广东省	云浮市	江西省	南昌市	7980

图 12-10　ch1203-001 的运行结果

将工作簿"运单明细"中的 4 个工作表合并成一个工作表,合并过程中不需要保留原工作表的名称,代码如下:

```
//ch1203 - 002 运单
let
    源 = Excel.Workbook(
            File.Contents(
                "E:\PQ_M语\2_数据\第 12 章_数据\ch12 数据\运单记录.xlsx"
            ),
            true
        ),
    转换 = Table.Combine(List.Transform(源[Data],each _ )),
    类型 = Table.TransformColumnTypes(
            转换,{
                {"发车时间", type datetime},
                {"订单确认时间", type datetime}
            }
        )
in
    类型
```

返回的值(共有 1977 行,仅截取前 5 行数据进行展示)如图 12-11 所示。

▦.	A͟B̲C̲ 接单编号 ▼	A͟B̲C̲ 运单确认时间 ▼	A͟B̲C̲ 运单号 ▼	A͟B̲C̲ 运输方… ▼	A͟B̲C̲ 车牌号 ▼	A͟B̲C̲ 司机姓… ▼	1.2 司机联系… ▼	▦ 发车时间 ▼	▦ 到达时间 ▼	1.2 请款金… ▼
1	CR010704-04P	2021/8/12 10:50:16	TS2021081200080	配送	UCA2471	赵荣平	1870622134	2021/8/12 10:50:43	2021/8/16 10:10:53	595
2	CR010712-07P	2021/8/12 10:50:15	TS2021081200089	配送	YBEF334	高艳艳	1882381134	2021/8/12 10:50:42	2021/8/16 10:10:52	595
3	CR010714-03P	2021/8/12 10:50:15	TS2021081200092	配送	YBEJ894	齐郴	1591410134	2021/8/12 10:50:42	2021/8/16 10:10:51	595
4	CR020603	2021/7/16 14:16:29	TS2021071600115	直达	NPC8730	臧洪涛	1359145006	2021/7/16 14:16:38	2021/7/18 9:09:14	11300
5	CR020610	2021/7/16 14:19:05	TS2021071600117	直达	DA26741	姚玉峰	1897089035	2021/7/16 14:19:14	2021/7/18 9:09:14	6500

图 12-11 ch1203-002 的运行结果

将工作簿"车辆信息"中的 4 个工作表合并成一个工作表,各工作表的表头不确定是否完全一致,需要在表扩展的过程中再确定要选择的列,代码如下:

```
//ch1203 - 003 车辆
let
    源 = Excel.Workbook(
            File.Contents(
                "E:\PQ_M语\2_数据\第 12 章_数据\ch12 数据\车辆信息.xlsx"
            ),
             true
        ),
    选择 = Table.SelectColumns(源, {"Name","Data"}),
    展开 = Table.ExpandTableColumn(
            选择,
            "Data",
            { "归属部门", "车牌号码", "车辆类型", "主驾手机号码", "主驾司机姓名"}
            //仅选择源表中指定的这 5 列.由于扩展的列名相同且不存在重复,第 4 个参数可省略
            )
in
    展开
```

返回的值(共有 1634 行,仅截取前 5 行数据进行展示)如图 12-12 所示。

	A^B_C Name	ABC 123 归属部…	ABC 123 车牌号…	ABC 123 车辆类…	ABC 123 主驾手机…	ABC 123 主驾司机…
1	临时外调	TI000001	NHH2865	挂靠车辆	1305065967	闪大鹏
2	临时外调	TI000001	NHL6826	挂靠车辆	1312562620	兰永秋
3	临时外调	TI000001	NHG7665	挂靠车辆	1884171213	韩洪鑫
4	临时外调	TI000001	NHF6067	挂靠车辆	1504626376	赵春宝
5	临时外调	TI000001	DC6N123	挂靠车辆	1587989195	黄海龙

图 12-12　ch1203-003 的运行结果

导入工作簿"司机信息"中的"司机信息"工作表,代码如下:

```
//ch1203-004 司机
let
    源 = Excel.Workbook(
        File.Contents(
            "E:\PQ_M语\2_数据\第 12 章_数据\ch12 数据\司机信息.xlsx"
        ),
        true
    ){[Item = "司机信息",Kind = "Sheet"]}[Data],          //或用{0}[Data]
    选择 = Table.SelectColumns(
        源,
        {"司机账号", "司机", "身份证号", "开户名", "银行卡号",
        "归属银行", "关联车牌号"}
    )
in
    选择
```

返回的值(共有 1713 行,仅截取前 5 行数据进行展示)如图 12-13 所示。

	A^B_C 司机账…	A^B_C 司机	A^B_C 身份证号	A^B_C 开户名	A^B_C 银行卡号	A^B_C 归属银…	A^B_C 关联车…
1	1583344000	施卫科		葡永科	6228480920106185688	农业银行	JDU9667
2	1853918000	戚虎成	110883198611070001	戚虎成	6230522370016185688	农业银行	XHQ6286
3	1513097000	欧双路	112228198105120001	闪兆龙	6228481259196185688	农业银行	JEU3737
4	1520567000	安兴博	130129198609030001	安兴博	6222030402006185688	工商银行	JA15H85
5	1780321000	车雪召	130132198702110001				JA502K3

图 12-13　ch1203-004 的运行结果

在 Power Query 编辑器中关闭并将以上数据全部添加到数据模型。

注意:数据在加载到数据模型之前必须全面地做数据类型检查,避免在新增计算列或度量值的过程中因数据类型不符而产生的报错。

2. 数据建模

在 Excel 中,通过 Power Pivot→"数据模型"→"管理",进入 Power Pivot for Excel 界面。单击 Power Pivot 界面中的"主页"→"关系视图",创建关系视图如图 12-14 所示。

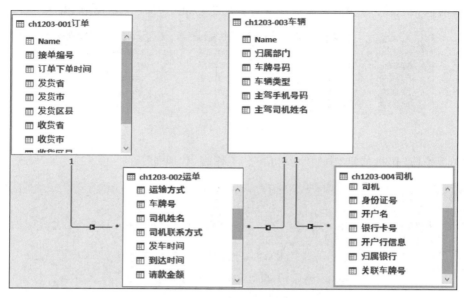

图 12-14　创建关系视图

3. 数据分析

数据分析的本意在于规避决策风险,更加精准地创造更多的价值。在企业的生产、服务与运行过程中,企业的所有风险来自于各类的不确定性,例如,决策的不确定性、盈利能力的不确定性、收支平衡的不确定性等。

出于对项目整体情况的快速了解,创建以下 3 个度量值,表达式如下:

```
结算额:=sum('ch1203-001 订单'[厂家结算价])
请款额:=sum('ch1203-002 运单'[请款金额])
税前毛利:=DIVIDE([结算额]-[请款额],[结算额])
```

结算额的返回值为 14,706,417.00,请款额的返回值为 12,747,825.50,税前毛利为 13.32%。接下来快速了解现阶段外部车辆占比情况,表达式如下:

```
外部车辆占比:VAR A =
    COUNTROWS ( 'ch1203-003 车辆' )
VAR B =
    COUNTROWS (
        FILTER (
            'ch1203-003 车辆',
            'ch1203-003 车辆'[车辆类型] = "外部车辆"
        )
    )
RETURN
    B / A
```

"外部车辆占比"的返回值为64.50%,同理可算出"挂靠车辆占比"为33.9%,"自营车辆占比"为1.6%。该结论与公司近年来的发展战略是吻合的,"公司通过少量的自营业务来保持对现场一线的了解,然后将其他原有自营业务转交公司的挂靠车辆来运作,最后将非优势业务通过外部车辆来运作"。

如果需要了解外部车辆的税前毛利情况,则可采用以下表达式。"外部车辆结算额"的表达式如下:

```
外部车辆结算额: = CALCULATE (
    SUMX (
        RELATEDTABLE ( 'ch1203 - 001 订单' ),
        'ch1203 - 001 订单'[厂家结算价]
    ),
    CALCULATETABLE (
        'ch1203 - 002 运单',
        'ch1203 - 002 运单'[车辆类型] = "外部车辆"
    )
```

"外部车辆请款额"的表达式如下:

```
外部车辆清款额: = CALCULATE (
    SUMX (
        RELATEDTABLE ( 'ch1203 - 001 订单' ),
        'ch1203 - 001 订单'[厂家结算价]
    ),
    CALCULATETABLE (
        'ch1203 - 002 运单',
        FILTER (
        RELATEDTABLE ( 'ch1203 - 003 车辆' ),
        'ch1203 - 003 车辆'[车辆类型] = "外部车辆"
        )
    )
)
```

"外请车税前毛利"的表达式如下:

```
外请车税前毛利: = ([外部车辆结算额] - [外部车辆请款额])/[外部车辆结算额]
```

"外请车税前毛利"的返回值为13.00%。如果需要切分更多的维度来分析,则可将度量值放置于透视表的值区域,此处不再举例。

12.3.3　数据挖掘

为了减少企业决策过程中的不确定性,企业往往可以通过数据分析与发掘来增强企业决策的正确性。企业可通过数据指导进行精准决策,将企业的精准决策能力转化为企业的盈利能力,而在决策过程中,相比数据表格而言,交互式图形令人更易理解、更易于探索与发掘其中的内容。接下来以了解司机的分布群体、喜好情况等为例进行分析。

1. 数据整理

以下是三大手机营运商的号段信息。移动：139、138、137、136、135、134、188、187、182、159、158、157、152、150；联通：130、131、132、155、156、186；电信：133、153、180、189。先将各手机营运商的号段信息整理成表并导入 Power Query。在高级编辑器中查看的完整代码如下：

```
//ch1203 - 005
let
    源 = Excel.CurrentWorkbook(){[Name = "手机号段"]}[Content],
    逆透视 = Table.UnpivotOtherColumns(源, {}, "营运商", "号段"),
    类型 = Table.TransformColumnTypes(逆透视,{{"号段", type text}})
in
    类型
```

在高级编辑器中查看 ch1203-004 更新后的完整代码如下：

```
//ch1203 - 004 司机
let
    源 = Excel.Workbook(
            File.Contents(
                "E:\PQ_M语\2_数据\第 12 章_数据\ch12 数据\司机信息.xlsx"
            ),
            true
        ) {[Item = "司机信息",Kind = "Sheet"]}[Data],            //或用{0}[Data]
    选择 = Table.SelectColumns(
            源,
            {"司机账号", "司机", "身份证号", "开户名", "银行卡号",
            "归属银行", "关联车牌号"}
        ),
    号段 = Table.AddColumn(
            选择,
            "手机号段",
            each Text.Start([司机账号],3)
        ),
    营运商 = Table.AddColumn(
            号段,
            "营运商", each
            try #"ch1203 - 005"{[号段 = [手机号段]]}[营运商]
            otherwise "其他"
        ),
    年龄段 = Table.AddColumn(
            营运商,
```

```
                    "年龄段", each
                    if [身份证号]<>""
                    then Text.Middle([身份证号],8,1)&"0后"
                    else null
                    )
    in
        年龄段
```

返回的值如图 12-15 所示(仅截取前 5 行数据)。

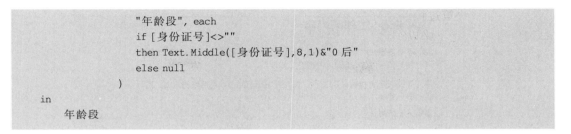

	司机账…	司机	身份证号	开户名	银行卡号	归属银…	关联车…	手机号…	营运商	年龄段
1	1583344000	施卫科		荀永科	6228480920106185688	农业银行	JDU9667	158	移动	null
2	1853918000	颠虎成	110883198611070001	颠虎成	6230522370016185688	农业银行	XHQ6286	185	其他	80后
3	1513097000	欧效路	112228198105120001	闪北龙	6228481259196185688	农业银行	JEU3737	151	其他	80后
4	1520567000	安兴博	130129198609030001	安兴博	6222030402006185688	工商银行	JA15H85	152	移动	80后
5	1780321000	车雪召	130132198702110001				JA5O2K3	178	其他	80后

图 12-15　ch1203-004 的运行结果

2. Power BI 应用

启动 Power BI Desktop。单击"文件"→"导入"→"Power Query、Power Pivot、Power View",如图 12-16 所示。

图 12-16　导入 Power Query 等

选择所需导入的工作簿(.xlsx)文件,在"导入 Excel 工作簿内容"对话框中单击"启动"按钮,如图 12-17 所示。

单击"复制数据"或"保持连接"按钮。本次选择的是"复制数据"按钮,如图 12-18 所示。

导入完成后,Excel 中的所有 Power Query 的查询及 Power Pivot 的度量值等均会被导入。单击"关闭"按钮,如图 12-19 所示。

如果想快速了解一下司机的年龄段构成、手机营运商及银行卡归属的银行等情况,可单击 Power BI 左上角的"报表"标签,选择右上角"可视化"的"簇状柱形图",然后拖动到在"字段"对话框中选择的"ch1203-004 司机"表中的"年龄段"字段并放置于"轴",随意拖动表中

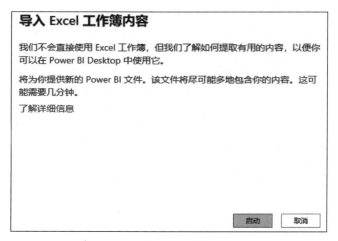

图 12-17　导入 Excel 工作簿内容(1)

图 12-18　导入 Excel 工作簿内容(2)

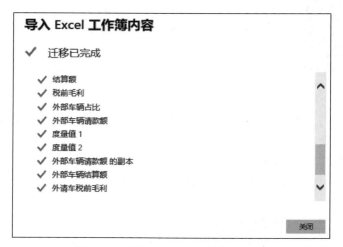

图 12-19　导入 Excel 工作簿内容(3)

的任一字段于"值"字段,如图 12-20 所示。

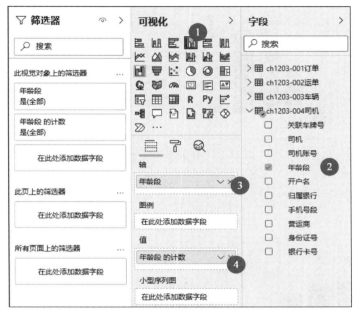

图 12-20 可视化

如果需要在"簇状柱形图"上显示数据标签,则可先单击"格式"标签,然后将"数据标签"设置为开,如图 12-21 所示。

返回的值如图 12-22 所示。

图 12-21 打开数据标签

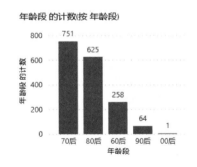

图 12-22 司机年龄段构成

从图 12-22 来看,司机群体以"70 后"及"80 后"居多,再就是"60 后"。有少量的"90 后"司机及极个别的"00 后"司机。如果需要对年龄段进行排序,则可单击图形右上角的"···"(更多选项),如图 12-23 所示。

依据上面的操作方式,对司机所用的手机运营商进行统计,如图 12-24 所示。

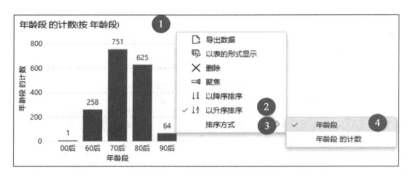

图 12-23　柱形图的排序方式

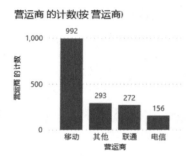

图 12-24　手机营运商

从统计的结果来看,司机群体所用的手机号码以移动的居多。

选择"可视化"中的"环形图",将"归属的银行"拖到"图例""值"这两个字段框中。由于原始数据中有大量的司机未录入银行卡信息,现准备筛选掉空白行。操作过程及返回的值如图 12-25 所示。

从图形输出的结果来看,司机群体所用的银行卡以农业银行的居多,占 70% 以上;其次是建设银行与工商银行,二者加起来占 20% 左右;其他的银行占比都较小。

图 12-25　统计司机的银行卡信息

对于已完成的图表,如果准备从 Power BI 桌面版发布到 Power BI 网页版,则可选择"主页"→"发布",选择对应的工作区,进行发布,如图 12-26 所示。

本节不再演示 Power BI 后续的相关操作,有兴趣的读者可自行深入学习。

(a) 开始发布到Power BI

(b) 成功发布到Power BI

图 12-26　发布到 Power BI

3．结论与说明

"信息流指导物流，数据指导改善"是物流降本增效较为有效的一种方法。以本节的司机信息表为例，从输出的结果来看，司机群体的特性较为明显。如果企业打算推行在线化服务、数字化管理来促成企业降本增效的目的，则在涉及司机电子化应用的环节可做一些前置规划，例如：

（1）司机群体以"70 后""80 后"占比较高，电子化学习与适用能力相对偏弱；与手机对接的小程序、App 的操作宜简单易操作为宜。

（2）在小程序、App 的选择环节，可以使用频率为依据，采用降序排列制作下拉选项。例如，银行的选择，使用频率排名靠前的银行宜放在下拉选项的首位。

数据中隐藏着"金矿"。如果读者对物流运费报价、流向流量、客户下单规律、车辆的运行时速及到达规律等感兴趣，可以继续对模型中的订单与运单等数据进行深入挖掘。

图 书 推 荐

书　　名	作　　者
鸿蒙应用程序开发	董昱
HarmonyOS 应用开发实战（JavaScript 版）	徐礼文
鸿蒙操作系统开发入门经典	徐礼文
鸿蒙操作系统应用开发实践	陈美汝、郑森文、武延军、吴敬征
华为方舟编译器之美——基于开源代码的架构分析与实现	史宁宁
鲲鹏架构入门与实战	张磊
华为 HCIA 路由与交换技术实战	江礼教
Flutter 组件精讲与实战	赵龙
Flutter 组件详解与实战	［加］王浩然（Bradley Wang）
Flutter 实战指南	李楠
Dart 语言实战——基于 Flutter 框架的程序开发（第 2 版）	亢少军
Dart 语言实战——基于 Angular 框架的 Web 开发	刘仕文
IntelliJ IDEA 软件开发与应用	乔国辉
Vue＋Spring Boot 前后端分离开发实战	贾志杰
Vue.js 企业开发实战	千锋教育高教产品研发部
Python 人工智能——原理、实践及应用	杨博雄主编,于营、肖衡、潘玉霞、高华玲、梁志勇副主编
Python 深度学习	王志立
Python 异步编程实战——基于 AIO 的全栈开发技术	陈少佳
Python 数据分析从 0 到 1	邓立文、俞心宇、牛瑶
Python Web 数据分析可视化——基于 Django 框架的开发实战	韩伟、赵盼
物联网——嵌入式开发实战	连志安
智慧建造——物联网在建筑设计与管理中的实践	［美］周晨光（Timothy Chou）著；段晨东、柯吉译
TensorFlow 计算机视觉原理与实战	欧阳鹏程、任浩然
分布式机器学习实战	陈敬雷
计算机视觉——基于 OpenCV 与 TensorFlow 的深度学习方法	余海林、翟中华
深度学习——理论、方法与 PyTorch 实践	翟中华、孟翔宇
深度学习原理与 PyTorch 实战	张伟振
ARKit 原生开发入门精粹——RealityKit＋Swift＋SwiftUI	汪祥春
HoloLens 2 开发入门精要——基于 Unity 和 MRTK	汪祥春
Altium Designer 20 PCB 设计实战（视频微课版）	白军杰
Cadence 高速 PCB 设计——基于手机高阶板的案例分析与实现	李卫国、张彬、林超文
Octave 程序设计	于红博
SolidWorks 2020 快速入门与深入实战	邵为龙
SolidWorks 2021 快速入门与深入实战	邵为龙
UG NX 1926 快速入门与深入实战	邵为龙
西门子 S7-200 SMART PLC 编程及应用（视频微课版）	徐宁、赵丽君
三菱 FX3U PLC 编程及应用（视频微课版）	吴文灵
全栈 UI 自动化测试实战	胡胜强、单镜石、李睿
pytest 框架与自动化测试应用	房荔枝、梁丽丽
软件测试与面试通识	于晶、张丹
深入理解微电子电路设计——电子元器件原理及应用（原书第 5 版）	［美］理查德 • C. 耶格（Richard C. Jaeger）、［美］特拉维斯 • N. 布莱洛克（Travis N. Blalock）著；宋廷强译
深入理解微电子电路设计——数字电子技术及应用（原书第 5 版）	［美］理查德 • C. 耶格（Richard C. Jaeger）、［美］特拉维斯 • N. 布莱洛克（Travis N. Blalock）著；宋廷强译
深入理解微电子电路设计——模拟电子技术及应用（原书第 5 版）	［美］理查德 • C. 耶格（Richard C. Jaeger）、［美］特拉维斯 • N. 布莱洛克（Travis N. Blalock）著；宋廷强译